实践本体论美学思想

——刘纲纪美学文选

刘纲纪 著

山东文艺出版社

图书在版编目（CIP）数据

实践本体论美学思想：刘纲纪美学文选 / 刘纲纪著. —济南：山东文艺出版社，2020.1
　　ISBN 978-7-5329-5979-2

Ⅰ.①实… Ⅱ.①刘… Ⅲ.①美学—文集 Ⅳ.①B83-53

中国版本图书馆CIP数据核字（2019）第239095号

实践本体论美学思想
——刘纲纪美学文选

刘纲纪　著

主管单位	山东出版传媒股份有限公司	
出版发行	山东文艺出版社	
社　　址	山东省济南市英雄山路189号	
邮　　编	250002	
网　　址	www.sdwypress.com	

读者服务	0531-82098776（总编室）	
	0531-82098775（市场营销部）	
电子邮箱	sdwy@sdpress.com.cn	

印　　刷	山东临沂新华印刷物流集团有限责任公司	
开　　本	890毫米×1240毫米　1/32	
印　　张	11.75	
字　　数	282千	
版　　次	2020年1月第1版	
印　　次	2020年1月第1次印刷	
书　　号	ISBN 978-7-5329-5979-2	
定　　价	76.00元	

版权专有，侵权必究。如有图书质量问题，请与出版社联系调换。

出版说明

"中国现代美学大家文库"共收入王国维、蔡元培、朱光潜、宗白华、蔡仪、李泽厚、汝信、蒋孔阳、刘纲纪、胡经之、周来祥、叶秀山、杨春时、朱立元、曾繁仁等15位美学大家的著作。这些大家分别为中国现代美学开创奠基时期、建设发展时期与当代反思超越时期的代表性学者。所选文章均为他们的代表性作品,且有部分是未发表的新作。作为现代著名美学家主要成果的汇集,本文库旨在对一百多年中国美学辉煌而曲折的发展历程进行梳理与回顾,全面立体地展示现代美学大家的主要学术成果,给美学研究者与普通读者提供经典、全面、权威的美学文本,从而推动新时代中国美学研究向纵深发展。

在编选过程中,对于王国维、蔡元培、朱光潜、宗白华、蔡仪等开创奠基时期美学大家的作品,为了保存历史的真实,依据其原始版本,除对文字明显讹误进行订正外,其余不做较大修改。对于其他美学大家的作品也尽量保持初次发表时的原貌。其中疏漏,尚祈读者指正。

山东文艺出版社
2019年12月

总序

中国百年美学辉煌而曲折的创新之路

尽管审美作为一种艺术的生存方式在中国五千多年悠久文化中有着极为丰富的呈现，中国自有独具特色的东方形态的美学，但现代美学学科却由西方创立并于20世纪初传入中国，迄今已有一百多年的历史。一百多年来，美学领域一代又一代学人在中国传统文化的基础上，历经艰难曲折，辛勤耕耘，不断创新，出现众多著名学者，涌现一批又一批丰硕成果。本丛书作为现代著名美学家主要成果的汇集，旨在回顾这一百多年中国美学辉煌而曲折的发展历程。同时，今年正值新中国成立70周年，中国美学发展的一百多年占据主要时间域的是党所领导的新中国成立后的70年，特别是改革开放40年。因此，本丛书从某种意义上来说，也是新中国成立70年的一份献礼。回顾历史是为了在新时代推动中国美学走向更加辉煌的未来。

众所周知，"美学"一词由德国学者鲍姆加登于1735年首次提出，其原文实为"感性学"之意，日本学人中江肇民用汉语"美学"一词翻译,传入中国后王国维使"美学"成为定译并被中国学人普遍接受。尽管"美学"一词来自外国,美学学科也是近代以来才出现的,但审美作为一种艺术的生存方式却早就存在于中国悠久的历史之中,美学也随着中国五千年的文明史而存在。现代以来伴随着中华民族坎坷曲折的发展历史,美学也在中国不断地发展,而且呈现空前兴盛的状态,这在世界美学史上是罕见的。美学为现代以来中国的人文教育贡献了自己的力量,也在诸多学人的努力与中西古今的冲撞影响中逐步形成现代中国特有的美学精神,值得我们为之书写与发扬。为此,山东文艺出版社特地出版本丛书,共收入15位现代美学家的文选。现代中国美学面临中与西、古与今、革命与学术三种发展境遇。首先是中西之间的关系,这是一种矛盾共存、吸收融合的关系。中西之间一直存在体用之争,长期以来中国美学走的是"以西释中"之路,但历史证明审美既然作为人的一种艺术的生存方式,那么中西之间就不存在先进与落后之别,而只有类型之不同。因此中国美学必须走出一条立足本土、吸收西方有益经验的美学建设之路。本丛书中的美学家的学术之路进一步证明了这一点,充分说明百年中国美学就是一条奋力探索中国美学话语之路,并取得显著成就,给我们以激励与启示,需要我们一代又一代美学工作者承前启后,继续前进,以创新性发展与创造性转化向中国和世界提供愈来愈有价值的美学理论。而马克思主义是放之四海而皆准的真理,马克思主义特别是中国化的马克思主义,对于现代中国美学的指导作用已经被历史事实充分证明。其次是古今关系问题,现代以来中国美学发展面临的主题是中国古代美学资源的现代转化问题。因为中国古代美学资源虽有着与现代美学相异的面貌,但有着巨大的价值,无论从民族立场还是从美学自身建设来说,都需要利用这一宝贵的资源,以便建设具有中国气派与中国面貌的现代美学形态。百年来中国美学界同仁为此付出艰辛努力,本丛书15位美学家的奋斗史也呈现了这种为中国美学民族资源现代转换而奋斗的现实状况。中国现代美学发展还面临着学术与革命的二重变奏,此前被认为是启蒙与救亡的二重变奏,有"救亡压倒启蒙"之说。但笔者倒认为,无论是启蒙与救亡,或者是学术与革命,都是历史的宿命,可以说不是美学工作者自己所能选择的,而且两者之间不仅是一种矛盾,也呈现一种互补。正是在民族救亡的抗日战争硝烟烽火之中,才出现了中国现代"为人民"与"为人生"的美学,才涌现了充满民族情怀的文艺作品,成为中华民族史的辉煌篇章。新中国成立后发生在中国的两次美学大讨论,面临着美学自身学术的发展与批判唯心论革命任务的二重变奏,使得唯物与唯心成为衡量正误的标准,这当然有限制学术发展的局限,但也促使美学界同仁钻研马克思主义,特别是马克思的《1844年经济学哲学手稿》,使得我国现代美学的马克思主义水平有了明显提高,这也是一种重要的学术收获。

本丛书收入的15位美学家其历史跨越幅度较大,基本上可分为中国现代美学开创奠基时期、建设发展时期与当代反思超越时期等三个时期。我们分别按照不同时期对于15位美学家做一个基本介绍。

首先是从20世纪初期开始直至新中国建立前的开创奠基时期，众所周知，包括美学在内的诸多人文学科的现代开创奠基之功首先归于王国维与蔡元培，现代形态的美学与美育就是他们率先引进并加以初步构建的。前已说到"美学"一词就是由王国维认可而从日本引进的。王国维还在1903年《论教育之宗旨》一文中首倡"美育"，并将之界定为"心育"，并提出了美育的"无用之用"的重要作用。当然，王国维还在著名的《人间词话》中提出了"审美的境界"论，继承古代"意境"之说，吸收西方理念之论，成为20世纪中西交融美学之重要成果。

蔡元培也是中国现代美学的重要奠基者之一，他以中西交融的学术修养和崇高的政治学术地位对现代美学，特别是美育的发展与传播做出了杰出的贡献。首先是以其担任教育总长与北大校长的便利，将美育首次纳入教育方针，并力倡"以美育代宗教"之说，强调了美育的科学与民主精神。蔡氏还在美学与美育的学科建设与课程建设上进行了开创性的探索。

朱光潜、宗白华与蔡仪则是继他们之后中国现代美学的开创者与奠基者。朱光潜在20世纪20年代后期即开始在中国倡导美学，并在美学基本知识、文艺心理学、悲剧美学、西方美学与中西比较美学等诸多方面最早进行研究介绍，出版《谈美》《悲剧心理学》《文艺心理学》《诗论》等论著，产生了重大影响，成为现代中国美学史上用力最多最专、影响最广的美学家之一。朱光潜对我国西方美学研究领域有开拓之功，他在新中国成立前的两本心理学论著就是以西方文献为主,并于1948年出版《克罗齐哲学述评》,其中对克罗齐直觉论美学的评述,使其成为我国研究西方美学的领跑者。特别是1963年出版的《西方美学史》,奠定了我国西方美学学科的发展基础,成为该领域的经典。朱光潜倾其毕生精力于西方美学论著的翻译,译介了柏拉图《文艺对话集》、黑格尔《美学》与维科《新科学》等名著,为我们提供了集信、达、雅于一体的西方美学经典译本,惠及一代又一代学人。朱光潜也是我国主客观统一的"创造论美学"的奠基者。在1957年开始的那场美学大讨论之中,朱光潜作为被批判者一方面努力学习马克思主义论著,一方面积极应对论争。他根据马克思主义基本观点明确表示不同意当时占据话语统治地位的"认识论"美学,因为"依照马克思主义把文艺作为生产实践来看,美学就不能只是一种认识论了,就要包括艺术创造过程的研究了"。朱光潜认为艺术创造是以主客观统一为前提的,他的创造论美学是我国美学大讨论的重要理论收获之一。朱光潜还是我国中西美学比较研究的开创者之一,他早期写作的《诗论》,应用文艺心理学原理,采用中西比较方法,对中国传统诗学与美学进行了认真的梳理,是我国现代中西比较美学研究的重要成果。朱光潜晚年潜心钻研马克思主义基本理论,特别是《1844年经济学哲学手稿》,写作了《谈美书简》和《美学拾穗集》,力图以马克思主义为指导研究美与美感、形象思维、现实主义与浪漫主义等基本问题,成为马克思主义美学中国化的可贵探索。朱光潜为我国美学事业奋斗了一生,被称为"美学老人",其作品和思想在国内外具有广泛深远的影响。

宗白华是我国古代美学研究的重要开创者与奠基者。宗白华有深厚的西方学术功底,曾经留学欧洲,翻译了多种西方美学经典,特别是他所翻译的康德《判断力批判》上卷,表现了对于康德美学的深刻理解,成为该论著的翻译经典,至今仍有重要价值。但宗白华却将自己的研究视角聚焦于中国古代美学,在中西结合的广阔视域中提出"气本论生命美学",为立足本土创建具有中国特色的美学理论奠定了基础,做出了示范。宗白华于20世纪80年代出版的《美学散步》与《艺境》,成为现代中国美学研究的经典读本和当代研究古代美学的必备之书,被广泛地引用与研究。宗白华于1928年前后写作《形上学——中西哲学之比较》,又于1979年发表《中国美学史中重要问题的初步探索》等文,为中国古代美学研究奠定了哲学的基础。在前文之中,宗白华明确将西方哲学(包括美学)基础表述为抽象时空之几何哲学,中国乃"四时自成岁之历律哲学",划分了西方美学之科学主义与中国美学之天人合一人文主义之区别。后文乃第一次将《周易》作为我国最重要的古代美学经典之一,指出"《易经》是儒家经典,包含了宝贵的美学思想。如《易经》有六个字:'刚健、笃实、辉光',就代表了我们民族一种很健全的美学思想"。这就为后人的中国美学研究奠定了扎实的理论基础。宗白华首次提出中国古代美学研究应以传统艺术与艺术创作为中心,由此开辟了中国传统美学独特的研究路径。他说,"在西方,美学是大哲学家思想体系的一部分,属于哲学史的内容……在中国,美学思想却更是总结了艺术实践,回过头来又影响艺术的发展";因此,他主张"研究中国美学史的人应当打破过去的一些成见,而从中国极为丰富的艺术成就和艺人的思想里,去考察中国美学思想的特点"。他本人正是这样实践的,总结了绘画、戏剧、建筑、音乐、诗歌之中的美学思想,别开生面,使人耳目一新。宗白华还以中西比较的视野建构了中国传统美学研究的特殊内涵。首先是他对中国传统美学"意境"的理论进行了全新的研究与阐释,将意境阐释为"有节奏的生命"或"生命的节奏";同时,宗白华还深入研究了中国传统美学之中的时间与空间关系,提出中国传统美学化空间于时间的重要艺术论题,对中国传统美学的虚实相生进行了独特的研究。宗白华还阐发了中国传统美学的其他有关范畴,例如国画的"气韵生动"、书法的"筋血骨肉"、建筑的"飞动之美"、戏曲的"以动代静"、舞蹈的"生命玄冥的肉身化之美"、音乐的"声情并茂的胜妙之美"和诗歌的"情景交融的意境之美"等等。可以说,宗白华的成果尽管字数不多,却是浓缩的精华,可谓字字千金。

蔡仪是中国现代唯物主义美学的开创者与积极推动者。他于20世纪40年代白色恐怖的历史语境下,排除重重障碍写作出版了著名的《新艺术论》和《新美学》两本专著,以大无畏的理论勇气力批当时盛行的唯心主义哲学与美学理论,系统而有力地创立了富有理论特色的唯物主义美学与艺术思想体系。他在《新美学》开头第一句话就指出：旧美学已完全暴露了它的矛盾，而他的新美学是以新的方法建立新的体系。他在这两本著作之中明确提出"美在客观事物"与"美在典型"等崭新的美学理论观点，被称为"中国现代第一个依据自己的思考去表述自己的有系统的美学思想的学者"。新中国成立后，蔡仪继续以其对马克思主义的信仰与对真理的追求，带领他的团队为创立中国特色的马克思主义的唯物论美学而奋斗，进行了科研、学生培养与文献译介等一系列富有成效的学术工作。特别是以其坚持真理、矢志不渝的精神投入第一、二次美学大讨论之中，树起了"客观派"的美学大旗，深入阐释了他所坚持的马克思主义唯物主义美学原理，积极参与学术论辩，建构具有鲜明特色的中国式的马克思主义唯物主义美学体系。该体系包括"美在客观存在""美的认识""美是典型"等紧密相关的美学范畴。蔡仪旗帜鲜明地提出："美的本质是什么呢？我们认为美是客观，不是主观。"他又说："美的事物就是典型的事物，就是种类的普遍性、必然性的显现者。"后来蔡仪又引入了马克思《1844年经济学哲学手稿》中有关"美的规律"的论述，认为美的客观性与典型性表现为按照美的规律来造形。蔡仪还提出了"自然美""社会美""具象概念"与"美的观念"等美学范畴，具有创造性的学术价值。他所主编的《文学概论》教材为推动我国高校美学与文艺学教学起到重大作用。

我国美学发展的第二个时期是新中国成立之后，在马克思主义与毛泽东思想的指导下美学有了新的发展，具有显著的中国特色。这一时期最重要的美学学术事件就是两次美学大讨论，使得美学出现了从未有过的兴盛，尤其改革开放后的第二次美学大讨论更是兴起了一股美学热，为世界美学史所罕见。新中国成立后的美学发展交织着革命与学术的二重变奏，所谓"革命"是指第一次美学大讨论起源于对唯心主义美学观之批判，目的是进一步普及马克思主义的唯物论，政治的指向性非常明显，大讨论中的政治色彩也非常浓厚；所谓"学术"是指这次美学大讨论是以"百家争鸣，百花齐放"的方式展开的，也就是说大讨论的过程中对于所谓唯心主义观点一般当作"学术问题"处理，而其结果也的确在一定程度上起到了普及马克思主义唯物论的作用，产生了以李泽厚为代表的"实践论"美学，其具有科学性与理论的自洽性，极大地影响到中国很长一段时期内美学学科的发展及其面貌。本丛书涉及的李泽厚、汝信、蒋孔阳、刘纲纪、胡经之、周来祥与叶秀山就是这一时期的代表人物。

李泽厚是新中国成立后我国美学研究领域的标志性人物，是社会论实践美学的创立者与两次美学大讨论的重要推动者，也是少有的具有重要国际影响的中国现代美学家。他是巴黎国际哲学院院士、美国科罗拉多学院荣誉人文学博士，其《美学四讲》入选著名的《诺顿文学理论与批评选集》。李泽厚在哲学基本理论、中国思想史、美学与伦理学领域均有重要建树。在美学领域，他成为第一次美学大讨论社会学派的领军人物，在这次美学大讨论中起到实际的主导作用。在20世纪80年代的第二次美学大讨论中他力倡的"主体性"理论成为改革开放后思想解放运动的代表性思潮。他更加明确地提出"实践论美学",以马克思关于物质生产实践是人类一切活动之基础的理论为指导,提出"人化自然""实践本体""情本体"与"积淀说"等一系列具有独创性的美学观点。他出版了《批判哲学的批判》《美的历程》《华夏美学》与《美学四讲》等经典美学论著。晚年,李泽厚深入研究中国传统文化,探索"以儒学代宗教"的"天地境界论",提出"中国审美主义的感情以深植历史性为'本体'"的"以美育代宗教"之说。李泽厚强调的"美是合规律性与合目的性的统一""救亡压倒启蒙"与"中国文化的儒道互补"等观念对中国现代美学的发展产生了重要影响。

汝信是这一时期西方美学学科的重要开拓者,他早在20世纪50年代就开始了西方哲学与美学的研究,并于1958年在《哲学研究》上发表《论车尔尼雪夫斯基对黑格尔美学的批判》。1963年又出版了《西方美学史论丛》,是国内第一本以西方美学为主题的综合研究著作,与同年出版的朱光潜的《西方美学史》一起,标志着在我国西方美学已经成为一门独立的学科。1983年汝信又出版了《西方美学史论丛续编》。汝信坚持马克思主义指导西方美学研究,特别坚持马克思主义唯物史观的指导。他从宇宙观、认识论、伦理观与政治思想等方面全面地、认真地研究柏拉图的美学思想,对新柏拉图主义的重要代表普罗提诺进行了深入剖析,填补了这一方面的研究空白。他的《黑格尔的悲剧论》深刻剖析了黑格尔悲剧论广阔的历史感与社会文化视野，成为西方美学研究的范本。汝信还对俄国别林斯基、车尔尼雪夫斯基与普列汉诺夫等人的美学思想进行了深入的研究，均有开拓的价值。汝信用具有说服力的材料批驳了当时苏联哲学界流行的将德国古典哲学说成是德国贵族对于法国大革命的一种反动的错误判断，论证了青年黑格尔是当时德国新兴资产阶级的思想代表，黑格尔的辩证法反映了资产阶级上升时期的愿望和要求。汝信对黑格尔的劳动和异化理论的开拓性研究填补了国内研究的空白。此外，他在现代西方美学研究方面有许多新的拓展。20世纪80年代，汝信到美国哈佛大学访学之时即逐步将美学研究的注意力转向黑格尔以后发展起来的另一条相反的思想线索，即以个人为特征的由克尔凯郭尔和尼采所代表的社会思潮。此时汝信逐步转向现代西方哲学与美学研究，他率先并引领学生发表了有关文章，出版了专著，在国内学术界开风气之先，影响深远。汝信不仅在西方美学理论研究方面辛勤耕耘，还直接从西方艺术作品与古迹中去找寻美，并于1992年出版了《美的找寻》一书，成为西方美学审美意识研究的重要范本。他担任主编，历时九年写作出版了四卷本《西方美学史》，以其资料的原初性与理论创新性为特点，成为进入西方美学研究的"钥匙"。1998年，汝信担任中华美学学会第三任会长，以其谦虚、开放与睿智的人格与扎实学风富有成效地引领中国美学学科由20世纪进入21世纪。

蒋孔阳是我国现代美学建设发展时期最重要的代表人物之一，他的美学贡献是多方面的。首先，他是我国现代西方美学研究的奠基者之一，1980年《德国古典美学》出版，该书是蒋孔阳的代表作，也是我国第一部断代的西方美学专著，在国内外均产生了重大影响。该书以整体研究的方法，坚持唯物史观的指导，对德国古典美学的产生、发展与内涵进行了深入的研究与阐发，具有独到的见解。蒋孔阳还与朱立元一起主编了七卷本《西方美学通史》，是迄今为止我国最全的一部西方美学通史，对西方美学研究起到了重要推动作用。蒋孔阳是中国古代音乐美学研究的奠基者之一，他于1986年出版的《先秦音乐美学思想论稿》一书，引起广泛影响，至今仍然是音乐美学领域的经典论著之一。蒋孔阳首先确定了中国古代音乐美学的重要地位，认为公元前2世纪的《乐记》完全可以与古希腊亚里士多德的《诗学》相媲美。他以唯物史观为指导，从经济社会的广阔背景上研究了先秦音乐产生的社会文化根源。蒋孔阳以扎实稳妥的文献考订为基础，探索了中国先秦时期音乐思想的特殊范畴及丰富内涵。他还采取整体研究方法，将先秦时期诸多学派的音乐思想作为一个整体来审视。蒋孔阳是我国美学大讨论的主将，也是实践派美学的重要参与者与创新者之一。特别是1993年出版的《美学新论》，是他一生美学研究的总结，也是新时期我国美学研究的重要成果与收获。他突破了实践美学"美先于美感"的基本判断，提出美与美感同生同在的观点。美与美感到底谁先谁后呢？他说，"从生活和历史的实践来说，我们很难确定先有那么一个形而上学的、与人的主体无关的美的存在，然后再由人去感受和欣赏它，再由美产生出美感来",事实上,美与美感,像"火与光一样,同时诞生,同时存在"。这实际上是对实践美学的重大突破,并从实践美学的人生本体走向审美关系论美学,因此蒋孔阳的"新美学"可以概括为"审美关系论美学"。他提出了审美关系的四重属性:感性基础、自由属性、整体属性与情感属性。蒋孔阳突破了实践美学将实践局限于物质生产的理论界定,而是将精神生产甚至是审美活动也看作一种实践。蒋孔阳还在《美学新论》中突出了审美的"创造性"特色,提出独树一帜的"多层累的突创说"。总之,蒋孔阳的审美关系论美学是新中国成立以来直至20世纪90年代我国美学研究的一个总结。

刘纲纪是我国美学建设发展时期的重要推动者,他在美学基本理论、中国古代美学与书画美学方面取得一系列具有突破性的重要成就。刘纲纪是我国两次美学大讨论的重要参与者,也是实践美学的重要开创者之一。他在20世纪80年代出版的《艺术哲学》已经成为实践美学的经典论著之一。刘纲纪从研究马克思《1844年经济学哲学手稿》出发,提出"社会实践本体论"的重要观点,认为马克思的本体论在本质上是实践本体论,并认为物质生产实践是艺术、美感与美的本源,认为劳动对美的创造还与人类生活实践创造紧密结合。刘纲纪构建了一个实践美学理论框架,这个框架以实践本体论为哲学基础,以创造为主体性活动,最后以自由为人的根本诉求,可概括为"实践—创造—自由"相统一的美学体系。刘纲纪继承宗白华美学传统并加以发展,成为中国美学领域的重要开拓者之一。20

世纪80年代，刘纲纪与李泽厚共同主编《中国美学史》，特别是由刘纲纪独立执笔撰写的第一、二卷被认为是中国美学史的开山之作。该著作提出了中国美学史的对象、任务、特征与分期等问题，以及儒、道、释、禅四大主干的重要观点和中国美学史的六大特征，为中国美学史的进一步发展奠定了基础。刘纲纪于20世纪90年代初出版的《周易美学》是对宗白华周易美学研究的拓展，成为中国周易美学研究的经典之作。刘纲纪准确地提出将《周易》作为中国古代美学研究的切入点，挖掘其生命论美学内涵，为中国古代美学进一步健康发展找到了一条较佳路线。刘纲纪结合中国美学特别是周易美学特点提出，中国美学常常在没有"美"字的地方包含着美的内涵，从而揭示了中国美学的特殊性所在。他还具体揭示了《周易》之"元亨利贞"与"阳刚阴柔"所包含的美学内涵。刘纲纪还从中西比较视野深入阐释了《周易》之生命论美学相异于西方的特殊价值意义，《周易美学》是中华美学走向世界与走向现代的有益尝试。刘纲纪还是著名书画家，在书画美学领域建树颇多。

　　胡经之教授是我国文艺美学学科的重要倡导者。1980年在昆明召开的全国首届美学会上，胡经之在发言中指出，高等学校的美学教学不能只停留在讲美学原理的层面，还应开拓和发展文艺美学。这实际上是在改革开放背景下贯彻"解放思想，实事求是"思想路线的结果，试图突破以政治代艺术的错误思潮，加强对文艺内部规律的研究。胡经之又于1982年1月在北京大学出版社出版的《美学向导》一书中发表《文艺美学及其他》一文，第一次从独立学科的角度论述了文艺美学。他还于1989年在北京大学出版社出版的《文艺美学》学术专著中，全面论述了文艺美学的对象、方法与内涵。胡经之教授还主编了与文艺美学有关的《中国古典美学丛编》《中国现代美学丛编》《西方文艺理论名著教程》等书，为中国文艺美学的进一步发展奠定了文献基础。正是在胡经之等学者的不懈努力下，文艺美学正式进入被教育部认可的学科体系，成为中国语言文学学科的二级学科文艺学的重要学科方向之一，进而培养了数量众多的研究人才。

周来祥是我国美学建设发展时期的重要参与者与积极推动者。他从事美学研究60多年，涉及领域广泛，在美学基本理论、文艺美学、中国古典美学、中西比较美学与审美文化史等方面均有特殊贡献，尤其是他倾其毕生精力创立并发展了"和谐美学学派"，影响深远。他于1984年就出版了《论美是和谐》，此后又出版了《再论美是和谐》《三论美是和谐》与《古代的美　近代的美　现代的美》等论著，全面阐释了"美是和谐"的基本命题。周来祥是中国两次美学大讨论的积极参与者和实践派美学的重要推动者。他以社会实践为哲学前提，而其学术指向则是"和谐"，即"人与自然、人与社会、人与自身的和谐"，和谐既是美学追求的最高目标，也是人生最高的审美境界。他以马克思主义为指导论述了古代素朴的和谐美、近代的崇高美以及社会主义的新型的辩证的和谐美，构建了自己的"文艺美学"体系，被称为"和谐论文艺美学"。周来祥还以"和谐美学"为指导对中西美学进行了深入的比较研究，撰写了《中西古典美理论比较研究》等专著，他认为中西美学都以古典和谐美为理想，既有共同规律又有各自特点。周来祥还以"和谐美学"为指导主编了大型的六卷本《中华审美文化通史》，在中国审美文化研究方面多有建树。

在我国美学的建设发展时期，还必须提到叶朗教授对于中国传统美学研究发展所做出的重要贡献，他的《中国小说美学》《中国美学史大纲》与《美在意象》成为我国新时期传统美学研究的代表性成果。

叶秀山是我国著名哲学家与美学家，中国社科院学部委员。他的主要成就在于西方哲学研究上的诸多创新，但叶秀山对于美学也有着浓厚的兴趣，并积极参与，著作甚多，影响深远。他曾经参与了王朝闻主编的《美学概论》的编写，历时四年，做出了自己的贡献。在美学理论上，他于1988年出版著名的《思·史·诗》，成为我国最重要的现象学哲学与美学论著之一。该书深入地论述了现象学领域中哲思、历史与诗歌的关系，以及后现代理论家对此的解构与超越，给我国当代美学建设诸多启发。他于1991年出版《美的哲学》一书，该书并没有局限于美学学科内部研究范式，探讨"美"的本质与现象，而是从哲学的高度进行高屋建瓴式的阐发。叶秀山通过剖析人与世界的关系和人的生存状态，将艺术视为一种基本的生活经验和基本的文化形式、一种历史的"见证"，在独特的哲学视角下阐释了自己的美学观与艺术观，呼吁让生活充满美和诗意。叶秀山对京剧与书法有着特殊的兴趣并进行了深入的研究。20世纪60年代开始，他出版了《京剧流派欣赏》与《古中国的歌——京剧演唱艺术赏析》等书，深入阐发了作为世界三大戏剧流派之一的京剧载歌载舞的艺术特征。他酷爱中国书法，曾经在20世纪70年代特殊时期偷偷研究书法艺术并练字。1987年他出版《书法美学引论》，提出"西方文化重语言，重说；而中国文化重文字，重写"的观点，开启了从这一特殊视角进行中西对话的新领域；并在该书中提出，中国书法"是一种活动的线条的舞蹈，那么，很自然地就会以草书作为它的范本"，从美学的角度阐述了书法重节奏和韵律的美学特点，深化了我国书法美学研究。

20世纪90年代以来，中国改革开放进一步深化，工业化的弊端逐步显露。加上西方后现代文化的影响，中国文化领域逐步步入具有后现代色彩的反思与超越阶段。在美学领域，表现为对于两次美学大讨论，特别是对于"实践美学"的反思与超越，反思其固有的认识论理论根基、主客二分的思维模式与"人化自然"的理论局限，于是出现"后实践美学"。

首先是杨春时在1993年北京美学年会上提出了"超越实践美学，建立超越美学"的新见解，成为新时期当代中国美学的新气象。由此，出现"实践美学"与"后实践美学"的争论，这实际上是对实践美学的反思与超越，对于推进和活跃中国美学研究具有重要意义。杨春时也在批判以认识论为基础的实践美学的基础上建立了自己的生存论美学体系，用

"审美是自由的生存方式与超越解释方式"取代"美是人的本质力量的对象化"的定义,树立起自己的后实践美学的大旗。"生存"是其超越美学的逻辑起点,他认为,"生存"既不是"物的存在",也不是"动物的存在",而是"人的存在",是一种"自我的存在""有意义的存在"。"生存"与"实践"的区别在于它有超越性的本质,以理想超越现实,以感性超越理性,以精神超越物质,以个性超越社会性。2002年之后,他从生存论走向存在论,从主体性走向主体间性,逐步建立起自己的以"存在"为本体的"主体间性"超越美学的理论体系。由此说明,中国美学发展终于开始与世界美学的发展相同步。

1900年,胡塞尔即提出"现象学"方法,"悬搁"工具理性时代流行的主客二分对立,后来又发展到"相互主体性",即"主体间性",欧陆现象学以及由之产生的存在论哲学与美学逐步成为哲学与美学的主潮。与之相应,英美分析哲学与美学日渐发展,以"分析"解构了各种理性主义的本质主义。中国新时期的"后实践美学"就是试图以这种现象学与分析哲学的武器,突破传统美学,建设当代新的美学形态,朱立元就是从实践美学阵营中脱颖而出的当代美学家。他是继朱光潜、汝信与蒋孔阳之后我国西方美学研究方面的代表人物。他先是协助蒋孔阳主编了七卷本的《西方美学通史》,本人也著有多本西方美学论著,具有广泛的影响。朱立元长期继承发展蒋孔阳的实践美学思想,并持此观点参加当代学术界有关实践美学的讨论。但从20世纪90年代中期以后,朱立元开始反思实践美学认识本体论的局限。他从哲学范畴"本体"即"存在"的视角思考突破实践美学认识本体论的理论框架,逐步形成自己的"实践存在论美学"理论。2004年,朱立元发表论文正式提出自己的美学思想"以实践论与存在论的结合为哲学基础"。2008年,朱立元主编的《实践存在论美学丛书》五卷本出版,将实践存在论美学以较为完整的理论形态呈现于学术界。朱立元的"实践存在论美学"的基本特点是将马克思的"实践"概念赋予"实践存在论"的崭新含义,实际上是对传统实践美学的突破与发展。他指出,马克思在《1844年经济学哲学手稿》中多次提到"存在论的"(ontologisch)一词,"有力地证明了马克思存在论思想和维度的客观存在"。他以马克思的"实践存在论"为出发点,突破传统的"美的本质"的美学研究逻辑起点,认为"审美活动是美学问题的起点",因为审美活动是人的实践存在方式之一,而审美活动正是审美关系的具体展开。为此,朱立元突破传统的"美、美感与艺术"的三元美学研究逻辑框架,提出"审美活动—审美形态—审美经验—艺术审美—审美教育"的美学研究逻辑框架。朱立元的探索是对传统实践论美学的突破,也是对马克思美学思想的新理解与新阐释,具有重要的学术意义。

承蒙山东文艺出版社的抬爱,将笔者作品也收入本丛书。笔者是从20世纪80年代初期由于教学工作的需要参与美学研究的,主要在西方美学、审美教育与生态美学方面用力较多。西方美学方面出版《西方美学简论》《西方美学论纲》与《西方美学范畴研究》等论著,审美教育方面曾出版《美育十讲》与《美育十五讲》等论著。收入本丛书的是生态美学方面的论文。生态美学是20世纪90年代中期在反思与超越的基础上产生的一种美学形态,笔者第一篇生态美学文章《生态美学:后现代语境下崭新的生态存在论美学观》发表于2002年,此后出版《生态存在论美学论稿》《生态美学导论》《生态美学基本问题研究》与《中西对话中的生态美学》等论著。生态美学产生于反思我国严重的环境污染、人类中心论的蔓延与美学领域实践美学的"人本体""工具本体"与"自然人化"等美学观点,在哲学基础上由传统认识论过渡到实践存在论,并由人类中心论过渡到生态整体论;在美学研究对象上突破"美学是艺术哲学"的观点,而将人与自然的审美关系包含在审美对象之中;在哲学方法上,突破传统美学主客二分的认识论方法,运用生态现象学方法;在自然审美上突破传统的"人化自然"的观点,认为没有实体性的自然美,自然美是审美对象的审美属性与人的审美能力交互产生的人与自然的审美关系;在审美属性上,否定静观美学,倡导"参与美学";在美学范式上突破传统的以如画为主的形式美学,倡导一种生态存在论美学,将诗意的栖居、家园意识与场所意识等引入生态美学;在传统文化上,认为中国传统社会以农为本的特点决定了中国传统美学本身就是一种生态的美学与艺术,是一种生生美学,应当发扬光大。生态美学是一种正在建设发展中的美学形态,需要更好地结合生活与文化的现实,在中西比较对话中加以完善,有望成为与欧陆现象学生态美学、英美分析哲学环境美学鼎足而立的中国特色生态美学。

回顾历史是为了更好地推动中国美学发展,当前我国进入中国特色社会主义建设的新时代,在"两个一百年"奋斗目标中,国家将"美丽中国"建设写到社会主义宏伟蓝图之上,为我国美学学科的未来发展开辟了更加广阔的天地。相信更多的青年学者会在美学学科中大展宏图,书写更加辉煌的美学篇章。

注:本文写作过程中参阅了科学出版社出版的《20世纪中国知名科学家学术成就概览》(哲学卷)等文献。

曾繁仁2018年9月29日写,2019年3月21日改定

目录

序言 / 001

第一部分　马克思主义哲学研究 / 001

实践本体论 / 002
马克思主义哲学的本体论 / 020
批评与答复
　——再谈我对马克思主义哲学的理解 / 050

第二部分　马克思主义美学研究 / 083

关于马克思论美 / 084
关于美的本质问题 / 099
美学十讲 / 139
马克思主义实践观与当代美学问题 / 162
马克思主义美学研究与阐释的三种基本形态 / 169

第三部分 中国美学与艺术研究 /189

中国哲学与中国美学 /190

中国古典美学概观 /200

儒家美学思想 /267

"艺"与"道"的关系
  ——中国艺术哲学的一个根本问题 /306

坚持和发展马克思主义实践观美学 /320

附录 刘纲纪学术年谱 /329

序言

本书编选了著名美学家刘纲纪先生从20世纪80年代至2017年所写的具有代表性和重要理论意义的哲学、美学、艺术等方面的文章，时间跨度近40年。为了准确地理解把握刘先生的学术脉络和整体思想概况，本书将其文章分为马克思主义哲学研究、马克思主义美学研究、中国美学与艺术研究三部分。

第一部分是马克思主义哲学研究。要了解刘先生的美学思想，首先必须了解其哲学观点，这是他的思想根基。因为难以同意李泽厚提出的"人类学本体论"，他深入思考了马克思主义哲学的本体论问题，于1988年1月发表了《实践本体论》，提出自己的实践本体论观点。从1989年到1991年，刘先生又写了好几篇这方面的文章，如《批评与答复——再谈我对马克思主义哲学的理解》等。正是在对马克思的经典论述作出准确理解的基础上，刘纲纪提出了实践本体论这一重大理论创见。他抓着了"实践"这一本原、本体，也就抓着了包括审美现象在内的所有人类社会存在的根本，在揭示与解释美与艺术的根源、本质、规律、现象等重要问题时，以"实践"统摄全局，从实践到自由再到反映,把实践本体观点一直贯彻到底,产生了巨大的理论力量。

第二部分是马克思主义美学研究。20世纪80年代他写了一系列讨论马克思主义美学的文章,1980年7月写的《关于马克思论美》是长期研究解读《1844年经济学—哲学手稿》的产物,在他个人美学观点的形成上有重要意义。刘先生首先指出马克思对人类物质生产劳动的本质特征的分析是马克思美学的根本出发点和基石,是马克思美学(同时也包含哲学)的"真正诞生地和秘密","自然界的人化"和"人的对象化"是马克思论美的基础。第二,通过对马克思在《手稿》中讲到的"美的规律"和直接与之相关的"种的尺度"与"内在的尺度"的含义及两者关系的分析,指出美的最根本、最普遍的规律就是在人类实践(首先是物质生产劳动)基础上,人的自由与客观的自然必然性两者如何统一的规律,美就是在这种统一的实现在人类生活中的感性具体的表现,马克思的美学可以称之为"实践观点的美学"。这是刘纲纪所理解的马克思主义实践美学的根本性观点,他对美学上问题的解决都是从这样的根本观点出发的。《关于美的本质问题》进一步强调实践是美是人的自由的表现,是人在实践中掌握了必然,实际改造和支配了世界的产物。美是在人类改造世界的实践基础上,从必然到自由的飞跃所取得的历史成果。《美学十讲》详细分析了美学是什么、美是什么等美学基本问题。

《马克思主义实践观与美学问题》通过后实践美学对马克思主义实践美学的批判,阐释马克思主义实践观与美学问题,刘先生认为实践美学的主要成就在于它把马克思主义的实践观作为美学的哲学前提确立了下来，正是马克思主义实践观点的提出才使传统的美学宣告终结，为一种真正新的美学的产生开辟了道路。《马克思主义美学研究与阐释的三种基本形态》准确地指出，从19世纪末到20世纪，对马克思主义美学的研究与阐释形成了三种基本形态：苏联马克思主义美学、西方马克思主义美学、中国马克思主义美学。

第三部分是中国美学和艺术研究。由于中国独特的社会特点，伦理道德是中国哲学所注视的头等重要的问题，从而使人的本质问题，特别是人性的善恶问题在中国哲学中占有极为重要的地位。这样，中国哲学和中国美学就在根本上自然而然地联结到一起。中国哲学始终不倦地在探求着如何达到一种高度完善的道德境界。而这种道德境界，当它感性现实地表现出来，成为直观和情感体验对象的时候，在中国哲学看来也就是一种审美的境界。在《中国古典美学概观》中刘先生梳理了儒家美学、道家美学、楚骚美学、禅宗美学四大流派。四大流派虽然各有不同的观点，但是它们都是在肯定人与自然、人与社会、自然与精神、必然与自由、主观与客观的统一这个根本前提下来观察美与艺术问题的，在现代社会中，对于美学的研究意义重大。儒家美学是居于主导地位的一大美学系统，儒家以仁学为其根基，认为"仁"与长育万物的天地、生命的和谐成长和生生不息完全相通一致。儒家美学从社会伦理的领域通向自然的领域，使美与文艺的问题和自然界生命的问题连接起来。美的境界是个人与社会、自然和谐统一的境界。进一步，刘先生提出"艺"与"道"的关系问题是理解中国艺术哲学、艺术精神的核心、关键和根本。"艺"与"道"的关系实际上包含着中国艺术哲学的本体论。

概括地讲,刘纲纪的实践本体论美学思想,首先是它的最根本的哲学基础和逻辑出发点——实践。实践是人类社会生成和存在的本体,这是包括美和艺术在内的人类一切社会生活的基始、本原,离开了以物质生产劳动为基础的社会实践去谈论美的本质和根源,就不是马克思主义以实践为本体的美学;其次,美的起源来自人类的实践,而美的本质也就是人在实践活动中所表现出来的创造性自由在其实践对象上的感性表现,美是人的自由的感性显现,美感就是人把自己所创造的生活以及他所生活的周围世界当作其作品观赏,从中看到了他创造的智慧才能和力量的种种表现,见到了人的自由获得了实现而引起的精神愉悦。刘纲纪发展了当代中国实践美学思想,从实践这个本体和逻辑起点出发形成了他关于"美是自由的感性显现""美感是由于人见到自由获得实现而引起的精神的愉快""艺术是对现实生活的审美反映"等关于美、美感和艺术等美学问题的论述,创造性地发展了当代实践美学思想,建构起具有中国特色的实践本体论美学思想体系。

毫无疑问,这部文选并不能完全囊括刘先生的全部思想,如他对中国美学史、周易美学、艺术哲学、画论、书论以及对于西方美学和哲学的论述等。不仅在理论横切面上,就是在历时性上看,在长达五十多年的研究中,他的中国哲学、中国古代美学、马克思主义美学等观点,他在近千万言的著述中所蕴含的博大精深的思想,也不是这区区二十多万字可以涵盖了的。但这并不是说,这部文选中的文章不能代表刘纲纪的基本美学思想。本书所选取的文章,是在刘先生2006年出版的五卷本文集、2009年出版的《刘纲纪文集》以及最近十几年间发表的文章中认真斟酌精心挑选的，代表了他最基本最主要的哲学和美学观点。通读本书，既可以在整体上了解和把握刘纲纪实践本体论美学思想，也可以大致搞清楚其学术观点形成与发展的基本历程。

感谢复旦大学朱立元老师的推荐，朱先生向山东文艺出版社荐举我来做《刘纲纪美学文选》的编选工作；当然，还要感谢刘纲纪先生的信任和支持。需要提及的还有刘先生的博士生、现在华中师范大学任教的王海龙学弟，他在编选过程中给我提供了不少支持和帮助，如电子稿的传送、学术年谱的完善等，使得我的工作变得顺利许多。

当然，由于编者个人对于刘纲纪先生的研究尚不够深入和全面，对其美学思想的领会悟解能力有限，本书尚有不尽如人意的地方，期待读者的批评指教，以期在再版时加以完善。

石长平

2018年9月

第一部分 马克思主义哲学研究

实践本体论

哲学史上关于本体论有各种不同的说法。一般而言,本体论是关于存在的理论,目的在探求什么是存在的最普遍、最高的本质。

所谓最普遍、最高的本质也有种种不同说法,但其中最基本的问题是:第一,存在的本原问题,即世界从何产生形成,或什么是始初的、本源性的东西;第二,相对无限众多的现象,什么是存在的最一般的根据、实质。

唯心主义哲学曾对本体作了种种神秘的解释,但我们不能因此就取消本体论问题。哲学作为世界观,不能不回答存在的最普遍、最一般的本质是什么这个问题,而且这是只有哲学才能回答的问题。西方现代哲学一方面有一种拒斥本体论的倾向,另一方面又有一种把许多问题本体论化,从本体论来加以考察的倾向。这后一倾向说明,对许多问题要作出穷根究底的解决,不能离开本体论的研究。亚里士多德曾把本体论称为"第一哲学",这不是没有原因的。

一、马克思主义哲学与本体论问题

在马克思转变为马克思主义者之后,他在《1844年经济学—哲学手稿》一书中曾两次使用了"本体论"这个术语①，此外不再见到马克思使用这个术语，但他多次讲到了在马克思主义哲学中有根本性意义的"存在"和"社会存在"的概念，后一概念还是马克思所首创的。既然"存在"与"社会存在"是马克思主义哲学中的重要概念，那么马克思主义哲学就应当有关于存在的理论。这也就是马克思主义哲学的本体论。

恩格斯在《路德维希·费尔巴哈与德国古典哲学的终结》一书中谈到哲学的基本问题时，指出这一问题的实质是："什么是本原的，是精神，还是自然界？——这个问题以尖锐的形式针对着教会提了出来：世界是神创造的呢，还是从来就有的？"②这个世界的本原是什么的问题，正是本体论的重要问题。由此可见，恩格斯所说的哲学基本问题，首先是一个本体论的问题，其次才是认识论的问题。

多年来，我们的马克思主义哲学研究十分重视认识论问题，甚至认为马克思主义哲学就是认识论，但十分忽视本体论问题，甚至认为本体论问题可以取消。这种看法是不对的。

从认识论来看，对思维的研究不可能离开对存在的研究，而对存在的研究正是本体论的问题。仅仅在思维的内部来研究思维，思维的发生、来源、意义、真假诸问题都是无法解决的。不要本体论的认识论可以称之为无根的认识论，但没有根是不行的。所以，坚决拒斥本体论的逻辑实证主义发展到蒯因，不得不重新提出本体论的问题（参见《从逻辑的观点看》一书）。后期维特根斯坦也显示了某种向本体论靠近的倾向。

---

① 《马克思恩格斯全集》第42卷，人民出版社1979年版，第150页。
② 《马克思恩格斯选集》第4卷，人民出版社1972年版，第220页。

如果我们离开认识论的范围而转向人的问题，那么人的存在问题，海德格尔所谓"存在的意义"问题，更是现代哲学不能回避的一个重大的本体论问题。就马克思主义的历史唯物主义来说，我认为目前我们所说的历史唯物主义的许多内容应划归马克思主义的社会学、政治学。从哲学的高度看，历史唯物主义实际就是马克思主义的历史哲学。它的基础不是别的，就是马克思主义关于人的存在的学说，即马克思主义关于人的本体论。离开了马克思主义关于人的本体的科学理论，不可能有真正科学的、深刻的历史唯物主义理论。

对本体论问题的忽视导致了马克思主义哲学研究的贫乏化、简单化、肤浅化。相反，对马克思主义哲学的本体论的深入研究，将会极大地加深我们对马克思主义哲学的理解，促进马克思主义哲学的概念、结构、体系的精确化、完善化，并摆脱相沿已久的对马克思主义哲学的不少简单化的，甚至是错误的理解。

马克思主义哲学的本体论是在总结概括科学（包括自然科学和社会科学）的实际成就的基础上建立起来的，不是玄想的思辨，不带有历史上的本体论那种唯心神秘的性质。

二、自然本体论与人的本体论

本体论可区分为自然本体论与人的本体论。自然本体论所研究的是在人类出现之前即已存在的自然的本体。由于人本是自然的一部分，人的存在不能脱离自然，因此自然的存在对人的存在处于优先地位，自然本体论对人的本体论也处于优先地位，否认这一点就会堕入唯心主义（这是西方马克思主义常犯的一个错误）。但人又不仅仅是自然存在物，因此自然本体论不能代替人的本体论。

在中国哲学史上，自然本体论与人的本体论常常是合而为一的，这同中国哲学的"天人合一"观念分不开。西方古希腊哲学的本体论侧重于自然本体论，经过中世纪又同上帝创世说联系到一起，使上帝是否存在的问题成了一个同本体论密切相关的问题。西方近代哲学的本体论仍然在这个问题上纠缠不休，但它的重点显然已转到和自然科学的发展相关的认识论方面，使本体与现象的问题具有了十分明白的认识论意义。这在康德哲学中得到了典型的表现。西方现代哲学以叔本华、尼采为发端，经生命哲学到存在主义，抛开了西方近代哲学中和认识论密切相连的本体论，而把人的本体问题提到了最高的位置。不论是海德格尔的"基本本体论"，雅斯贝尔斯的"生存本体论"，萨特的"现象学的本体论"，其中心都是人的本体问题。就西方现代哲学的范围而论，突出地关注和研究人的本体问题，可以看作是存在主义的一个贡献。

但是，萨特声称要用存在主义的人的本体论来"补充"马克思主义，这是毫无根据的。马克思主义哲学一产生就把人的存在问题提到了最高的位置，指出无产阶级的解放"是从宣布人本身是人的最高本质这个理论出发的解放"，[①]并且提出了"现代的自我解放"即从资本主义的金钱统治下获得解放，尖锐地指出和从根本上科学地阐明了后来存在主义苦苦思索而终于不得其解的人的异化问题，号召"为反对人类自我异化的极端实际表现而奋斗"[②]，认为揭露人的自我异化是"为历史服务的哲学的迫切任务"[③]，等等。存在主义一再谈论的"存在与本质"问题，马克思在《1844年经济学—哲学手稿》中也已提出，并指出它是只有共产主义才能解决的"历史之

[①] 《马克思恩格斯全集》第1卷，人民出版社1956年版，第467页。
[②] 《马克思恩格斯全集》第1卷，人民出版社1956年版，第446页。
[③] 《马克思恩格斯全集》第1卷，人民出版社1956年版，第453页。

谜"①。由此可见，在现代哲学中占有重要地位的人的存在问题，马克思在19世纪40年代初期已经提出，并指出了科学解决的途径。

马克思主义哲学并不忽视自然本体论问题，但它高度关注并做出了伟大贡献的是人的本体论问题。从马克思的著作中可以明显看出，马克思所注意加以解决的不是历史上的唯物主义，特别是18世纪法国唯物主义和费尔巴哈唯物主义已在根本上解决了的自然界的存在问题，而是过去一切唯物主义所未能解决的人的存在问题。虽然后来恩格斯在《反杜林论》和《自然辩证法》中对自然本体论的问题作了不少深刻的阐述，但就整个马克思主义哲学而言，它的突出的、主要的贡献仍然是在人的本体论方面。这个贡献的根本之点，在于第一次指出了人类的物质生产实践是人类全部历史产生、存在和发展的根基、本原，从而科学地解决了人的本体这个重大问题。

三、实践与本体

人是从自然发展而来的，没有自然就不会有人和人的历史。因此，马克思主义哲学关于人的本体问题的解决是建立在确认世界的本原是自然而不是精神这个唯物主义原则基础之上的。自然、感性是马克思主义哲学的第一个不可动摇的出发点。"历史本身是自然史的即自然界成为人这一过程的一个现实部分。"②这就是马克思对自然与历史的关系的看法，它对于理解整个马克思主义哲学的实质

---

① 《马克思恩格斯全集》第42卷，人民出版社1979年版，第120页。
② 《马克思恩格斯全集》第42卷，人民出版社1979年版，第128页。

和结构具有极大的重要性。一方面是自然界（它先于人类而存在，不以人类的存在与否为转移），另一方面是人类，而使"自然界成为人"，使人与自然达到统一的决定性的、根本的东西，就是人类的物质生产实践即劳动。

人和人类历史的存在不能脱离自然，但没有物质生产实践也不会有人和人类历史的存在。人只能存在于他和自然的统一之中，而造成这个统一，并决定着它的发展的东西就是以自然（包括外部自然和人自身的自然）为基础的人类的物质生产实践。物质生产是人类历史的发源地。因此，从本体论来看，人类历史的本原、始基就是以自然为基础的物质生产实践。在人类历史的范围内，马克思主义对"什么是本原的"这个本体论问题的回答是：不是精神（这是马克思主义区别于一切唯心主义的地方），也不仅仅是自然（这是马克思主义区别于费尔巴哈唯物主义的地方），而是以自然为基础的人类的物质生产实践。由此可见，从人类历史的产生（"自然界成为人"）和存在来看，马克思主义哲学所说的实践具有本体论的意义，而不只具有认识论的意义。确认实践具有本体论的意义，不把它看作是一个仅仅和认识论相关的范畴，对于正确深入地理解马克思主义哲学，研究它和发展它，是一个意义重大的问题。

人是自然的存在物，因此，一切企图使人的本体和自然相脱离的看法都是唯心主义的错误幻想。但人又不是像动物那样的自然存在物，如马克思所指出："人是人的自然"（重点原有，或译"人是属人的自然界"）①或"人化的"自然。②因此，人的本体不只是"自

---

① 《马克思恩格斯全集》第42卷，人民出版社1979年版，第166页。
② 参见《马克思恩格斯全集》第42卷，人民出版社1956年版，第126页。

然"，而是"人的自然"。对人的本体的认识就是要说明这"人的自然"是如何产生形成的，它具有怎样的性质。

物质生产实践是"自然界成为人"的基础、动力，因此"人的自然"即人的本体的性质只能从物质生产实践中去找到说明。

第一，物质生产实践即劳动是人从自然取得物质生活资料以满足人的生存需要的活动，同时又是人有意识、有目地改造自然的活动，因而是创造性的，能够支配自然，从自然取得自由的活动。这就是说，人类的劳动既是满足生存需要的活动，同时又是一种创造性的、自由的活动（对这一点的理解有着极大的重要性，参见拙著《艺术哲学》）。正因为这样，人类的劳动不会仅仅以满足肉体生存需要为最终目的，不是仅仅用以维持肉体生存的手段。它必然要超越肉体生存需要的满足，成为人的才能的全面自由发展的基础，推动人类从"必然王国"（满足肉体生存需要、维持和再生产人的生命的领域）进向"自由王国"（以人的才能的全面发展为目的本身的领域）。①劳动的本质决定了人既是自然存在物，同时又是自由的自然存在物，而不是像动物那样，只能本能地、无意识地适应自然的不自由的自然存在物。自由是人的本体即"人的自然"的根本特性。但这自由是人类物质生产实践的产物，从而是生产力发展的产物，不是存在主义的唯心幻想的产物。"人们每次都不是在他们关于人的理想所容许和决定的范围之内，而是在现有的生产力所决定和容许的范围内取得自由的。"②

第二，人改造自然的物质生产实践不是单个人的活动，而是结

---

① 参见马克思：《资本论》第3卷，人民出版社1975年版，第926~927页。
② 马克思、恩格斯：《德意志意识形态》，人民出版社1961年版，第497页。

成一定社会关系的人们协同进行的活动。只有通过社会，人才能改造自然，从自然取得自由。社会是人同自然相统一的必经的中介，是自然（包括外部的和人自身的自然）成为"人的自然"的不可脱离的根基。"自然界的人的本质只有对社会的人说来才是存在的"，"只有在社会中，人的自然的存在对他说来才是他的人的存在"，"社会是人同自然界的完成了的本质的统一"①。其所以如此，在根本上仍然是决定于劳动所本有的社会性。这里所说的"社会性"，不仅仅是指人生活于社会之中，而是指人类的存在和发展离不开人与人之间的相互依存与合作，"为我"与"为他"的统一。但由于劳动的异化，产生了个体与社会的分裂，于是人类就失去他本有的"社会性"，而陷入了矛盾和对抗之中。只有当个体所结成的社会同个体的发展到达了统一的时候，人才能重新完全获得他的"社会性"，从而才不会失去他从自然取得的自由，他的存在才是真正自由的（从人的本体来看的共产主义理想的实质就在于此）。这是存在主义百思不得其解的一个重要问题，也就是海德格尔所说的"此在"（个体）与"共在"（社会）如何统一的问题。

从以上的分析可以看到，由物质生产实践所产生的人，既是自由的自然存在物，同时又是社会的存在物，两者不可分离。因此，自由和社会性是人的本体的两个内在地联结在一起的本质的规定性。同时，这种规定性又不是同人的自然的规定性相脱离的，而是内在于自然的规定性，渗透在自然的规定性之中的。这就是马克思所说的"人是人的自然"真义所在，也就是人的本体的真义所在。

由于马克思主义哲学从物质生产实践出发解决了人类历史和人

---

① 《马克思恩格斯全集》第42卷，人民出版社1979年版，第122页。

的本体问题,历来笼罩在本体论上的各种唯心神秘的幻想就可以从理论上消除了。马克思说:"……因为在社会主义的人看来,整个所谓世界历史不外是人通过人的劳动而诞生的过程,是自然界对人说来的生成过程,所以,关于他通过自身而诞生、关于他的产生过程,他有直观的、无可辩驳的证明。因为人和自然界的实在性,即人对人说来作为自然界的存在以及自然界对人说来作为人的存在,已经变成实践的、可以通过感觉直观的,所以,关于某种异己的存在物、关于凌驾于自然界和人之上的存在物的问题,即包含着对自然界和人的非实在性的承认的问题,在实践上已经成为不可能的了。"①这是人类全部思想史上一个空前伟大的飞跃。

人类历史和人的本体的秘密本来是包含在人类的劳动即物质生产实践之中的,但由于劳动的异化使劳动成了同人的存在相对立的东西,因此在异化的范围内活动的许多思想家就只知道从精神的活动中,从宗教、哲学、艺术中去找寻和说明人的本体,于是产生种种唯心神秘的幻想和思辨(存在主义就是一个典型的例子)。分析和消除这些唯心神秘的幻想和思辨是摆在当代马克思主义哲学面前的一个重要任务。

四、人的本体与人的主体性

由于人的本体是由人类的实践所产生和决定的,所以从主体方面看,人的本体就是人发挥他的实践的和精神的主体性去改造世界的产物。这也就是说,人的本体不是什么同人的生活的实践创造无

---

① 《马克思恩格斯全集》第42卷,人民出版社1979年版,第131页。

关的、凌驾于人的生活的实践创造之上的神秘的存在。它存在于人的生活的实践创造之中，它就是这种创造的产物。这种创造是没有止境的，因此人的本体的存在和发展也是没有止境的。海德格尔把"在"和"在者"相区分，认为"在"是一种未被最后规定的可能性，不过是对上述情况的一种唯心神秘的说明。

但是，创造人的本体的人的主体性首先必须是一种实践的主体性，而不是脱离实践的、幻想的、精神的主体性。人的主体性的发展归根结底是被物质生产的发展，特别是被生产工具的制造和应用所决定的。"对生产工具的一定总和的占有，也就是个人本身才能的一定总和的发挥"[①]，"生产力的发展史"就是"个人本身力量的发展史"[②]。就当代中国而论，致力于生产力的发展，也就是在根本上致力于人的主体性的发展。发展生产力是历史向我们提出的最重要的课题，这种发展是社会主义条件下人的本体的现实的基础。离开这个基础去空谈人的本体和人的主体性是错误的。

没有人的生活的实践创造就没有人的本体，因此，我们应当充分发挥人的实践的和精神的主体性，把人的本体在最丰富、全面、圆满的形态上创造出来。马克思主义的人的本体论不同于海德格尔的悲观的本体论。

五、三个世界

和人的存在相联的世界包含三个世界：第一是在人类之前和之

---

① 马克思、恩格斯：《德意志意识形态》，人民出版社1961年版，第66页。
② 马克思、恩格斯：《德意志意识形态》，人民出版社1961年版，第71页。

外存在的自然界;第二是在自然的基础上,人通过实践为自己创造出来的对象世界;第三是以上述两个世界为基础的人的精神世界(它又以物态化的符号形式表现出来)。

必须避免一种简单粗陋的唯物主义对人所生活的世界的了解。上述第一和第二世界都是物质的世界,但人所生活的物质世界是人的实践创造出来的对象世界,不是与人的生活实践无关的物质世界。这个世界在人的意识之外存在着,但它又是人自身的对象化、现实化、客观化,因而是主体与客体、物质与精神、思维与存在的统一。这个道理,是马克思主义之外的一切唯物主义始终不能理解的,它看不到它所说的"物质世界"同人的"对象世界"的差别。因此,它把人所生活的物质世界了解为一个同人的活动无关,外在于人,并预定地、宿命地决定着人的生活的物质世界(这实际是一种拜物主义)。唯心主义坚决反对这种看法,但它对人与自身的对象世界的关系的理解是神秘化了的。海德格尔说"此在"(个体存在)在世界之中不是如水在杯中、课桌在课堂之中,"此在"与世界处于混沌未分的统一。这不过是对人与他的对象世界、主体与客体的统一的一种唯心神秘的表达。海德格尔企图以此来消灭主体与客体的差别,否认客观物质世界的存在,这是错误的。因为主体与客体既是有区别的,但两者又在统一中存在着。

世界如何成为人的对象世界,既决定于人在实践上改造、支配世界的程度和方式,又决定于在此基础上主体的各种能力的发展。主体各种能力的发展同时也就是他的对象世界的丰富和扩展。主体的能力和主体的对象世界两者是互相对应的,因此,和主体的心理结构相联的各种能力的发展是很重要的,但这种发展一刻也不能脱离实践(首先是物质生产实践)。

六、人的本体意识

人的本体意识是对人的存在的意义和价值的意识。这种意识的特征在于它是对自由与必然、个体与社会的矛盾统一的精神体验与反思,其核心是感性的个体如何从他的必然的、社会的存在中达到自由。由于感性的个体的自由的实现不能脱离必然、社会,所以人的本体意识是超越了个体的肉体生存的。即使在死亡中,人也能体验到他作为本体的存在的巨大意义与价值。人的本体存在对个体的肉体生存需要的超越,剥削阶级统治的社会中个体的感性存在和他的普遍的社会性存在的脱节、分裂和矛盾,是唯心主义认为本体界超越现象界的重要原因。尼采所谓在"酒神精神"中与"本体界"合一,海德格尔所谓"此在"处于"在"的"澄明"中,雅斯贝尔斯所谓"边缘状态",人本主义心理学所谓"高峰体验",都是对人的本体意识的唯心幻想的解释。

人的本体意识既表现在人对他自身的存在的体验中,也表现在艺术、宗教、哲学等意识形态中。艺术是处在对个体感性存在的直接体验中的本体意识,宗教是对虚幻状态中的人的本体意识,哲学是对人的本体的抽象思考。在宗教和哲学中,人对他的本体的意识比在艺术中要更为深邃、明确。但只有在艺术中,人才能在他的现实的感性存在中达到对他的本体的意义与价值的直接意识。因为艺术既消除了宗教虚幻的超世间性,又消除了哲学的抽象性。

人的本体意识虽然可以用哲学的抽象概念表现出来,但存在于感性个体当下生活中的直接的本体意识却不是抽象的概念所能完全把握和穷尽的,所以,海德格尔说"在"不可定义,维特根斯坦说"不可言说",都有一定的道理。中国古代道家认为"道"不可名状,也与此类似。这种对本体的不可言说的精神体验是通向审美和艺术的。艺术即是对不可言说的东西的言说。此外，不可言说不等于对这种不可言说的现象不能做出科学的说明。换句话说，不可言说又是可以言说的，即能够对之做出科学的说明的。这是哲学、心理学和语言学（包括语言哲学）的一个重要课题。

唤起和培育人的本体意识，是使人超越动物性冲动的支配，摆脱日常生存需要的局限和束缚，达到对人的存在的尊严和价值的意识的重要途径。在这个方面，艺术担负着十分重要的任务。

七、实践本体与真

实践的活动只有当它符合于客观世界的规律时才能得到成功，否则就会遭到失败。正是实践中无数次的成功和失败，使人意识到他所采取的活动的方式方法同对象之间存在着某种不以人的意愿为转移的客观的东西（《老子》："辅万物之自然而不敢为"），于是产生了对"真"的意识。

实践的活动之所以能和客观世界规律相符合，是因为作为实践主体的人，他的本体存在原来就和自然存在不能分离。他既是自然界的一部分，那么他的活动就能够和自然的规律相符合。正是这一点为人类思维的客观正确性提供了根本的保证。我们知道，动物在它生存所及的范围之内，它的活动是同自然规律相符合的，只不过没有自觉的意识罢了。人则把这种符合变成了自觉的活动，并且把反复取得了成功的实践活动所显示出来的自然的因果联系在语言、思维的形式中固定下来。显然，正是由于作为自然存在物的人同时又是自觉的、社会的存在物，他的需要，从而他的目的已远远超出与自然合为一体的动物的需要，所以人常常犯错误，而动物在它的正常的自然状态下，一般是不会犯"错误"的。但人的需要虽然远远超出了动物的需要,终究又是作为自然存在物的人的需要,这需要(包括各种社会需要)是不能违背自然规律的。所以,人总能在一次又一次的尝试中找到能取得成功的实践活动的方式方法,从而不断扩展他对客观规律的认识。人类思维的客观的正确性不是由什么"先验的"意识来保证的,而是由人自身和他的生存不能脱离自然这一点来保证的。实践之所以能成为检验真理的标准,就因为实践的活动是人这个自然存在物的活动,因而是能与自然的规律相符合的。人的实践活动"是对象性的、自然存在物的活动"[①],因此它具有验证那支配着人的实践活动的主观意识是否与自然规律相符合的力量。对于不能脱离自然,而是在自然的基础上建立起来的社会的规律来说,也同样是如此。因为社会不过是使人的自然潜能获得超越动物的发展的客观必然的形式。由此可见,认识论上的重大问题不能仅仅在认识论的范围内获得解决,而必须求之于本体论。这对于认识论的发展来说是一个十分重要的问题。

对"真"的把握不是目的本身,它最终是为了人的发展,为了人的本体的现实的生成和丰富。因此,"真"的达到也就是对人自身的肯定。西方现代科学哲学的某些理论把科学当成科学自身的目的,是资本主义社会下科学与人的发展相分裂的表现,是被异化了的人的科学观。

八、实践本体与善

实践总是为达到某个目的而进行的实践。正是从实践及其结果是否符合目的的意识中产生了"善"的意识。由于目的的达到和

---

① 《马克思恩格斯全集》第42卷,人民出版社1979年版,第167页。

人的需要的满足相关，又由于人只能在社会关系中去求得需要的满足，所以"善"包含着多层的含义：第一，它泛指某种功利需要的满足；第二，它指某一社会阶级集团的普遍利益的实现；第三，它指整个人类社会生存和发展的利益的实现。道德上的善恶观念是从后两者产生出来的。最根本的善，是整个人类社会的生存和发展。某一社会阶级集团所说的"善"，只有当它与这种"善"相一致时，才有可以辩护的历史的理由，否则就会遭到历史的否定。人类永远不会为保护某一社会阶级集团的利益而牺牲整个人类社会的生存和发展。此外，任何"善"不论看起来如何与实际的利益需要的满足无关，从历史的发展来看，最终仍然是为了一定的利益需要的满足。同任何利益需要的满足无关的"善"，是没有也不可能有的。

提升到了伦理道德的"善"，是人的本体的社会性的集中强烈的表现，是个体利益与社会利益、眼前利益与长远利益的矛盾统一的表现。因此，这种"善"超越了个体的、有限的生存需要，而成为对人的本体的社会性的充分肯定。但是，如果"善"不包含与整个人类社会的存在发展相一致的无数个体利益的实现，这种"善"就会成为"伪善"。人类社会不断向上的存在和发展，是衡量"善"与不"善"的最后的标尺。因此，只有科学地认识了人类社会发展规律的马克思主义才能找到衡量"善"与不"善"的客观的、历史的标准，摆脱伦理学上的相对主义和超历史的、抽象的善恶对立。

九、实践本体与美

"真"的问题的产生，是由于人的本体的存在不能违背物质世界的客观规律。"善"的问题的产生，是由于人的本体的存在不能脱离人与人之间的社会关系。不论"真"或"善"都是一种客观普遍必然的东西，不以个体的特殊性，即不以个体的意愿、好恶为转移。这就是说，"真"之为"真"，"善"之为"善"，并不是由特定个体主观上的好恶决定的。但是，现实地存在着的每一个人又都是一个特殊的个体，他的存在具有存在主义所强调指出了的不可重复性、不可代替性、单一性、此时性，等等。这是一些只强调人的普遍的社会性的马克思主义者经常忽视了的，而马克思早就明确地指出和肯定了它。马克思说："人们——不是抽象概念，而是作为现实的、活生生的、特殊的个人。"[①]人的本体存在一方面离不开客观普遍必然的"真"和"善"；另一方面，现实的人却又是一些特殊的个体。而且这些个体作为不同于动物的人，不只要满足肉体生存的需要，还要超越这种需要，去求得自身个性才能的自由发展（也就是从"必然王国"进向"自由王国"，这是由前述人的劳动的本质及其发展所决定的）。即使在满足肉体生存需要的范围之内，人也要尽可能使这种需要的满足配得上人的自由和尊严，以区别于动物的需要的满足。于是，在"真"和"善"的问题之外，又产生了一个问题：作为个体的人怎样才能在不脱离"真"和"善"的前提之下，使自身超出肉体生存需要满足的个性才能得到自由的发展？这个问题就是"美"的问题。

个体超出肉体生存需要满足的个性才能的自由发展，就是"美"所在的领域（参见拙著《艺术哲学》）。由于这种发展不能脱离"真"和"善"，因此，"美"只能是"真"和"善"同个体的个性才能的自由发展的统一。这种统一，表现在"真"的达到和"善"的实现，同时就是个体的个性才能的自由发展；反过来说，个体的个性才能的自由发展，同时就是"真"的达到和"善"的实现。就"真"来说，

[①]《马克思恩格斯全集》第42卷，人民出版社1979年版，第25页。

对客观必然规律的把握直接表现为个体的个性才能的自由发展。就"善"来说，人的普遍的社会性的实现同样直接表现为个体的个性才能的自由发展。总之，不论"真"的达到和"善"的实现都不是外在于个体的个性才能的自由发展，和它相对立的东西，而是和它内在地、不可分地、直接地统一在一起的东西。这就是"美"。

这种统一不是存在主义所说的虚幻的、神秘的、非理性的精神活动的结果，它最终是为人类的物质生产实践所决定的，是生产力的发展所取得的历史成果。前已指出，"生产力的历史"即是"个人本身力量的发展史"，因此只有在生产力的发展和由它所决定的社会关系（首先是生产关系）同个人本身力量的发展相一致的情况下，上述的统一亦即"美"才能产生。但所谓统一是一个曲折复杂的历史过程，并且是一个无限的过程。在生产力的发展和个人力量的发展相对立的情况下，由于生产力的发展所取得的历史成果仍然表现了人征服自然的伟大创造才能，亦即表现了人的自由，所以它虽然是对直接的生产者的个性才能的自由发展的否定，但从整个人类历史的发展来看，仍然具有"美"的价值（如奴隶劳动所建立的埃及的金字塔就是这样）。就由生产力所决定的社会关系而言，当它同个人力量的发展相对立的时候，它自然是对"美"的否定。但它不能消灭人的个性才能的自由发展的要求，也不能否定人只有在他们所结成的社会关系中才能求得个体的个性才能的自由发展这个历史的、必然的真理。因此，就是在这种情况下，人也不会放弃对"美"的追求，他会起来反抗这种社会关系，建立新的社会关系，以求得个体的个性才能的自由发展。"美"在人类生活的实践本体之中有其不可剥夺、消灭的根基，存在主义的悲观论调是没有根据的。但在由少数剥削阶级统治的漫长的历史里，特别是在个体与社会尖锐对抗的资本主义社会里，"美"在许多情况下存在于现实中被异化了的人的彼岸，显得是同人的现实存在不同的另一个虚幻的东西，或者是同人的生活的现实的创造无关的某种"物自体"，因而产生了关于"美"的种种神秘的幻想。只有在马克思主义的实践本体论的基础上，在迈向社会主义、共产主义的历史过程中，围绕着"美"的神秘的迷雾才能揭开和最后归于消失。

"美"包含了"真"和"善"，但又超越了"真"和"善"。因为在"美"之中，"真"和"善"已同现实的、感性的个体的个性才能的自由发展直接地统一起来了。"真"、"善"都不再带有对个体的外在的强制性。人既是社会的人，同时他作为社会的人又是一个区别于其他人的特定的个体，而且他只有作为一个特定的个体才是社会的人，因此，直接和个体的感性存在相联的"美"，深刻地触及了人的本体的存在。正是在对"美"的感受体验中，人直观到和深切地意识到他作为个体的个性才能的自由发展同客观规律（"真"）和人的社会性（"善"）相统一的可贵性、绝对必要性和永恒的合理性。所以，对"美"的意识，是对人的本体意识的一种十分重要的形式。

（原载《武汉大学学报（社会科学版）》1988年第1期）

马克思主义哲学的本体论

上篇：马克思主义哲学对本体的理解

谈到马克思主义哲学的本体论，首先就会碰到一个问题：马克思主义哲学有没有本体论？对此，我的看法是肯定的。

早在《1844年经济学—哲学手稿》中，马克思即已明确地讲到过："人的感觉、激情等等"的"真正本体论的本质（自然）肯定"的问题，并提出"只有通过发达的工业，也就是以私有财产为中介，人的激情的本体论本质才能在总体上、合乎人性地实现；因此，关于人的科学本身是人在实践上的自我实现的产物"[①]。在同一书中，马克思反复论述的，以物质生产劳动为基础的，自然向人的生成和自然的"人化"问题，也正是一个极为深刻的本体论问题。这些论述，是西方自古希腊以来的本体论的巨大发展，也是马克思对近现代哲学的本体论的巨大贡献。此后，马克思再没有明确使用过"本体"这个词。但他一再指出和论证了物质生产实践是人类全部历史的基础，是决定人类历史发展的最后的、终极的原因。这实际也就是

---

① 《马克思恩格斯全集》第42卷，人民出版社1979年版，第150页。

对物质生产实践所具有的深刻的本体论意义的阐明。因为自古以来的一切本体论所要找寻的东西，正是那决定世界存在与发展的终极的、最后的原因。这是哲学中的本体论问题区别于其他问题的根本之点。

恩格斯在成为马克思主义者之后的著作中没有使用过"本体"这个词，但恩格斯绝没有否认过本体论问题的存在。相反，在他的著作中，马克思主义哲学的本体论问题及其实质表现得更为明白和清晰了。不过，与马克思不同，恩格斯是侧重于从自然观方面去阐明马克思主义哲学的本体论的。他的观点与马克思是完全一致的，但注意和强调的方面有所不同。恩格斯对马克思主义哲学的本体论的确立做出了自己的贡献。特别是在阐发马克思主义哲学对本体的理解这一点上，主要贡献是由恩格斯做出的。

在《自然辩证法》一书中，恩格斯说："亚里士多德在谈到最初的哲学家们时说道（《形而上学》第1卷第3章）：'他们断言，一切现存赖以存在者，一切现存由之产生的最初根源，一切现存又复归于其中的最后归宿，乃是始终如一的本体，它只在它的各种规定中变化；这便是元素，这便是一切现存的本原。因此他们认为，没有一个事物生成或消灭，因为事物总是永远保持其同一本性的'。因此，在这里早已完全是一种原始的、自发的唯物主义了，它在自己的萌芽时期就十分自然地把自然现象的无限多样性的统一看作不言而喻的，并在某种具有固定形体的东西中，在某种特殊的东西中去寻找这个统一，比如泰勒斯就在水里去寻找。"[①]

这段话对理解马克思主义哲学的本体论具有十分重要的意义。

---

① 恩格斯：《自然辩证法》，人民出版社1984年版，第34～35页。

首先，恩格斯所引用的亚里士多德的这些话历来被看作西方传统哲学对于本体论问题的经典性表述，它确定了本体论问题的基本含义。后来西方哲学对本体论问题的看法和探讨无不发端于此。其次，恩格斯显然没有否定亚里士多德对本体问题的论述，他只是要对这一问题做出唯物主义的阐明。把上引恩格斯的话和他在其他地方所说的有关同一问题的话结合起来看，恩格斯对本体问题的理解可以归结为两个问题。一个是世界的"本原"问题，也就是亚里士多德所说"一切现存由之产生的最初根源"、"一切现存的本原"问题。恩格斯在谈到哲学基本问题时指出："什么是本原的，是精神，还是自然界？""哲学家依照他们如何回答这个问题而分成了两大阵营。凡是断定精神对自然界来说是本原的，从而归根到底以某种方式承认创世说的人（在哲学家那里，例如在黑格尔那里，创世说往往采取了比在基督教那里还要混乱而荒唐的形式），组成唯心主义阵营。凡是认为自然界是本原的，则属于唯物主义的各种学派。"①这个世界的"本原"的问题，显然正是本体论的根本问题。恩格斯把它称为"全部哲学的最高问题"，这和亚里士多德把本体论称为"第一哲学"是类似的。另一个问题是世界的统一性问题，也就是亚里士多德所说"一切现存又复归于其中的最后归宿"的问题，即世界的"始终如一的本体"、世界如何在"生成或消灭"中又"总是永远保持其同一本性"的问题。恩格斯对此的回答是："世界的真正的统一性是在于它的物质性。"②恩格斯在《反杜林论》和《自然辩证法》中反复论述了这个观点，指出世界是物质的世界，而物质虽处在不断的运

---

① 《马克思恩格斯选集》第4卷，人民出版社1972年版，第220页。
② 《马克思恩格斯选集》第3卷，人民出版社1972年版，第83页。

动中，但却是既不能创造也不能消灭的。这也就是说，在恩格斯看来，亚里士多德所讲的世界（存在）的"始终如一的本体"不是别的，就是物质。

从以上的分析可以看出，马克思主义哲学所讲的世界的"本原"和世界的"统一性"的问题，从西方传统哲学来看正是属于本体论的问题（这两个问题当然又是直接联系在一起的）。因此，说马克思主义哲学没有本体论，我认为是不正确的。马克思主义哲学并没有否定、抛掉传统哲学中的本体论问题，而是对它作了以物质的自然界为基础的实践唯物主义的解决。因为任何一种充分发展了的、具有自己严整的系统的哲学都不能不对世界的"本原"和"统一性"是什么这个问题做出回答。

但是，马克思主义哲学对于本体论的看法不能简单等同于传统哲学所说的本体论。一些否认马克思主义哲学有本体论，以及一些在我看来是对马克思主义哲学本体论的不恰当、不正确的看法的产生，就是简单地以传统哲学的本体论观念为标准来衡量马克思主义哲学的结果。因此，弄清马克思主义哲学的本体论与传统哲学的本体论的联系与区别是十分重要的。两者的联系表现在马克思主义哲学并没有否认传统哲学的本体论所提出的根本问题，即世界的"本原"和"统一性"是什么的问题。但在回答这个问题时，马克思主义哲学对本体的理解与传统哲学又有重大的不同。这不仅表现在马克思主义哲学对本体问题的解决是唯物主义的，而且还表现在它对传统哲学称为"本体"的东西也有不同的理解。前一方面的不同是很清楚的，易于了解；后一方面的不同却不太易于了解。但所谓不易于了解，其实是因为我们长期忽视了这个问题，因而也没有联系马克思、恩格斯的有关论述去进行深入思考的缘故。此外，这两个方面的不同是紧密地相互联系的。正因为马克思主义哲学要彻底唯物主义地去解决本体的问题，这就使得它对本体的理解与传统哲学的理解有了重大的不同。这种不同集中表现在下述两个方面。

第一，马克思主义的唯物主义认为，亘古以来自然界就存在着，它在时间上和空间上都是无限的、永恒的，其存在没有开端，不是由在自然界之前、之外或之上的另一个东西产生、创造出来的。因此，不能把本体理解为存在于自然界之前、之外、之上，并产生出自然界的某种实体，即使这种实体被看作是物质性的东西，那也是不正确的。如恩格斯所讲到的古希腊的泰勒斯认为自然万物产生于水，他从水这种物质性的东西中去找寻世界的本原和统一性，这是唯物主义的思想，因而恩格斯对之加以肯定。但是，认为水产生自然万物，那么水又是什么东西产生的呢？不论用任何物质性的东西（如火、空气，等等）去说明自然万物的产生，都会碰到这个问题。所有这一类想法，都是假定自然界是被某一个东西产生、创造出来的，而那产生、创造自然界的东西就被称为"本体"。但这样一种假定是不能成立的，因为自然界不需要有把它创造出来的东西。马克思在《1844年经济学—哲学手稿》中已经对此做了深刻的分析，指出"谁产生了第一个人和整个自然界这一问题"是"一个因为荒谬"而"无法回答"的问题①。马克思主义哲学用物质去说明世界的本原和统一性，但它所说的物质绝不是脱离自然万物而存在，并产生出自然万物的实体。如恩格斯在《自然辩证法》一书中所指出的，马克思主义哲学所说的物质是通过思维的抽象而得出的概念，它所指的就是自然界的各种感性现实地存在着的事物。正如没有脱离苹果、梨子、李子而存在的一般的"水果"一样，也没

---

① 《马克思恩格斯全集》第42卷，人民出版社1979年版，第130页。

有脱离自然界的各种感性现实地存在着的具体事物而存在的一般的"物质"①。如果把"物质"视为一个脱离自然界各种感性现实的具体事物而存在的"实体",并用它去说明各种感性现实的具体事物的产生,那就像黑格尔把"水果"这一概念变为一个"实体",并用它去说明苹果、梨子、李子的产生一样,是完全荒谬的。对黑格尔的这种"思辨结构的秘密",马克思、恩格斯在《神圣家族》一书中已作了深刻的分析批判②。所以,马克思主义哲学虽然认为物质是世界的本原和统一性所在,在这个意义上它也就是世界的本体,但这个本体绝不是传统哲学所说的那种在自然界之前,并产生出自然界的"本体"。自然界本身就是物质的存在,而物质是不能创造也不能消灭的。说物质是世界的本原也就等于说自然界是世界的本原,两者是一个意思,不能设想在自然界之外还有一个产生出自然界的本原。至于这一看法如何运用于对人类社会的说明,下面还要详论。

第二,传统的本体论在许多情况下把"本体"理解为一种静止的、静态的存在物,而马克思主义哲学所理解的本体亦即马克思主义哲学所说的物质则永远处在运动之中,存在与运动不可分。马克思说:"一切存在物,一切生活在地上和水中的东西,只是由于某种运动才得以存在、生活。"③恩格斯指出:"运动是物质的存在方式。无论何时何地,都没有也不可能有没有运动的物质。"④"除了永恒变化着、永恒运动着的物质以及这一物质运动和变化所依据的规律

---

① 恩格斯:《自然辩证法》,人民出版社1984年版,第108页。
② 马克思、恩格斯:《神圣家族》,人民出版社1958年版,第71~75页。
③ 《马克思恩格斯选集》第1卷,人民出版社1972年版,第106页。
④ 《马克思恩格斯选集》第3卷,人民出版社1972年版,第98~99页。

之外，再没有什么永恒的东西。"①在哲学史上，也有某些哲学家把"本体"理解为处在运动中的存在物，如黑格尔哲学的"绝对精神"就是这样，但更多的哲学家认为"本体"是静止不变的东西。这种观念直到现在还有影响，即认为谈到"本体"，就只能指一种静态的存在物，因此人类的实践活动是不能称之为"本体"的。关于这个问题，下面还要再谈。

总之，不把本体看作是存在于自然界之前，并产生出自然界的某种实体性的存在，也不把本体看作是某种静止不动的存在物，这就是马克思主义哲学对本体的理解和传统哲学的理解不同的地方。马克思主义哲学的这种理解，彻底清除了历来笼罩在本体论上的种种神秘的云雾，具有重大的理论意义。但正因为有这种不同（特别是第一方面的不同），马克思主义哲学界长期以来存在着这样一种看法，即认为对于马克思主义哲学来说，只能讲马克思主义的自然观，而不能讲或最好是不要讲马克思主义的本体论。理由是：第一，既然马克思主义哲学不承认有什么存在于自然界之前并产生出自然界的本体，马克思主义哲学所说的物质也不是这样的本体，这就说明在马克思主义哲学中，已不必再讲传统哲学所说的本体论问题了。第二，如果讲马克思主义哲学也有本体论，这就会碰到一个问题，即社会存在是不是本体。如果是本体，本体就不限于自然界，就会发生历史观和本体论的交叉；如果不是，社会存在明明也是一种客观的物质存在形态，何以要排除在本体之外？因此，为观念的明确计，讲马克思主义的自然观比讲马克思主义的本体论为好。

---

① 恩格斯：《自然辩证法》，人民出版社1984年版，第23页。

这里确实涉及了一些长期以来没有弄清楚的重大而复杂的问题。我的基本看法是这样的：

第一，传统哲学假定有一个在自然界之前并产生出自然界的"本体"存在，其目的是为了解决世界的本原和统一性的问题。它的解决方法是错误的，因为它的假定是不能成立的。但不能因此就取消世界的本原和统一性这个问题，它仍然是哲学必须加以回答的一个根本性的重大问题，并且也正是历来一切本体论所要解决的根本问题。这也就是说，本体论之为本体论，就在于它要解决这个根本问题，否则就不会有什么本体论。如前所述，马克思主义哲学不但没有否认和抛弃这个本体论的根本问题，而且把它看作是"全部哲学的最高问题"："什么是本原的，是精神，还是自然界？"这明明是一个本体论的问题。因此，不能因为马克思主义哲学否认有一个在自然界之前，并产生出自然界的"本体"存在，就说马克思主义哲学没有自己的本体论，而应当说马克思主义哲学以自己的方式（也是唯一科学的方式）解决了本体论的问题，确立了自己的唯物主义的、科学的本体论。

第二，马克思主义哲学绝没有把物质理解为脱离自然界的各种具体事物，先于自然界而存在并产生出自然界的"本体"，这一点是需要着重加以指出的。因为对此长期以来存在着很大的误解，经常脱离自然界去讲物质，似乎物质是一种与自然界不同，并产生了自然界的东西。把物质与自然界分离开来，重物质而轻自然，由此又导致对人的存在的自然基础的极大的忽视。物质被抬到了很高的地位，而自然却几乎没有什么地位。实际上，按照马克思主义哲学的观点，物质与自然一刻也不能分离，自然界就是物质的自然界，物质就存在于自然界的运动变化之中，离开了自然界还有什么物质可言？所以马克思经常应用"自然物质"这一术语（见《资本论》等书)。至于人类社会生活现象,它也是以自然界、"自然物质"为其前提、基础的,没有自然界即不会有人类社会(详下)。但是,不能因为马克思主义哲学不把物质看作是存在于自然界之前并产生出自然界的"本体",于是就认为马克思主义哲学只有唯物主义的自然观,没有本体论。因为相对于自然界的无限多样的现象来说,我们仍然可以问:这无限多样的现象的本原和统一性是什么?马克思主义哲学对此的回答是:它们都是自然物质运动的产物和表现,它们的统一性就在于它们的物质性。在这意义上,自然物质及其运动就是自然界的本体,此外再无别的本体。这也就是说,自然界以其自身的物质运动为本体,不需要在自然界之前、之外、之上去寻求另一个本体。我认为这正是马克思主义哲学对自然本体的彻底唯物与科学的解决。

　　第三,马克思主义哲学的本体论不仅是自然的本体论,而且还是关于人类社会的本体论。因为马克思主义哲学的唯物主义不是马克思所批评了的那种"排除历史过程的、抽象的自然科学的唯物主义"[1],而是把自然和人类历史两者都包含在内,并且科学地解决了两者的联系与统一的唯物主义。恩格斯指出:"我们不仅生活在自然界中,而且生活在人类社会中,人类社会同自然界一样也有自己的发展史和自己的科学。因此,任务在于使关于社会的科学,即所谓历史科学和哲学科学的总和,同唯物主义的基础协调起来,并在这个基础上加以改造。"[2]这是一个只有马克思主义哲学才完成了的复杂而困难的任务。从马克思主义的本体论来看,任务就是要把关

---

[1] 马克思:《资本论》第1卷,人民出版社1975年版,第410页。
[2] 《马克思恩格斯选集》第4卷,人民出版社1972年版,第226页。

于自然的本体论和关于人类社会的本体论同唯物主义的基础协调起来,从唯物主义的自然本体论发展到人类社会的本体论,并科学地解决两者的联系与统一。如果只有关于自然的本体论而无关于人类社会的本体论,那么马克思主义哲学的本体论就是不完善的,而且不可能是彻底唯物主义的。同传统本体论比较起来,马克思主义哲学的本体论的一个巨大贡献正在于它不只唯物地解决了自然的本体问题,而且还同样唯物地解决了人类社会的本体问题,并科学地阐明了两者的联系与统一。但恰恰是在这个非常重要的问题上,一向研究得很差(有时甚至没有看到这个问题),并且存在着一些我认为是不恰当、不正确的观念。在我看来,马克思主义哲学的自然本体论与人类社会本体论,是相互区别而又相互联系的,由此构成马克思主义哲学关于整个物质世界(自然和社会)的本体论。全部问题的关键在于深入地阐明这种区别与联系,不是用区别去否认联系,也不是用联系去否认区别。

我在上面已经指出,有一种意见认为,在马克思主义哲学中,如果认为社会存在也是本体,那么本体就不限于自然界,就会发生历史观和本体论的交叉。关于社会存在是否为本体,我将在下面再谈。这里需要指出的是,这种意见要避免"历史观和本体论的交叉",实际也就是认为在历史观的范围内是不能讲本体论的,本体论顶多只能在自然观的范围内来讲。但如上所说,马克思主义的本体论不能不把人类历史的本体问题也包含在内,因为马克思主义哲学的唯物主义不只是关于自然的唯物主义,也是关于人类社会的唯物主义。在本体论上,它也不可能撇开人类历史而只讲自然。问题仅仅在于如何理解马克思主义哲学对人类社会本体的看法,以及这种看法同马克思主义哲学对自然的本体的看法的关系是怎样的。拙作《实践本体论》(见《武汉大学学报》1988年第1期)就是企图解决这个问题的一个尝试。但那是一篇提纲性的文章，许多问题没有展开细谈，而且基本的看法还受到了一些批评者的误解。因此，我想在本文里进一步作一些较为详细的说明。

我认为，澄清种种混乱而使问题得到解决的关键，在于正确和深入地理解马克思、恩格斯有关人与自然的关系的许多十分重要的论述。这是在过去马克思主义哲学的研究中长期被忽视了的重要问题。由于忽视了它，马克思主义哲学的自然观和历史观就常常被看作是两个没有什么内在必然联系的东西，似乎是两个各自独立存在、并列存在的东西。即使讲到联系，也常常是一种外在的、表面的联系。什么是内在必然的本质联系呢？这就是马克思、恩格斯多次指出的，人和人类社会是自然界发展到一定阶段的必然产物，人本身也是自然界的一部分。这就把人类历史和自然联结了起来，把人类社会的存在放置到了感性物质的自然界的基础之上，而排除了一切将人和人类历史与自然相分裂的唯心神秘的幻想。但是，与此同时，马克思、恩格斯又多次指出，作为自然的产物和自然的一部分的人，是通过劳动而产生出来的，因此人能有意识、有目的地去改造自然界，创造自己的生活，不同于没有自觉的意识，只能适应自然界的动物。这就在自然的基础之上，充分肯定了其他自然物所不能有的人的主体性，而排除了一切否认人的主体性的机械唯物主义。归结到一点，人既是自然界的一部分，但又不同于其他的自然存在物。正确地把握人与自然的这种联系与区别，是正确解决自然的本体与人类社会的本体及两者的联系与统一的理论前提。

首先，不能因为人是自然界发展的产物，是自然界的一部分，于是就认为人类社会的活动就像物理的、化学的运动那样，只不过是自然物质运动的一种形态。如果这样看，那就会取消人在自然面前的主体性，把人类社会的活动等同于动物的活动，亦即如马克思在《资本论》中论及人类劳动时所指出的,将纺织工的活动等同于蜘蛛织网的活动,建筑师的活动等同于蜜蜂建筑蜂房的活动。但正是这样一种看法,长期以来为许多人所坚持,并认为只有坚持这一点,才符合恩格斯所说的"世界的统一性是在于它的物质性"这一重要的、科学的论断。为了证明这一看法,一般的论证是这样的:社会与自然是统一的物质运动的不同形态。社会领域虽有精神现象,但它是物质的派生物,精神现象的存在并不能排除世界的统一性在于它的物质性。这个论证的最大的问题,是在所谓"统一的物质运动"的含义是什么。如果它指的是自然物质的运动,那么社会运动虽不能脱离自然,但并不是自然物质的运动。如阶级斗争就不是自然物质的运动,不是达尔文进化论所讲的生物界的生存竞争。如果"统一的物质运动"既指自然物质运动,也指社会运动,那么"社会与自然是统一的物质运动的不同形态"这句话就是没有意义的同义反复,而且也没有指出自然物质运动与社会运动何以是"统一的物质运动"。

其次,依据上述看法,还会带来另一个问题,即世界的本原不是一个而是两个:世界既要统一于自然物质运动,又要统一于社会运动。但世界的统一性是统于一,不是统于二,统于二即是不统一。孔子早就说过:"吾道一以贯之。"而且,自然界在人类社会之前就存在着,在人类社会产生后也具有不以人类社会为转移的规律性;如果"统一的物质运动"里也包含了社会运动,那就等于说自然界也要统一于社会运动,要以社会运动去说明自然界的统一性。这当然又是说不通的。与上述这些问题相关,我想附带指出,列宁把物质定义为我们的意识所反映的"客观实在",这是一个有重要理论意义的定义,但是从认识论角度提出的定义,不能应用于本体论。因为列宁所说的"客观实在"是包含了自然界和社会存在两者在内的。如应用于本体论，那么世界的本原就不只是一个，而是两个，并且还会出现以上所说用社会存在去说明自然界的本原和统一性这样的问题。此外，上述论证中还说，由于社会领域中的精神现象是物质的派生物，所以精神现象的存在并不能否定世界的统一性在于它的物质性。这看来似乎很有道理，其实是把不同性质的问题混淆起来了。精神现象是物质的派生物，但这并不能证明具有自觉意识的人类社会的活动是像自然界的物质运动那样一种物质运动，人作为自然存在物的活动与其他自然存在物的活动没有区别。

问题如何解决呢？包含自然和社会两者在内的世界的统一性究竟应当如何理解呢？我认为当恩格斯说"世界的统一性在于它的物质性"时，他所说的"物质"这个词只能是指自然界的物质及其运动，而不能把社会运动也包含进去，否则就会产生我们在上面已指出的问题。所以，我认为恩格斯的这个重要论断应当这样来理解：世界上无限多样的现象都是自然物质运动的产物和结果。人类社会虽然不同于自然界，但它也是自然物质运动发展的产物和结果，而不是非自然或超自然的东西。这和马克思在《1844年经济学—哲学手稿》中已经指出的"人是人的自然界"[1]或人是"人的自然存在物"[2]以及"历史本身是自然史的即自然界成为人这一过程的一个现实部分"[3]等说法是一致的。其根本的思想都在于指出人是从自然界发展而来的，人和人类社会不是非自然或超自然的存在物。更简单地说，人虽然不同于石头、树木、动物这些自然存在物，但他也是自然存在物，是自然界的产物和自然界的一部分。这样，由自然和

---

[1] 《马克思恩格斯全集》第42卷，人民出版社1979年版，第166页。
[2] 《马克思恩格斯全集》第42卷，人民出版社1979年版，第169页。
[3] 《马克思恩格斯全集》第42卷，人民出版社1979年版，第128页。

社会组成的世界就找到了它的统一性,即统一于自然物质的运动。因此,包含自然和社会两者在内的世界的本体不是别的什么东西,它就是自然物质的运动。

但是,当我们弄清楚了这一点的时候,却又不能因此就忘记了人虽是自然存在物,但不是如动物那样的自然存在物,而是"人的自然存在物",即能够通过劳动去有意识、有目的地改造自然的存在物,从而是一种具有主体性的、生存于一定社会关系中的(主体性与社会性不可分)自然存在物。正是这一点把人类史和自然史区分开来了。马克思、恩格斯多次讲到了人类史与自然史的区别,指出人类史是人的有意识、有目的的创造活动,而自然史则是无意识的。既然人类史不能脱离自然史,但又区别于自然史,那么为什么不可以来探究人类史的本体即人类社会的本体呢?这种探究难道不是比探究自然的本体更为重要吗?一种本体论如果不能回答人类的本体的问题,难道不是一个重大的缺陷吗?更何况在马克思主义哲学中本来就已包含了对这个问题的科学的、具有重大理论意义的回答。可是,这里立刻就会引来一个疑问,这种探究同马克思主义哲学主张世界统一于物质的思想能够相容吗?会不会导致对它的否定?我认为不会。因为这种探究是以充分承认人是自然界的产物为其不可脱离的前提、基础的。如上已指出,恩格斯关于世界的统一性的科学论断,也就是确认自然物质的运动是世界的本体。而关于人类社会的本体的探究则是要说明在自然物质运动中所出现的人这种具有自觉意识的自然存在物的本体。它是对于恩格斯所说包含自然和社会两者在内的世界本体的看法的补充、深化。它没有脱离恩格斯认为世界的本体是自然物质的运动这一根本思想,而只是要对由自然物质运动所产生的人这种具有自觉意识的自然存在物的本体作出说明。就包含自然和社会两者在内的世界而论,我们当然可以而且必须说自然物质的运动就是世界的本体，但由于人既属于自然又区别于自然，因此仅仅指出自然物质运动是世界的本体，还不能说明人的本体。

那么，人和人类社会或人类历史的本体是什么呢？我已在《实践本体论》中指出，它就是人类的社会实践，更准确地说是物质生产实践、劳动。这种说法必然要引起种种疑问，如实践能否看作是本体，以及这种说法和南斯拉夫"实践派"的观点有何区别，是不是"唯实践主义"，等等。关于这些问题，下面再作讨论。

下篇：实践与本体

本文上篇论述了我对马克思主义哲学本体论的基本看法，下篇将集中讨论实践与本体的关系问题。由于所涉及的问题纷繁复杂，而篇幅又有限，我想只就几个最重要的问题尽可能简明地陈述一下我的看法。

在什么意义上实践是本体？

这里所说的实践，当然是马克思主义哲学所说的实践，不是其他任何哲学所说的实践。同时，它所指的，首先又是马克思主义哲学多次指出的、对人类社会的发展具有根本性决定意义的实践，即物质生产实践。对此，毛泽东曾作了最为明确的说明："马克思主义者认为人类的生产活动是最基本的实践活动，是决定其他一切活动的东西。"[①]如果脱离这一观点，那就在根本上脱离了历史唯物主义。

我认为实践是本体，在范围上是就人类社会生活而言的。它虽

---

① 《毛泽东选集》合订本，人民出版社1964年版，第259页。

然不能不涉及自然界（因为自然界是人类存在的基础），但指的是自然界在人类实践中所发生的变化，即马克思所说的"人化的自然界"，而不是指在人类之前即已在的自然界，也不是指不以人类实践为转移的自然界本身的存在及其规律。这也就是说，我所理解的实践本体论只确认"人化的自然界"或自然界的人化是人类实践的产物和结果，从而实践对"人化的自然界"具有本体论的地位。但反对将自然界与"人化的自然界"混为一谈，声称自然界本身也是实践的产物这种唯心主义的观点。

本文上篇已经指出，马克思主义哲学是在世界的"本原"是什么这一意义上来理解本体的。马克思主义哲学的本体论就是世界的"本原"论。在马克思主义哲学中，"本体"与"本原"这两个词完全可以互换、通用。那成为世界的"本原"的东西，或用长期流行的说法来讲，那在世界的存在和发展中居于"第一性"地位的东西，就是马克思主义哲学所说的本体。那么，在人类社会生活的领域中，什么是"本原"的、"第一性"的东西呢？我认为正是物质生产实践。马克思主义哲学关于物质生产实践在人类生存和发展中具有最终决定性意义的许许多多论述，同时也就是对实践在人类社会生活领域中具有"本原"的、"第一性"地位，即本体论地位的论述。早在《1844年经济学—哲学手稿》中，马克思在论及人所生活的自然界和人自身是从何产生出来的这个很明显是本体论的问题时就已指出："在社会主义的人看来，整个所谓世界历史不外是人通过人的劳动而诞生的过程，是自然界对人说来的生成过程。"[①]此后，马克思、恩格斯、列宁、毛泽东都一再论述过物质生产实践对人类社会

[①]《马克思恩格斯全集》第42卷，人民出版社1979年版，第131页。

生活具有终极的、决定性的意义。在《反杜林论》一书中，恩格斯曾详细分析批判了杜林认为人类历史的"本原的东西必须从直接的政治暴力中去寻找，而不应先从间接的经济力量中去寻找"这一历史唯心主义观点，指出杜林所谓"本原的东西"亦即"政治暴力"实际上"正是取决于经济力量"①。这也就是确认人类历史的"本原的东西"是经济、物质生产。

由于物质生产实践是人类社会生活的"本原"、本体，所以一切人类社会生活现象，不论是属于观念领域或存在领域的东西，最终都是人类物质生产实践的产物、结果、表现。它们都只有追溯到人类物质生产实践的发展，才可能获得真正科学的解释，彻底地破除一切反科学的神秘幻想。马克思主义的实践本体论将对人类历史的解释变成了真正的科学，其贡献是空前巨大的。我把马克思主义哲学的这种解释方法称为马克思主义的实践还原法，即将一切社会生活现象还原到物质生产实践这一本体，以求得科学的解释。②马克思在《关于费尔巴哈的提纲》中指出："社会生活在本质上是实践

---

① 《马克思恩格斯选集》第3卷，人民出版社1972年版，第213页。
② 我在这里提出"实践还原法"这一概念，是因为考虑到胡塞尔的现象学在研究意识现象时曾提出过所谓"本质还原"法和"先验还原"法。我认为只有马克思的"实践还原法"才能真正彻底科学地说明一切意识现象和一切生活现象。胡塞尔晚年还提出了"生活世界"这一概念，并认为"生活世界"是一切科学形成的基础，这是胡塞尔现象学的一个重大进展。尽管胡塞尔没有也不可能从马克思的实践观点来解释"生活世界"，但他关于"生活世界"的理论值得马克思主义者注意研究。在20世纪的西方产生了重大影响的哲学家的思想中，我认为杜威的"经验自然主义"和胡塞尔的"生活世界"理论都值得马克思主义者细加研究。这种研究能够使产生于19世纪40年代的马克思的"实践"理论和西方现当代哲学的发展联结起来，在新的历史条件下进一步阐明和发展马克思的"实践"理论——作者校注。

的。凡是把理论导致神秘主义方面去的神秘东西,都能在人的实践中以及对这个实践的理解中得到合理的解决。"①这正是在观念领域中对马克思主义的实践还原法的深刻说明,也正是对人类社会生活中本体与观念现象的关系的深刻说明。在《德意志意识形态》一书中,当讲到在目前西方现代哲学中占有重要地位的语言问题时,马克思、恩格斯又指出:"德国哲学是德国小资产阶级关系的结果。哲学家们只要把自己的语言还原为它从中抽象出来的普通语言,就可以认清他们的语言是被歪曲了的现实世界的语言,就可以懂得,无论思想或语言都不能独自组成特殊的王国,它们只是现实生活的表现。"②不但对观念、语言的解释最终须还原到实践这一人类社会生活的本体,就是对不属于观念领域的人类社会种种现象的解释也同样必须如此。马克思在《资本论》中对商品、货币的本质的解释就是一个伟大的典范。正是由于紧紧抓住了物质生产劳动这一人类社会的本体,并对人类劳动进行了深入分析,马克思才第一次科学地解决了资产阶级经济学家百思不得其解的商品与货币之谜,从而又为科学地解释整个资本主义社会奠定了坚实的基础。正如恩格斯在《路德维希·费尔巴哈与德国古典哲学的终结》一书中所指出,马克思主义哲学是在德国古典哲学之后,一个"在劳动发展史中找到了理解全部社会史的锁钥的新派别"③,这是它区别于其他哲学的最重要的根本之点,也是它对人类思想发展史的最伟大的贡献。

---

① 《马克思恩格斯选集》第1卷,人民出版社1972年版,第18页。
② 马克思、恩格斯:《德意志意识形态》,人民出版社1961年版,第515页。
③ 《马克思恩格斯选集》第4卷,人民出版社1972年版,第254页。

南斯拉夫实践派的失误

南斯拉夫实践派的缺陷在于它把它所说的"实践一元论"与"物质一元论"互不相容地对立起来,用前者去否定、取消后者,从而堕入了唯心主义。这是一个需要深入分析的重要问题。

本文上篇已经指出,由于人类社会是从自然发展而来的,而且其存在一刻也不能脱离自然界,所以包含人类社会在内的整个世界的"本原"亦即本体就是自然界,而不是别的什么东西。马克思主义哲学的"物质一元论"或物质本体论,我认为也就是自然物质一元论或自然本体论。在这里,"物质"一词的含义只能理解为"自然物质"。[①]

马克思主义哲学的这个自然物质本体论,就其思想的渊源说,不仅直接来自费尔巴哈,同时也来自18世纪法国唯物主义,特别是霍尔巴赫的自然体系思想。霍氏在《自然的体系》一书中说:"人是自然的产物,存在于自然之中,服从自然的法则。"[②] 直接影响到马克思、恩格斯的费尔巴哈的唯物主义也正是从18世纪法国唯物主义而来的。马克思、恩格斯在《神圣家族》一书中谈到费尔巴哈时指出:"费尔巴哈把形而上学的绝对精神归结为'以自然为基础的现实的人',从而完成了对宗教的批判,同时也巧妙地拟定了对黑格尔的思辨及一切形而上学的批判的基本要点。"[③] 由此可见,确认自然界是人的存在的基础,是廓清唯心主义的一切神秘幻想所不可缺少的重要理论前提。

---

① 马克思主义哲学的"物质"概念有多层含义,长期以来混淆不清,当另文专门讨论。
② 霍尔巴赫:《自然的体系》上卷,商务印书馆1964年版,第10页。
③ 马克思、恩格斯:《神圣家族》,人民出版社1958年版,第177页。

但是，不论18世纪法国唯物主义或费尔巴哈唯物主义，虽然正确肯定了自然界是人的存在的基础，却始终未能达到对现实的人及其历史发展的科学的理解，仍然停留在超历史的抽象的人上面。只有马克思主义哲学才第一次解决了这个问题。而马克思主义哲学对这一问题的解决，又绝不是否认自然界是人类存在的基础，把人与自然界分离出来，而是提出"人化的自然界""人是人的自然界"这一极为重要的思想，把人类历史理解为通过物质生产而发生的自然的人化的过程。这里所说的"人化"，既包含人自身的自然，即人的自然的躯体、感官、欲望、冲动的"人化"，也包含人所生存的外部自然界的"人化"。如马克思所指出，与人的存在相关的自然"本身具有双重的性质：（1）是主体的自然，（2）是客体的自然"。[①]因此，自然的"人化"也包含这样两个方面，具有双重的性质。所谓"人化"，一是指相对于动物而言，把人类从动物中提升出来。我在《实践本体论》一文中曾指出："社会不过是使人的自然潜能获得超越动物的发展的客观必然的形式。"二是指使包含在人类劳动本性中的为我与为他相统一的社会性获得真正的实现，消灭由剥削制度的产生所造成的人的异化。这后一意义上的"人化"的实现也就是马克思主义的科学共产主义的实现。

马克思主义哲学既充分确认自然界是人类生存的前提、基础，人本身也是自然界的一部分，同时又指出"人是人的自然界"，人类历史即是自然人化的历史（阶级斗争是自然的人化在一定历史阶段上必须经过的道路），这就正确地解决了人与自然的联系与区别这一极为重大的哲学问题。而当问题涉及人类历史，亦即涉及自然的人化时，在这里作为人

[①] 《马克思恩格斯全集》第46卷（上册），人民出版社1979年版，第488页。

类历史的"本原"亦即本体的东西就不仅仅是与人无关的自然物质的运动，而是使自然的人化得以产生和发展的、人对自然的实践改造，即物质生产劳动。离开了物质生产劳动就不会有自然的人化，也就不会有人类历史。这就是我在人类历史的领域中提出实践本体论的缘由。

但是，我所主张的这种实践本体论，是以自然物质本体论为前提的。它包含在自然物质本体论的大的思想构架之中，是它的合乎历史和逻辑的结论。这里，需要强调指出以下几点：

第一，人类之所以能改造自然界，不仅因为人类具有动物所不能有的自我意识，而且还因为人本是自然界的一部分，并具有能够作用于自然界的自然力。如果人是在自然界之外，与自然界不同的一种非自然、超自然的存在物，那么他的意识与活动就不可能与自然界符合、一致，从而也就不可能改造自然界。因此，仅仅强调人具有自我意识而忽视或否定人同时又是自然界的一部分，那就会使人类改造自然的实践成为不可能，使实践成为幻想的活动。马克思在批判黑格尔的唯心主义时早就深刻地指出过，人具有自我意识，但人不仅仅是黑格尔所说的"自我意识"，而是"一个有生命的、自然的、具备并赋有对象性的即物质的本质力量的存在物"[①]，又指出："对象性的存在物客观地活动着，而只要它的本质规定中不包含对象性的东西，它就不能客观地活动。它所以能创造或设定对象，只是因为它本身是被对象所设定的，因为它本来就是自然界。因此，并不是它在设定这一行动中从自己的'纯粹的活动'转而创造对象，而是它的对象性的产物仅仅证实了它的对象性活动，证实了

[①] 《马克思恩格斯全集》第42卷，人民出版社1979年版，第166页。

它的活动是对象性的、自然存在物的活动。"①

第二，人对自然的改造是通过实践的活动，按照自然的规律去改变自然物质的形态，使之符合于人的需要、目的。因此，实践一刻也不能脱离自然（马克思所说的"具有双重的性质"的自然，即"主体的自然"与"客体的自然"），更不能消灭或创造自然物质。在《神圣家族》中，马克思、恩格斯指出："人并没有创造物质本身。甚至人创造物质的这种或那种生产能力，也只是在物质本身预先存在的条件下才能进行。"②在《资本论》中，马克思又指出："人在生产中只能像自然本身那样发挥作用，就是说，只能改变物质的形态。不仅如此，他在这种改变形态的劳动中还要经常依靠自然力的帮助。"③恩格斯在《自然辩证法》中也鲜明地阐发了与此相同的思想。他说："我们统治自然界，决不像征服者统治异民族那样，决不同于站在自然界以外的某一个人，——相反，我们连同肉、血和脑都是属于自然界并存在于其中的；我们对自然界的全部支配力量就是我们比其他一切生物强，能够认识和正确运用自然规律。"④

第三，人类的实践活动是有意识、有目的的活动，但同时又是客观物质的活动，不是观念的活动。实践的有意识、有目的的性质并不排斥、否定实践是客观物质的活动。这不仅因为如上所说，实践在主体和客体两个方面都不能脱离自然及其规律性，实践也不能消灭或创造物质，只能改变物质的形态，而且还因为当主体一旦进入实践，他所抱有的目的意识就立即处在不绝地转化为物质形态的过程

---

① 《马克思恩格斯全集》第42卷，人民出版社1979年版，第167页。
② 马克思、恩格斯：《神圣家族》，人民出版社1958年版，第58页。
③ 马克思：《资本论》第1卷，人民出版社1975年版，第56～57页。
④ 恩格斯：《自然辩证法》，人民出版社1984年版，第305页。

之中。这时的目的意识就不再仅仅是存在于观念之中的东西，主体的活动也不再仅仅是观念的活动了。例如，当我仅仅在观念中设想着我要制造怎样的一张桌子时，这时我的活动就仅仅是观念的活动。而当我拿起木工的生产工具去对木材这种自然物质进行加工改造，这时我头脑中关于桌子的目的意识就不断地转化为被我加工改造了的木材的形态，因此我的活动就不再仅仅是观念中的活动，而是客观物质的活动了。这也就是说，我希望制造怎样的一张桌子的主观的目的意识已经成为见之于客观的东西。对于这个问题，向来就存在着一些误解，即既然认为实践是有意识、有目的的活动，那就不能说它是客观物质的活动；或反过来，既然认为实践是客观物质的活动，那就不能说它是有意识、有目的的活动，因此主张从实践中把意识、目的"清除"出去。但这样一来，人类的实践活动就与动物的活动没有区别了。所有这一类说法的错误都是由于不理解或不承认实践是变主观的东西为客观的东西的活动，坚持主观与客观的差别是一条永远不许也不能超越的鸿沟。

第四，由于有意识、有目的的实践活动同时就是客观物质的活动而非纯观念的活动，所以，与自然界的物质运动比较起来，其区别仅仅在于自然界的物质运动是无意识、无目的的，而由人类实践所引起的物质运动（即自然物质的形态的改变）则是受着人的目的意识的支配的。这也就是说，世界的物质运动有两大基本形态，一个是与人无关的自然界本身所发生的无意识、无目的的物质运动，另一个是由人的实践所引起的、受人的目的意识所支配的物质运动。自然界的物质运动与人类社会的物质运动的统一性与区别就在于此。用区别去否认统一性，或用统一性去否认区别都是错误的。

第五，更进一步说，这两种物质运动形态的区别就是和人无关的自然的物质运动与人化的自然的物质运动的区别。前者的本体就是自然物质本身，不是人类的实践，后者的本体则是人类对自然物质的实践改造，两者必须加以区别。但由于没有人就不会有人类的实践，而人是自然界的发展在一定阶段上的产物，再加上人类实践本身处处都必须以自然为其前提、基础，因此实践本体论不能脱离自然本体论。不仅如此，由于人类及其实践是自然界发展的产物而且始终不能脱离自然物质，所以，当问题涉及包含自然和社会在内的整个世界的本体时，本体只能是自然物质；而当问题只涉及与自然界有别的人类社会的本体时，本体则是以自然界为其前提、基础的人类实践。这也就是说，马克思主义的自然本体论历史地和逻辑地包含了马克思主义的实践本体论，但又不能代替它。这就是两者的正确关系。

从以上的分析可以清楚地看出，南斯拉夫实践派把它所谓的"实践一元论"同"物质一元论"对立起来，用前者去取消、否定后者，这是没有根据的。由于脱离马克思主义自然本体论去讲实践，南斯拉夫实践派所谓的"实践"也就成了一种和自然界无关，甚至凌驾于自然界和决定自然界的东西。这样一种"实践"同马克思主义哲学所讲的实践是不能相容的。一般而论，用主观唯心主义的唯意志论来解释马克思主义哲学所讲的实践，这是西方马克思主义的一个带普遍性的错误。这一错误又是同它们以"实践"来否定"物质一元论"紧密地联系在一起的。此外，南斯拉夫实践派看来十分强调实践，但它却明确地否认物质生产实践对人类社会生活的根本性的决定意义，认为这是"一种庸俗'经济主义的'理解"[①]。

[①] 见《关于马克思主义人道主义问题的争论》一书所载加·彼特洛维奇《马克思思想中的人道主义与革命》一文，三联书店1981年版，第141页。

这里，还需要附带指出，前些年我国关于实践与本体的讨论中，也曾出现过一种用实践来否定物质世界的存在的看法，认为离开了人及其实践自然界就不存在。这种看法的意图是要高扬人的主体性，但却堕入了唯心主义。为了论证这种看法，马克思在《1844年经济学—哲学手稿》中所说过的"被抽象地孤立地理解的、被固定为与人分离的自然界，对人说来也是无"。①这段话一再被引用。但从上下文及全文来看，这段话绝没有离开人自然界就不存在的意思。马克思的这段话是针对黑格尔唯心主义的自然观而发的。在黑格尔看来，自然界不过是抽象的绝对理念的异在或外化，而不是与任何概念无关的、感性的、现实地存在着的、物质的自然界。所以，马克思指出，对于黑格尔来说，"离开这些抽象概念并不同于这些抽象概念的自然界，就是无"②正是基于对黑格尔唯心主义自然观的这种分析批判，马克思才做出了"被抽象地孤立地理解的、被固定为与人分离的自然界，对人说来也是无"这个论断。这就是说，人生活于其中并与之相联系的自然界本来是感性的现实的自然界，而黑格尔唯心主义却把它变成了绝对理念的异在，变成了依赖于抽象概念而存在的东西，这样自然界就不再是真实地存在着的、与人相联系的自然界，而成了与人分离的东西。马克思说这样的自然界"对人说来也是无"，因为它并不是现实的与人相联系的感性的自然界，而是黑格尔唯心主义的神秘虚构。

社会存在是不是本体？

我们知道，社会存在本体论是由卢卡奇提出的。由于种种条件

---

① 《马克思恩格斯全集》第42卷，人民出版社1979年版，第178页。
② 《马克思恩格斯全集》第42卷，人民出版社1979年版，第179页。

的限制，我至今未能直接阅读卢卡奇关于社会存在本体论的论述，只读过一点第二手的简略介绍。因此，我在这里暂时撇开对卢卡奇观点的评论，只从我的看法出发来谈谈社会存在是不是本体。

本体这一概念可以在不同的范围、领域、层次上来理解、应用。如果就马克思主义哲学所讲的社会存在与社会意识的关系这一范围来看，社会存在是社会意识由之产生的"本原"，因而也就是社会意识的本体。但如果就整个人类社会生活来看，社会存在显然是人类物质生产实践的产物、结果。因此，在整个人类社会生活中，社会存在并不是"本原"，从而也不是本体，本体仍是物质生产实践。如前所说，纷繁复杂的社会存在只有追溯到、还原到物质生产实践这一本体，才可能得到科学的说明。如马克思对资本主义社会的商品、交换关系、生产关系、社会关系的说明就是如此。

由于马克思主义哲学所说的物质生产实践只能是结成一定社会关系的人们共同进行的活动，而绝不可能是处在社会之外的、单个的、孤立的人的活动，因此人的社会性、社会关系对马克思主义哲学的实践观具有十分重要的意义。在《关于费尔巴哈的提纲》中，马克思提出了"人的本质并不是单个人所固有的抽象物。在其现实性上，它是一切社会关系的总和"[①]这一著名论断。但如果我们再问一下这种社会关系是从何而来的，那么它正是人类物质生产实践的产物。马克思在《哲学的贫困》一书中批判蒲鲁东的唯心主义时指出："经济学家蒲鲁东先生非常明白，人们是在一定的生产关系范围内制造呢绒、麻布和丝织品的。但是他不明白，这些一定的社会

---

① 《马克思恩格斯选集》第1卷，人民出版社1972年版，第18页。

关系同麻布、亚麻等一样,也是人们生产出来的。社会关系和生产力密切相联。随着新生产力的获得,人们改变自己的生产方式,随着生产方式即保证自己生活的方式的改变,人们也就会改变自己的一切社会关系。手推磨产生的是封建主为首的社会,蒸汽磨产生的是工业资本家为首的社会。"①因此,资本主义社会并非什么由"理性"决定的万古长存的社会,它必然要随着生产力的发展而为社会主义社会所取代。也因此,我们既要坚持马克思所说现实的人的本质是"一切社会关系的总和"这一极为重要的思想,同时又要看到社会关系是人类物质生产实践的产物,因而是随着物质生产实践的发展变化而发展变化的,并不是凌驾于人类的物质生产实践之上,宿命地决定着人的本质的某种永恒不变的本体。马克思主义的实践本体论与一切历史的宿命论不能相容。西方现代资产阶级哲学声称马克思主义哲学是历史的宿命论,这是毫无根据的。但如果看不到社会存在是物质生产实践的产物,那就会把社会存在看成是与物质生产实践无关的某种永恒不变的本体,从而陷入历史的宿命论。这是社会存在本体论有可能掉入的陷阱。

  社会存在本体论还会碰到一个难于解决的问题,即包含自然和社会两者在内的世界的本体是什么?如果说是社会存在,那就是说自然界的本体也是社会存在。这显然是错误的。如果说社会存在仅仅是人类社会生活的本体,那么社会存在本体论就还没有对包含自然界和人类社会两者在内的世界本体是什么这个问题做出回答,也没有说明自然界的本体与人类社会的本体两者的联系与区别。据我目前的有限的了解,卢卡奇的社会存在本体论在涉及上述这个无法

---

① 《马克思恩格斯选集》第1卷,人民出版社1972年版,第108页。

回避的重大问题时，作了不少晦涩难解的、具有浓厚的黑格尔色彩的思辨。实际上，只有确认自然物质是整个世界的本体，同时确认从自然物质的发展而来的人类物质生产实践是人类社会的本体，才能使问题得到明晰合理的解决，而不致掉入烦琐神秘的思辨之中。说到底，不是人类社会产生了自然界，而是自然界物质的发展产生了人类及其与动物活动不同的实践活动，从而产生了人类社会。因此，只有以自然物质本体论为其前提、基础的实践本体论才能正确说明人类社会的本体，并与马克思主义哲学所说自然物质是世界的本体这一不能否定的根本思想相统一。这种统一，集中到一点，就是由于人类及其实践活动是从自然界发展而来的，并且永远不能脱离自然界。只有确认这一点，才能有力地反驳在本体论问题上的一切唯心神秘的思想。

除社会存在本体论之外，前些年我国哲学界曾有一些同志提出"人类学的本体论"。这里不可能来详细评述、分析这一理论，我只想指出这一提法是含糊不清的。因为"人类学"这个词是含糊不清的，既可以赋予它以马克思主义的含义，也可以赋予其他的含义。恩格斯在《自然辩证法》一书中讲到人类学时曾经指出："在上一世纪末地质学奠定了基础，最近则有所谓人类学（这个名称很拙劣），它是从人和人种的形态学和生理学过渡到历史的桥梁。"[①]我认为这就是马克思主义对于"人类学"的正确理解。近年来，有人把人类学同唯物史观相提并论。我认为正确了解的人类学确实与历史唯物主义有密切关系，但把历史唯物主义视为人类学，并竭力把马克思主义哲学人类学化，这是不正确的。就本体论的问题来说，如果我们

---

① 恩格斯：《自然辩证法》，人民出版社1984年版，第28页。

承认物质生产实践是人类存在的根基,是人类社会一切现象的"本原",那么有关人类社会的本体论就应称之为实践本体论,而不必用"人类学本体论"这个含糊不清的词去称谓它。相反,如果否认物质生产实践是人类存在的根基、人类社会一切现象的"本原",那么所谓"人类学的本体论"就绝不可能是马克思主义的,而只能是与马克思主义相对立的。

结 语

我认为对马克思主义哲学的实践本体论的探讨具有多方面的重要意义。要而言之,以下几点是值得注意的:

第一,它将有力地击破西方19世纪下半期以来所流行的种种神秘唯心的本体论,特别是存在主义的本体论(它在20世纪80年代中国的思想界产生了很大的影响),并使本体论的研究沿着马克思主义哲学指出的科学方向大踏步地前进。

第二,它将深入地科学地解决自古以来的哲学,特别是西方近代哲学所未能解决的巨大问题,即本体与现象、本体与主体的关系问题,消除两者之间所存在的神秘的鸿沟。仅以后一问题来说,由于实践既是人类社会的本体,又是作为主体的人类的客观物质的活动,因此本体就不再是凌驾于主体之上的神秘的存在。曾由黑格尔提出的"实体即主体"这一包含有深刻思想,但又十分神秘的命题就得到了科学的解决,人的主体性的理论也牢固地树立在唯物主义的基础之上了。①

---

① 参见拙作《实践本体与人的主体性》,《社会科学家》1989年第3期。

第三，它将丰富、加深我们对马克思主义哲学的唯物主义的理解，使人们更深入地去思考这个问题：怎样才能真正坚持唯物主义，并回答西方现代哲学对马克思主义哲学唯物主义的曲解与责难？

（原载《求是学刊》1991年第2、4期）

批评与答复
——再谈我对马克思主义哲学的理解

我很感谢山口勇先生在本刊译介了我的哲学论文《对马克思主义哲学中唯物主义问题的重新考察》，之后又对我进行访问，并发表了访问录。访问录发表后，我读到了山口勇先生以及岛崎隆先生对我的观点的质疑和批评。山口勇先生把访问录寄给了中国的一些哲学家征求意见，于是又使我能够看到来自中国哲学家的各种批评意见。我决定写一篇文章来回答所有这些批评意见。这种回答的目的绝不是单纯为了对我自己的观点进行辩护，而是为了通过不同观点的对话来共同探讨和振兴马克思主义哲学。但以怎样的方式进行回答呢？最初我想列举出各位先生的质疑与批评，逐一加以回答。但后来感到这种做法会使所要讨论的问题的实质、主旨淹没在对一个一个问题的回答中，并且会使文章变得冗长乏味。因此，我决定把各位先生所提的问题综合为几个重大的理论问题，在正面阐述我对这些问题的看法的同时来回答各位先生提出的问题。有些较次要的，或我认为其看法显然不对的问题，就略而不谈了。例如，认为马克思主义哲学的物质概念的"宗旨"是为了批判商品拜物教，这种简单化的狭隘的看法显然是不对的。

物质概念问题

我们先来讨论物质概念问题。这对正确理解马克思主义哲学是一个非常重要的问题。我认为苏联哲学的整个体系的建立所存在的问题，一个是脱离了马克思所说物质生产实践这一根基，另一个就是对物质概念做了错误的理解，这两个方面的问题又是相互联系在一起的。

李德顺先生比较集中地批评了我对物质概念的看法。他的意思是说，我未能正确了解列宁的物质定义，因而产生了错误。他没有看到，列宁的物质定义恰恰是我难以同意的。我所做的努力，就是恢复马克思、恩格斯对物质的看法，放弃列宁的物质定义。我把过去马克思主义哲学对物质的看法分为三个层次，其中第一、二层的看法是马克思、恩格斯的看法，我认为是正确的；第三层的看法是列宁的看法，我认为是不正确的。不改正列宁对物质的看法就无法正确理解马克思主义哲学的理论体系，并坚持和发展它。但我主张改正列宁的物质定义，绝不是否认列宁对马克思主义哲学和无产阶级革命的伟大贡献，也不是说他的物质定义毫无意义、价值。我认为列宁的失误是在他把为认识对象所下的正确定义和物质的定义混而为一了。这种混淆又被斯大林予以强化，从而造成了理论上的混乱，并直接影响到对马克思主义哲学体系的正确理解与阐释。

马克思、恩格斯对"物质"这个词的含义的理解同西方哲学史上一切唯物主义者的理解是一致的。他们都认为物质与自然界不能分离，这个词的含义指的就是构成自然界的各种物质的东西，亦即全部自然科学所研究的物质。恩格斯说："我们所面对着的自然界形成一个体系，即各种物体相互联系的总体，而我们在这里所说的物体，是指所有的物质存在，从星球到原子，甚至直到以太粒子……"

(《自然辩证法》)。马克思、恩格斯在两层意义上使用物质这个词。一是在讲到哲学上物质与精神的关系时使用,二是在讲到物质生产、经济学问题时使用。两者都是指自然界的物质,或用马克思在《资本论》中多次使用的术语来说,指的就是"自然物质",只不过在后一情况下,已同生产劳动联系在一起了。

李德顺先生认为我说马克思的物质概念指的是"自然物质","缺乏足够的根据"。其实,根据很多很多,随处可见。不仅马克思是这样看,恩格斯也是这样看。在这个问题上,恩格斯与马克思是完全一致的。这里不可能全部引述有关的材料,只能作一简略的说明。

在谈到物质与精神的关系这一问题时,马克思在《1844年经济学—哲学手稿》中已经指出:"思维本身的要素,思想的生命表现的要素,即语言,是感性的自然界。"这里所说的"感性的自然界"即是指由物质所构成的自然界,马克思的意思是说语言作为思维的要素是与自然物质分不开的。在《德意志意识形态》中,马克思更为明确地指出了这一点:"'精神'从一开始就很倒霉,注定要受物质的'纠缠',物质在这里表现为震动着的空气层、声音,简言之,即语言。"由此可见,马克思所说的与"精神"不同的"物质"不是别的,它指的就是感性物质的自然界、自然物质。恩格斯所说的物质也是如此,它与自然界不能分离。所以,恩格斯认为唯物主义是与承认自然界是感性物质的存在,承认人是自然界的产物、自然界是人的生存的基础分不开的。他在《费尔巴哈与德国古典哲学的终结》一书中说:"唯物主义把自然界看作唯一现实的东西。"费尔巴哈的《基督教的本质》一书的出版"直截了当地使唯物主义重新登上王座",这是因为它批判了黑格尔把自然界看作精神的产物的唯心主义,指出"自然界是不依赖任何哲学而存在的;它是我们人类即自然界的产物本身赖以生长的基础"。在说明费尔巴哈的唯物主义，指出精神是物质的最高产物时，恩格斯所说产生精神的"物质"不是指别的任何东西，而是指"物质的、肉体的器官即人脑"。人脑当然是生理学、医学所研究的自然物质的东西。在《反杜林论》和《自然辩证法》两书中，恩格斯所讲的"物质"也明显地是指自然物质。

在谈到和经济学相关的"物质生产"时，马克思、恩格斯所说的物质同样明白无误地是指自然物质。因为马克思、恩格斯所说的"物质生产"，指的就是人通过劳动去改变自然物质的形态，使之符合人的需要，它是一刻也不能离开物质的自然界的。马克思在《资本论》第一卷中说："人在生产中只能像自然本身那样发挥作用，就是说，只能改变物质的形态。"在论到劳动过程时，他又指出："一边是人及其劳动，另一边是自然及其物质。"劳动不是别的，它就是"人和自然之间的物质变换"；劳动产品则是"自然物质和劳动两种要素的结合"，不能脱离自然物质而存在。

由于自然界与人类社会是相互联系而又相互区别的，因此属于自然物质的事物与属于人类社会的事物也是相互联系而又相互区别的，既不能否认它们的联系，也不能否认它们的区别，这对于正确理解物质概念甚为重要。概而言之，这种联系与区别大致上有三种情况。第一，有些社会事物的存在直接依赖于自然物质，但这个事物本身的性质仍属于社会事物。如上述的语言就是这样。第二，有些事物是通过人类社会的活动才产生出来的，并具有社会的意义、价值，但它本身仍是一个由自然物质所构成的东西，如物质生产的各种产品。第三，有些社会事物的存在不能脱离自然物质和物质生产，但它本身不是由自然物质构成的，不能把它看作是一个自然物质的东西，如人与人的社会关系、国家制度，马克思作过深刻分析的与商品的使用价值不同的商品的交换价值,等等。这些东西无疑都是客观存在着的,但不能把它们看作是有体积、重量、硬度、颜色、气味等物质的东西。它们是社会历史的产物,不是自然界的产物,也不是人所改变了的自然物质形态的东西。根据以上对马克思、恩格斯的物质概念的分析,我认为山口勇先生提出的"主体的(社会的)物质"的概念是含混不清的,李德顺先生根据列宁的物质定义而提出的"自然物质"与"社会物质"的划分是不能成立的。如果我们承认在哲学史上和在马克思、恩格斯那里物质这一概念与自然界不可分,只能指自然物质,那么所谓"主体的(社会的)物质"是什么意思呢?它只能是指主体的(社会的)自然物质存在。就人本是自然的一部分来说,这种说法可以讲通,但措辞不太好、不准确。如按马克思在《1844年经济学—哲学手稿》中的表述来说,就是"人是人的自然"的意思。如果"主体的(社会的)物质"指的是人的劳动产品或人所改造了的物质的自然界,那么这个说法也是很不准确的。如上所说,劳动产品是人的劳动生产出来的并能满足人的需要,但它本身仍是一个由自然物质构成的东西。所以,只能说它是一个对主体具有人的、社会的意义的东西,或由社会的人所占有了的自然物质,而不能称之为"主体的(社会的)物质"。因为这种说法会导致把自然物质的东西和社会的东西混淆起来。一个自然物质的东西可以是由人产生并具有社会的意义、价值的东西,但它本身仍是自然物质的东西,两者不能混淆。如马克思在《资本论》第一卷中所说:"用木头做桌子,木头的形状就改变了。可是桌子还是木头,还是一个普通的可感觉的物。"马克思所讲的"人化的自然"也是如此。自然通过人的劳动而人化了,即成为人借以满足人的需要和发展人的才能的自然,但自然还是自然物质的东西(尽管物质形态有了改变),没有成为"主体的(社会的)物质",而只是成为对主体、社会有意义的物质，打上了人的劳动的印记的物质。如果这时自然竟然成了一种不再是自然物质的东西，它就不可能满足作为自然一部分的人的需要。这样，自然的人化就失去了意义。马克思在物质概念上、在唯物主义哲学上的贡献，决不在提出"主体的（社会的）物质"这样一种含混的概念，而在既充分肯定过去一切唯物主义所主张的物质的自然界是人的存在的基础这一正确思想，同时又提出人生活于其中的自然界是人的物质生产实践改变了的自然界，是物质生产实践的产物、结果。这也就是马克思在《关于费尔巴哈的提纲》中所说的"把感性理解为实践活动的唯物主义"，这是马克思所实现的人类哲学史上最伟大的革命的根本所在。至于在把物质理解为物质的自然界、自然物质这一点上，马克思和过去的唯物主义者是没有也不可能有什么差别的。因为，不首先肯定物质的自然界存在，不把物质的自然界看作是人类存在的基础，不立足于这个基础，马克思的实践观点就不可能是正确的、唯物主义的。正因为这样，我才认为正确理解马克思的物质概念是正确理解马克思主义哲学的一个重要问题。明白了"主体的（社会的）物质"这一概念何以是不恰当的，那么李德顺先生所说的"社会物质"这一概念不能成立也就很清楚了。马克思、恩格斯从未使用过"社会物质"这样的概念，而只使用"社会存在"这个概念。因为根据他们的物质概念，社会性的事物虽然是客观的存在，但却不是一个自然物质的东西，因此不能称为"社会物质"。有时他们也使用"物质关系"这一概念，但这只是指人们在物质生产中发生的关系（生产关系），以区别于其他的关系，而绝不是说这种关系是一种自然物质的东西。正因为这样，马克思在分析商品的本质时指出，商品的使用价值是同商品的自然物质属性分不开的，决定于物的自然属性；而商品的交换价值却是人与人的社会关系的体现，并只有在一个社会过程中才能实现，同商品的自然物质属性无关。所以，马克思嘲笑了那些企图从珍珠、金刚石的自然属性中去找寻交换价值的资产阶级经济学家。

在分析了马克思、恩格斯的物质概念之后，列宁的物质定义的失误之处就不难理解了。列宁把物质定义为"客观实在"，并且说这是"物质"所具有的"唯一特性"。这个定义其实只能看作是对人们的认识对象的定义。作为认识对象的定义，它是正确的，因为人们的认识对象，不论其为何种对象，都是在人们意识之外的"客观实在"。所以，列宁的这个定义，作为认识对象的定义来看，仍有其不能否认的意义与价值。问题在于列宁忽视了在哲学史上和在马克思、恩格斯的哲学中，物质这个词都是同自然界相连的，指的就是自然物质。因此，物质概念不能混同于"客观实在"这个概念。对于一切唯物主义者来说，物质当然毫无疑问都是"客观实在"。但由于物质指的仅仅是自然物质，因此就不能说一切"客观实在"都是物质。如上所说，人与人的社会关系是"客观实在"的东西，但不能说它是一种有体积、重量、硬度等物质的东西。总之，凡物质必定是"客观实在"，但"客观实在"的东西并不都是物质。由于列宁将两者混同起来，离开了马克思、恩格斯的物质概念，于是在对马克思主义哲学的了解上就造成了种种问题。

第一，不把物质理解为物质的自然界中的物质，其结果就会使马克思主义哲学脱离确认物质的自然界是人产生、存在和发展的基础这个根本性的前提，而用抽象的"客观实在"这个概念取代物质的自然界，导致脱离物质的自然界去观察、解决人及与人相关的种种问题，即导致人与自然界的分离，至少也是导致对人与自然界的不可分离的联系的忽视。当然，有人会说，列宁所讲的"客观实在"是包含了自然界和人的社会存在两者在内的。但问题是列宁的物质定义所指的只是这两者共同具有的"客观实在性",而不是自然界与人的具体的存在。

第二,这样一种定义,就其对自然界而言,它将本来是具有各种具体的、丰富多彩的属性的自然界,马克思、恩格斯高度重视的"感性的自然界"完全抽象化、空洞化了。因为在列宁看来,物质所具有的"唯一特性"就是"客观实在",此外再无别的特性。但如此抽象化之后,又怎样用物质的概念来说明具体的丰富多样的世界呢?于是列宁、斯大林及苏联时期的哲学家就说世界上的各种具体事物都不过是"物质"亦即"客观实在"的具体的运动形态。这样一来,"物质"亦即"客观实在"这个抽象就成了凌驾于一切具体事物之上的"本质"、"共相",具体事物则成了它的现象、个别,这就使马克思主义哲学的物质概念成了和柏拉图所说的"理式"、黑格尔所说的客观的"理念"相类似的东西。

第三,由于世界上的一切具体事物,包括人类社会的一切活动,都被看作不过是抽象的"物质"——"客观实在"的运动形态,这样人的主体性就被取消了。马克思早就指出过的"主体是人,客体是自然"(见马克思的《政治经济学批判导言》)这一完全正确的思想就给否定了。不仅如此,斯大林和他手下的哲学家还引用了马克思、恩格斯《神圣家族》一书中"物质是一切变化的主体"这句话来证明主体是物质而不是人,完全不管这句话是马克思、恩格斯对历史上机械唯物主义者霍布斯的观点的复述,并不是马克思、恩格斯的观点。马克思、恩格斯一再指出人类史是由有意识、有目的的人自己创造出来的,这是人类史不同于自然史的根本之点。他们怎么可能把人类历史的运动看作像自然物质运动那样的东西呢?马克思在《资本论》中说"社会经济形态的发展是一个自然历史过程",这也丝毫不意味着对人的主体性的否定。这个问题后面再谈。

在物质概念的问题上,我所达到的结论是:放弃列宁的物质定义,回到马克思、恩格斯的物质概念。所谓回到马克思、恩格斯的物质概念,这就是说:首先,从物质的自然界出发去说明我们所生活的世界,确认我们所生活的世界是感性物质的自然界,而不是抽象的"客观实在",也不是"客观实在"这一抽象的概念、共相的具体化身。其次,确认我们所生活的物质的自然界是人类物质生产实践改变自然界的产物、结果,不是费尔巴哈所说的那种亘古以来就存在的、和人类实践无关的自然界。最后,确认人类社会虽然和自然界一样也是在我们意识之外的"客观实在",但既不能把它与自然物质的东西混为一谈,又要看到它的存在不能脱离物质的自然界和物质生产实践对自然界的改变,并且是为物质生产实践的发展所决定的。没有物质的自然界和人类改变自然界的物质生产实践,就不会有人类社会这个"客观实在"。仅仅宣称人类社会和自然界都是"客观实在",丝毫也不能说明人类社会是怎样的"客观实在"。为了说明这个"客观实在",也必须回到马克思、恩格斯的物质概念,从物质的自然界和人类物质生产实践对自然界的改变去加以说明。

哲学基本问题

现在,我们再来讨论一下和物质概念紧密相关的,马克思主义哲学所说的哲学基本问题。在这儿,同样有许多需要加以分析、澄清的问题。

恩格斯在《费尔巴哈与德国古典哲学的终结》一书中,把"什么是本原的,是精神还是自然界?"看作是哲学的"基本问题"或"最高问题",这是正确的、深刻的,是恩格斯对马克思主义哲学的一个重要贡献。因为恩格斯抓住了世界的本原、始基这个根本性的问题，即亚里士多德的"第一哲学"所要回答的本体论问题。这是任何较为彻底的哲学都不能不回答的问题，而且对这个问题的回答从根本上决定着对其他问题的回答。唯物主义的根本思想就是确认"自然界是本原的"。这一点在今天仍有重要意义。否认各门自然科学所研究的物质的自然界是人类存在的"本原"，这是一切唯心神秘的思想产生的哲学根源。但是，恩格斯的这一正确思想既受到了后来列宁、斯大林的不正确的解释，同时它本身也存在着不容忽视的缺点。

问题首先是出在未能正确理解恩格斯思想的实质，其次是出在物质的定义上。这两方面自然又是相互联系着的。

恩格斯所提出的哲学基本问题本来是世界的本原是什么的问题，即本体论的问题，而列宁、斯大林以及斯大林手下的哲学家却把它变成了一个和认识论混淆在一起的物质与精神的关系问题，最后归结为这样一个简单的命题：物质产生、决定精神，精神反映物质，并不断地宣称物质是第一性的、精神是第二性的，认为这就是马克思主义哲学唯物主义的根本。不能认为这些说法是完全错误的，但的确存在着简单化的毛病。与此同时，"物质"又被定义为"客观实在"，不再是指马克思、恩格斯所说的物质的自然界。于是，马克思主义哲学的一系列问题就陷入了似是而非的混乱之中。直到今天，要澄清这些混乱，恢复马克思主义哲学的本来面貌还是一件很费力的事。

第一，在"物质决定精神，精神反映物质"这种说法中，前一句话讲的是本体论问题，后一句话讲的是认识论问题，两者是相互联系的，但应分别处理，而不能混在一起，把恩格斯所说的哲学基本问题即本体论问题化为认识论上的物质与精神的关系问题。

第二，在"物质决定精神"这句话中，"物质"一词必须理解为马克思、恩格斯所说的"物质的自然界",而不能理解为"客观实在"。精神之所以是由物质产生的,就因为物质的自然界是人类产生和存在的基础,只有从物质的自然界出发才能说明精神的产生。将"物质"定义为"客观实在",就掩盖以至否定了恩格斯所说的"自然界是本原的"这一极为重要的思想,在本体论上脱离了马克思主义哲学。如我在上面已指出的,列宁的物质定义实际是对认识对象的定义,但他错误地把认识对象的"客观实在性"和"物质"这一概念混同起来了,同时也就把本体论问题和认识论问题混同起来了。在认识论的意义上,我们无疑必须承认我们的认识对象是"客观实在"。但这个认识论意义上的"客观实在"不能看作是本体论意义上的"物质"。本体论意义上的"物质"只能指物质的自然界。列宁、斯大林只重视从认识论意义上来理解自然界,把自然界抽象为"客观实在",同时人和人类社会也变成了抽象的"客观实在",既脱离了人的生存不能脱离的感性物质的自然界,同时又失去了人的主体性。这是一种十分轻视自然界和人与自然界的联系的哲学,因此它也是一种轻视人类的物质生产实践的哲学,它五体投地崇拜的只是抽象的"客观实在"。

第三,把"物质"理解为"客观实在",并应用它去说明世界的本体,必然要产生种种问题。首先,如我已指出过的,这个"物质"实际包含自然界和社会存在两个东西,因此会导致二元论。其次,如果说"物质"不是指这两个东西,而是指它们共同具有的抽象的"客观实在性",那就会陷入客观唯心主义。最后,恩格斯说过,世界的统一性在于它的物质性,而不在世界是存在着的。把"物质"理解为"客观实在",就会认为世界的统一性在于世界的"客观实在性",这恰好是恩格斯所否定的看法。

第四,马克思、恩格斯从来都只认为物质的自然界是本原(因为人类社会是从自然界发展而来的),而没有说过"物质是第一性的,精神是第二性的"这样的话。马克思、恩格斯既无情地批判了精神产生、统治世界的唯心主义哲学,同时又充分重视精神的作用、意义与价值。如恩格斯在《自然辩证法》一书中,把"思维着的精神"称作是"地球上的最美的花朵"。所谓第一性、第二性的说法,是列宁从费尔巴哈那里借用过来的。我同意岛崎隆先生的看法,第一性、第二性"是因果上的规定与被规定的问题,而并不是价值上的高低关系问题"。但为什么一定要用"第一性""第二性"这样的词来加以表达呢?我不知道在日本或其他国家的语言中第一性、第二性的意思如何,但至少在中国语言里,第一性的东西即意味着是最重要的,第二性的东西则是次要的,或与第一性的东西相比是不太重要的。因此,这种表达法会导致对精神的意义与作用的轻视。从事实来看,在长时期中,人的精神世界的种种复杂问题没有得到马克思主义哲学的关注、重视与研究,极大地削弱了马克思主义哲学的影响。今天,我认为马克思主义哲学非常需要研究、建立、发展自己的以物质生产实践为基础的精神哲学、人生哲学。

第五,与上述问题相关,物质与精神的差别不断被强调,物质与精神的关系被规定为决定与被决定的关系,而完全忽视了两者的统一,或只把这种统一理解为精神正确反映了物质,即只理解为认识论上的统一,而不是理解为在整个社会生活中自然与精神、物质生活与精神生活的丰富多彩的统一。马克思则不同,他不是仅仅从认识论的意义上来理解人的感觉、思维,而认为感觉、思维是人对对象世界的占有,是人在对象世界中对自身的肯定,"创造着具有丰富的全面而深刻的感觉的人"是共产主义社会的一个重要的本质特征(见《1844年经济学—哲学手稿》)。他还指出,"思维和存在虽有区别,但同时彼此又处于统一之中"(同上书)。这些思想在长时期内似乎被遗忘了。在中国，毛泽东由于深受中国传统哲学的影响，比较重视物质与精神的统一，提出了"物质变精神，精神变物质"的说法。但他忽视了这种统一是建立在物质生产的基础之上，并为物质生产发展的程度所制约的，因而陷入了精神决定论、阶级斗争决定论亦即政治意志决定论。邓小平纠正了他的错误，回到了彻底的历史唯物主义，同时又提出物质文明与精神文明要两手抓、两手都要硬的思想，不是简单地讲物质决定精神。

第六，过去，当我批评物质决定精神的简单化的毛病时，有人提醒我忘了苏联哲学还说了另一句话，精神反作用于物质。其实，这是我在大学时代向苏联专家学哲学时早就记得烂熟了的。这种物质决定精神、精神反作用于物质的说法，是牛顿机械力学的作用与反作用的原理在哲学上的套用。实际上，精神与物质之所以能相互作用，就是因为它们既是相互区别的，又是相互依存、相互渗透的。例如，每个人的存在，既不只是肉体（物质），也不只是精神；不是肉体（物质）在一边，精神在另一边，而是肉体（物质）与精神的相互渗透与统一。只有承认这种统一，并在马克思主义哲学所说的物质生产基础上来说明这种统一，才能达到对物质与精神的关系的正确了解，并解决现代西方哲学所关注的心物、主客的二元对立问题。

以上，我讲了苏联哲学对恩格斯所说的哲学基本问题的不正确了解所产生的问题。下面，再来谈一下恩格斯本身的思想所存在的问题。

恩格斯指出唯物主义对"什么是本原的，是精神，还是自然界"这个哲学基本问题的回答是："认为自然界是本原的"，这完全正确，而且十分重要。唯物主义之为唯物主义就在于肯定"自然界是本原的"。但这还只是马克思的唯物主义和过去一切唯物主义的共同点，而不是区别点。区别点是马克思在充分肯定自然界是本原的前提下，提出了人所生活的感性物质的自然界以及人自身作为感性自然的存在，是人类物质生产实践改变了自然（包括客体和主体的自然）的结果和产物。这也就是马克思在《关于费尔巴哈的提纲》中所说"把感性理解为实践活动"的真义所在，也是马克思的唯物主义的根本所在。马克思的这个根本思想在《1844年经济学—哲学手稿》中已开始形成，以后又在从《德意志意识形态》到《资本论》一系列著作中得到了阐明。岛崎隆先生说："如果用现实世界的精神因素与物质因素相互作用判定唯物主义还是唯心主义时，把解决哲学基本问题的实践概念拿出来的话，只会招来混乱，因为，实践既可以从唯物主义方面来解释，也可以从唯心主义方面来解释。"不错，在提出实践的概念之前，首先必须解决区分唯物主义与唯心主义的哲学基本问题，不先肯定"自然界是本原的"，就不可能有马克思的唯物的实践概念。但这又只是一个叙述的方法、程序问题，恩格斯完全可以在论述了哲学基本问题之后，对马克思所说"把感性理解为实践活动"这一重要思想做出阐发，将马克思的唯物主义和过去的唯物主义加以区分。但恩格斯没有这样做，这不能不说是一个重大的缺陷。恩格斯在讲了"什么是本原的"这个哲学基本问题之后，又提出"思维与存在的同一性问题"，即人们的思维能否正确地反映存在的问题，作为哲学基本问题的"另一个方面"，同时又没有论述两者的区别与联系何在，于是就造成了本体论问题与认识论问题的混淆不清，这对后来列宁、斯大林的哲学产生了很大的影响。在论述"思维与存在的同一性"时，恩格斯讲到了"实践，即实验和工业"，但只把它看作检验认识的真理性的标准，并且局限于自然科学的领域，没有指出物质生产实践是人类生存和人类历史的根基，从而是决定人类精神、人类对客观世界的一切认识的根基。马克思认为物质生产实践决定人类精神的发展，社会存在决定社会意识这一根本思想没有得到阐明，它对解决认识论问题的根本性的重大意义当然也没有得到阐明。这样，恩格斯在这里所讲的认识论，除了主张实践是检验真理的标准和主张将唯物辩证法应用于认识论之外，基本上仍是旧唯物主义的认识论。它把认识看作是能思维的主体与存在之间所发生的一种关系，存在作用于能思维的主体的感官、大脑，感官、大脑则对存在做出反映。它忽视了认识同人类物质生产实践的联系，忽视了正是物质生产实践决定着人们的认识所面临的对象是怎样的对象，什么样的对象落入他们的视野之中，以及他们怎样去认识这些对象。认识仅仅被看作是由作用于人的感官、大脑的物质对象所决定的东西，而不是由人类改造物质世界的生产实践活动所决定的东西。恩格斯的认识论后来为列宁所继承，在某些方面旧唯物主义色彩更为强化并由于认识论与本体论的混淆而在物质概念的定义上发生了失误。列宁晚年的《哲学笔记》有许多不同于他早年所写的《唯物主义与经验批判主义》一书的新思想，更接近于马克思的思想，但《哲学笔记》完全不为斯大林所重视。末了，还需要指出，恩格斯所说的"思维与存在的同一性"，是仅就人对存在的认识而言的，不涉及思维如何转化为物质存在的问题，即马克思作过许多论述的人的本质的对象化、人的对象世界的创造、自然的人化等问题。这样一种仅仅停留在认识上的"思维与存在的同一性"，不是马克思最终所要达到的同一性。这种思想导致将马克思主义哲学认识论化，把解决认识论问题看作是马克思主义哲学的中心，而忽略了马克思主义哲学所包含的多方面的丰富深刻的内容，特别是忽略了物质生产实践是决定人类认识发展的基础，由此又使认识论本身的内容简单化、贫乏化。

关于"实践本体论"

我所主张的"实践本体论"不是别的,就是对马克思所说"把感性理解为实践活动"这一极其重要的思想的一种理解和阐发。马克思的这一思想,直接地来说,是他批判地考察费尔巴哈哲学的产物,是针对费尔巴哈的唯物主义而提出的。马克思说:"费尔巴哈不满意抽象的思维而诉诸感性的直观;但是他把感性不是看作实践的、人类感性的活动。"这种"直观的唯物主义,即不是把感性理解为实践活动的唯物主义"(引文均见《关于费尔巴哈的提纲》)。这里的"感性"一词,在费尔巴哈哲学中,指的就是诉之于人的感官的物质的自然界。费尔巴哈认为,它是唯一真实的东西,是世界的本原、始基,也就是本体。但在费尔巴哈的眼里,这个感性物质的自然界是亘古以来就存在着的,它既非黑格尔所说的精神的产物,也非人类的活动的产物,虽然人类的活动处处要依赖于它。和费尔巴哈不同,马克思通过研究哲学(其中最重要的又是黑格尔哲学,特别是黑格尔关于劳动的思想)和政治经济学(政治经济学的研究对马克思哲学思想的形成产生了非常重要的作用),认识到了从客体方面看,人所生活的物质的自然界是人在劳动、物质生产中所改变、创造出来的自然界,已不是先于人类历史而存在的那个自然界;从主体方面看,人本来是自然的产物,是自然的一部分,是自然存在物,他是通过劳动、物质生产才从单纯的自然存在物变为人的自然存在物。所以,费尔巴哈所说的"感性"亦即物质的自然,不论从客体或主体方面看,都是人的劳动、生产实践的产物和结果。马克思的这一思想在《1844年经济学—哲学手稿》中已经形成,并得到了深刻的论证。但这时青年的马克思还处在对费尔巴哈的某种崇拜之中，如后来恩格斯所指出的那样，自视为属于"费尔巴哈派"（见《费尔巴哈与德国古典哲学的终结》一书）。因此，马克思往往把他自己发现的新思想归之于对费尔巴哈本有的思想的阐明，并常常用费尔巴哈的概念、术语来表达他自己的思想。到了写作《关于费尔巴哈的提纲》的时候，马克思才把他在《1844年经济学—哲学手稿》中所提出和阐明的思想，概括为"把感性理解为实践活动"这样一句话，并直接与费尔巴哈的哲学明确区分开来。由于马克思从客体和主体两方面指出了与人的存在相关的感性的物质的自然界是人的劳动、生产实践的产物和结果，这样，包含费尔巴哈在内的一切唯物主义者所主张的自然界是本原、本体这一思想就发生了重大变化，即本体不再仅仅是自然界，而是人类改变自然界的物质生产实践活动。这就把实践引入了本体论，使全部哲学史发生了一个根本性的伟大的变化，其意义绝不是康德自以为他在哲学上完成了的"哥白尼式的革命"所能相比的。

以上我讲了我主张"实践本体论"的由来与根据，下面我想来回答各位先生提出的问题。这些问题提得很好，对我进一步思考"实践本体论"的问题很有帮助。

我在大学时代的老师肖前先生说："我曾明确表示不同意实践本体论的提法，其最突出的缺陷在没有确定实践本身的性质，究竟是物质性活动，还是精神性活动？"的确，这是一个非常重要的关键性的问题。如果实践是精神性活动，那么实践本体论就是唯心论。此外，这个问题不仅关系到对整个马克思主义哲学的理解，同时也关系到如何解决西方现当代哲学讲得很多的心物、主客二元对立的问题。

首先，我要指出我所说的"实践本体论"的"实践"一词，指的是马克思所说的物质生产实践，不是其他任何意义上的实践。在过去的马克思主义哲学中,"实践"一词的含义被理解得十分广泛,不仅指物质生产,也指阶级斗争、科学实验,甚至指人们日常生活中的各种活动(如吃梨子、打乒乓球等)。毛泽东曾把实践定义为"变主观的东西为客观的东西"或"主观见之于客观"的活动,这是对人类实践活动的特征的一个深刻的说明,但这样一来,实践的含义就包罗了人类的一切活动,而失去了它在马克思主义哲学中应有的规定性。虽然毛泽东在《实践论》中很正确地指出"人类的生产活动是最基本的实践活动,是决定其他一切活动的东西",但这一思想尚未得到充分阐明,还没有把马克思所讲的实践规定为物质生产实践,即决定人类生存和发展的物质性的活动。人类的活动只要不仅仅是观念中的活动,当然都是"主观见之于客观"的活动,但决不都是马克思所说的决定人类生存和发展的物质生产活动。所以,不能把吃梨子、打乒乓球之类的活动与马克思所说的物质生产活动等量齐观,也称之为"实践"。马克思的贡献就在于它将物质生产活动同人类其他的一切活动区分开来,指出它是决定人类生存和发展的客观物质的活动。因此,对马克思所说的"实践"一词只能从这个意义上来理解,其他意义上的理解都必然要引起概念上的混乱和错误。过去的苏联哲学和毛泽东的哲学都是从认识论的角度来理解实践的,而认识又被看作是仅仅由认识的对象即列宁所说的"客观实在"决定的,而不是在根本上由物质生产实践决定的,因此实践就被理解为和人类的认识相关的一切实际活动,比如恩格斯所说的吃布丁、毛泽东所说的吃梨子。我并不否认日常生活中的这一切实际活动与认识相关,但从根本上决定人类认识发展的并不是这些活动,而是马克思所说的物质生产活动。把日常生活中的各种实际活动都称为"实践",并认为它们是决定人类认识的东西,这就脱离了马克思的观点,并且必然会导致对马克思所说的实践的简单化、庸俗化的理解,不能正确认识马克思所讲的实践在哲学上的深刻含义,也不能认识实践是客观物质的活动。因此,在回答肖前先生所说实践"究竟是物质性活动,还是精神性活动"之前,必须首先确定马克思所说的实践指的是物质生产实践。这是马克思对实践的含义的本质性的规定。

在确定了实践是指物质生产实践之后,实践不是精神性活动而是物质性活动的问题就可以得到解决了。马克思在《关于费尔巴哈的提纲》中已经指出,实践是"人的感性活动",是"真正现实的、感性的活动",是"客观的(gegensändliche)活动"。这已经十分明确地指出了实践是物质性活动。因为这里反复使用的"感性"一词是费尔巴哈哲学经常应用的术语,这个术语在费尔巴哈哲学中的含义就等于真实的、实在的、现实的、物质的、客观的。费尔巴哈说:"真理性、现实性、感性的意义是相同的。只有一个感性的实体,才是一个真正的、现实的实体。"他又说:"在思维以外存在的东西就是物质,就是实在的基质……这个非思维,这个有别于思维的东西到底是什么呢?就是感性事物。"(均见《未来哲学原理》)但是,尽管马克思已明确指出实践是物质性的、客观的活动,人们(包括我自己)却在长时期中感到有一个很难解决的问题:实践是人的有意识、有目的的活动,这是马克思自己也多次指出了的。既然如此,怎么能说实践是物质性的、客观的活动呢?这种想法,显然包含着一个不言自明的前提:一种活动如果是物质性的活动,它就不能是人的有意识、有目的的活动。反过来说,如果是人的有意识、有目的的活动,那就不可能是物质性的活动。这是长期以来存在的根深蒂固的想法,它把心(精神)与物(物质)、主体与客体看作是绝对对立的。如果说双方能达到统一,那也不是双方各自保持其自身而达到的统一,而是一方吃掉另一方,即宣称物质产生、决定精神，或精神产生、决定物质。如果从回答我们在前面说过的什么是世界的本原这个问题来说，当然只能有这样两种可能的回答。但不论哪一种回答，物质与精神的关系仍然是一种决定与被决定的关系，一个处在另一个之外，接受着来自另一个的决定作用。但是，这种说法不可避免地要碰到两个它难以解决的问题。第一，物质与精神既然是性质不同的两个东西，它们如何能通过一个决定另一个而达到统一呢？仅拿认识论的问题来说，我们的精神如何能达到那在精神之外的物质世界，并与之一致呢？这就是康德一生在思考的巨大问题，也是康德哲学的深刻性及其影响长期不衰的原因所在。黑格尔批判了康德哲学，但只是用一种神秘思辨的方法解决了这个问题，尽管其中包含了后来给了马克思以深刻启示的东西。费尔巴哈批判黑格尔而重新回到了唯物主义的感觉论，但同样解决不了这个问题，而且看不到黑格尔哲学中合理的、深刻的东西，比黑格尔肤浅得多。第二，在每一个人以及人类社会的存在中，物质与精神、主体与客体是处在统一之中的。尽管从本原的意义上，我们承认物质先于精神、物质产生精神，但精神一旦产生，它就与物质处在统一之中。虽然两者之间会发生矛盾，但我们不能设想没有两者的统一还会有人和人类社会的存在。如果说从解决本原问题来说，物质与精神的二元对立和确定其中哪一个是决定性的东西，是必要的和合理的；那么，从人和人类社会的现实存在来说，仍然坚持这种二元对立，就是错误的了。因为人和人类社会只能存在于物质与精神的统一之中。

怎样来解决上述的问题呢？正是在这里，马克思实现和展开了一个伟大的哲学革命。

抽象地说，要解决上述问题，就不能停留在本原的问题上，而必须从本原问题进到人类自身的存在问题，并且必须证明人类生存的活动既是有意识、有目的的，同时又是物质的、客观的。这也就是说，人类活动的有意识、有目的这一与自然物的活动不同的特性，并没有造成对人类活动是物质的、客观的活动的否定；相反，两者是完全一致的，有意识、有目的的活动本身同时就是物质的、客观的活动。这样，千古以来的哲学之谜，即心物、主客的二元对立问题，就在唯物主义的基础上（即肯定物质的自然界是人类世界的本原）获得了解决。这个解决，就包含在马克思对构成人类全部活动和人类生存基础的物质生产活动的深刻阐明之中。人类的物质生产活动正是上述的这样一种活动，它既不会因为是有意识、有目的的活动而成为唯心主义者所说的观念的、精神的活动，也不会因为是物质的、客观的活动而成为马克思以前的唯物主义者所说的与人的意识、目的毫无关系和不能相容的活动。人类生存的物质活动的特性，解决心物、主客二元对立的现实基础，第一次被马克思发现了。可是，环顾20世纪以来的西方哲学界，至今仍为这个二元对立的问题的解决大伤脑筋，百思不得其解。而号称是马克思主义的哲学，却常常停留在旧唯物主义的水平上，未能充分阐明马克思的实践观点的提出所包含的伟大哲学革命。

马克思是如何来阐明他的实践观点的呢？要而言之，有以下三点。

第一，人类的物质生产劳动虽然是有意识、有目的的活动，但绝不是头脑中的观念的活动，而是实际改变自然物质的形态使之符合人的目的的活动。而目的来自人作为自然存在物的肉体生存需要，满足此需要的东西又只能是人类在他生存的周围自然界中所能得到的物质的东西，因此两者都是为自然界所决定的物质的、客观的东西。正因为这样，物质生产劳动虽然是有意识、有目的的活动，但同时又正是物质的、客观的活动，是马克思所说的人与自然之间的物质变换活动。如果因为它是有意识、有目的的活动，而否认它是物质性的、客观的活动，这是不对的，是传统的心物二元对立的错误观念在作怪。

第二，如马克思所指出的，"任何生产力都是一种既得的力量，以往的活动的产物"，人"不能自由选择自己的生产力"，也不能"自由选择"他们进行生产的"社会形式"（见马克思《致巴·瓦·安年柯夫》），因此人类的物质生产活动既是有意识、有目的的活动，同时又是不以人们的意志为转移的客观物质的活动。所以马克思指出，"人们在自己生活的社会生产中发生一定的、必然的、不以他们的意志为转移的关系"，又指出物质生产的变化是"可以用自然科学的精确性指明"的（见《政治经济学批判序言》）。因此，在马克思看来，"社会经济形态的发展是一个自然历史过程"（《〈资本论〉第一版序言》）。山口勇先生曾问到我对马克思这一观点的看法。我是完全赞同这一看法的。只要我们确认自由是对必然的认识与支配，确认人类真正自由的发展是以物质生产力的发展为基础的，那么马克思对物质生产的不以人们意志为转移的发展规律的揭示，不仅不是对人的自由的否定，而且恰好为我们指出了通向自由的现实的道路。

第三，物质生产既是人的有意识、有目的的活动，同时又正是物质的、客观的活动这一思想，是建立在马克思对人的存在的唯物主义的认识之上的。马克思在《1844年经济学—哲学手稿》中已经指出人是自然存在物，同时又是有自觉意识的存在物。由于后者，人满足自己作为自然存在物的需要的活动必然是不同于动物的自由自觉的活动。但正因为人同时又是自然存在物，所以他的自由自觉活动必然是能与自然相一致的活动，是一种对象性的、客观物质的活动。"它所以能创造或设定对象，只是因为它本身是被对象所设定的,因为它本来就是自然界。……它的对象性的产物仅仅证实了它的对象性活动,证实了它的活动是对象性的自然存在物的活动。"恩格斯在《反杜林论》和《自然辩证法》中,也曾对人与自然的这种统一性作过深刻的论述。

只要把实践理解为物质生产实践,即理解为人与自然之间的物质变换,那么实践是物质性活动而非精神性活动就可以得到充分科学的说明。实际上,当我们肯定马克思主义哲学是历史唯物主义的时候,就已肯定了马克思所说决定人类历史发展的物质生产活动是物质性的活动了。如果它不是物质性活动而是精神性活动,马克思的历史唯物主义就无法成立,就不会有历史唯物主义。但在中国哲学界,很久以来就存在着实践是否是物质性活动的疑问。只要不漫无边际地去应用"实践"这个概念,把它理解为马克思所说的物质生产活动,这个疑问就可以消除。例如,如果把吃梨子、打乒乓球也看作是马克思所说的"实践",那么要说它们是不以人的意志为转移的物质的活动,这是说不通的。但如果"实践"指的是人类的物质生产活动,问题就迎刃而解。

我关于实践是否物质性活动这一问题的回答就到此为止。下面我想转而谈一下由山口勇先生和岛崎隆先生提出的问题。

我在论述我所主张的"实践本体论"时,曾指出这是就人类社会生活而言的,即认为物质生产实践是人类社会生活的本原、始基。如果要问包含自然和社会两者在内的世界的本体是什么,我的回答是物质的自然界。这是因为人类社会是从自然界发展而来的,如果否认物质的自然界是本原的东西,那就脱离了唯物主义。而且,按我的理解来看,马克思以实践(物质生产)为人类社会的本原、始基,是以充分肯定自然界是本原为前提的,一刻也不能脱离这个前提。所以,我认为自然物质本体论是实践本体论的前提,实践本体论是自然物质本体论的合乎历史和逻辑的发展。对于这个看法，山口勇先生认为是我陷入了二元论的表现。他说："如果实践本体论不能说明世界本体的话，贯穿世界和人类社会全体的'本体'是什么呢？刘的哲学不成了物质本体论和实践本体论的二元论了吗？"他的这个看法许多先生深表赞同，认为抓住了我的理论的问题的"要害"。其实，这个问题应当说是不难解决的。因为我主张的物质本体论和实践本体论是就不同的范围和层次而言的。在包含自然和社会两者在内的世界本体是什么这一范围内，我主张物质本体论；在只涉及人类社会生活的范围内，我主张实践本体论。对于本体问题，是可以而且应当分范围、分层次去加以解决的。如就社会存在与社会意识的关系这一范围内来看，社会存在就是本体，所以卢卡奇提出社会存在本体论（这问题后面还要再谈）。我主张两个本体论既然是就不同的范围、层次而言的，在每一层次范围内我又主张只有一个本体，而且我还论述了从物质本体论到实践本体论的内在必然性和两者的统一性，这显然不能说是二元论。只有我在同一范围、层次内主张有两个本体，以及认为自然物质本体论与实践本体论是互不相关、截然对立的，这才能称之为二元论。山口勇先生的意思似乎是说，不应分范围、层次来说明本体，实践本体论如果彻底的话，就应把实践看作是"贯穿世界和人类社会全体的'本体'"。但我认为这是不可能的、错误的，因为没有人类的出现就不会有实践，而人类是从自然界发展而来的。我们如果要坚持唯物主义，当问题指的是包含自然和社会两者在内的世界的本体是什么时，就不能不坚持物质的自然界是本体。但自然物质本体论又必须发展到实践本体论，因为当问题指的是人类社会的本体是什么时，就不能说自然物质是本体，而必须说人改变自然界的物质生产实践是本体。我认为这就是对马克思主义哲学的本体论的完整的理解。这一理解，是同马克思所讲的从自然史到人类史的历史发展相一致的。实践本体论必须以自然物质本体论为前提，自然物质本体论必须发展到实践本体论。马克思主义哲学的本体论是自然物质本体论与实践本体论两者的统一。因此，对于我来说，不存在李德顺先生所说的"'物质本体论'与'实践本体论'之间的对立"，当然也不存在"物质与实践的'二元论'"。

岛崎隆先生在评论我对马克思主义哲学的理解时说，"从总体上来看，刘先生的观点与'实践哲学'很相似"，接着他又讲到我的看法有二元论的问题。这一问题上面已经答复，这里我想要说的是我的观点与"实践哲学"的关系。我主张"实践本体论"是为了从本体论的角度来说明马克思主义哲学的实质特征，去除苏联哲学对马克思主义哲学的错误理解，并企图由此对海德格尔（Heiddegger）等人的本体论予以批判的考察，在现代哲学的背景下发挥马克思主义哲学本体论的深刻内容，以影响和推动现代哲学的发展，提高马克思主义哲学在现代哲学中的地位。就中国而论，这也和对邓小平的哲学及中国特色社会主义的哲学基础的探讨有关。但我一向不同意把马克思主义哲学规定为"实践哲学"，因为实践虽然在马克思主义哲学中具有根本性的重要地位，但马克思主义哲学所探讨的问题决不仅仅只限于实践，而包含了人类社会生活和精神世界中的种种哲学问题。我还在《马克思主义哲学的本体论》一文中批判了南斯拉夫的"实践哲学"，指出它否认物质生产决定人类社会历史的发展是根本错误的。这种"实践哲学"实质上是一种唯意志论。我也不同意我的朋友李泽厚先生主张的"主体性的实践哲学"或"人类学本体论"。我提出"实践本体论"的主张，在相当程度上就是为了表明我在本体论问题和在对马克思哲学的理解上与他不同的看法。李先生不同于南斯拉夫的"实践派"，因为他多次强调物质生产的重要性，但他对实践的理解又存在着不少问题（这里无法详论）。他否认黑格尔对马克思哲学形成的重大影响，也是我难以同意的。他的哲学富于启发性，对推动哲学的探讨产生了不小的影响。但整个而论，他现在的哲学似乎是马克思、康德、存在主义、儒家哲学的一种混合。他的《批判哲学的批判——康德哲学述评》一书中的观点我认为基本上是马克思主义的，但此书之后的看法却产生了问题。

关于"以物质的自然界为基础的实践的人本主义"

在《对马克思主义哲学中唯物主义问题的重新考察》一文中，我企图对马克思的哲学做出一个我认为是符合他的思想特征的概括，于是提出了"以物质的自然界为基础的实践的人本主义"这一看法。这一看法是以下述三点为根据的：第一，马克思认为物质的自然界是人类产生和存在的前提和基础。第二，马克思认为人类改变自然界的物质生产实践是自然（包含客体的和主体的自然）向人生成的根基，也是决定人类全部社会生活发展的基础。第三，马克思的哲学以及他的政治经济学和科学社会主义的最终目的是为了解决人的全面自由发展问题，即消除资本主义所造成的异化，实现共产主义。因此，马克思的哲学是以解决人的问题为根本目的的，在这个意义上是人本主义的。

山口勇先生对我提出的第一条和第四条疑问涉及我的这个看法。首先，我一点不否定《德意志意识形态》一书中"实践唯物主义即共产主义"的说法，也一点不否认唯物辩证法以及无产阶级的自我解放，因为我所说的马克思的"以物质的自然界为基础的实践的人本主义"是以解决人的全面自由发展为根本目的的，也就是以实现共产主义为根本目的的。对于马克思来说，人的问题的解决和共产主义的实现不能分离，无产阶级的自我解放与人类解放不能分离。此外，岛崎隆先生认为我否认马克思是唯物主义者，这是误解。我所说的人本主义是"以物质的自然界为基础的实践的人本主义"，因此也就是马克思唯物主义的实践的人本主义。虽然我的概括在字面上没出现"唯物主义"这个词，但马克思的唯物主义的实质已明确地包含在其中。

下面来看看俞吾金先生对我的批评。他说："实践活动本身就包含对象（物的世界）在内，所以，刘关于'以物质的自然界为基础的实践的人本主义'这个说法本身就是矛盾的，诚如先生（指山口勇先生）所言，它必然导致二元论。"关于二元论问题，前面已经作答，这里只来讲我的说法在概念上是否矛盾。我完全懂得实践活动不能离开实践的对象（物的世界）这个普通常识，但何以要在"实践"一词之前加上"以物质的自然界为基础"这个修饰语呢？这是因为马克思的实践观区别于一切唯心主义实践观的一个根本点，就在于马克思认为人类实践是以物质的自然界为前提、基础的，是人类实际改变自然界的物质性活动，不是脱离物质自然界的精神活动。所以，马克思在《德意志意识形态》中讲到他的历史观与唯心主义历史观的区别时说，他的历史观的特征"不是从观念出发来解释实践，而是从物质实践出发来解释观念的东西"。这里，马克思使用了"物质实践"这个词。按俞先生的看法，这是否也表明马克思不懂得"实践活动本身就包含对象（物的世界）在内"？是否也是"本身就是矛盾的"？"必然导致二元论"？

俞先生又说："刘主张'哲学应以人为中心，而反对以物质为中心'，他忘记了人和物的关系，马克思学说的核心是扬弃私有财产（特定生产方式中的物），目的正是通过人和物的关系的改变来改变人与人之间的关系，这正是马克思人本主义的独特之处。"我并没有忘记人和物的关系，因为我所说的马克思的人本主义是"以物质的自然界为基础的实践人本主义"。既然是"以物质的自然界为基础的"，又是"实践的"（指物质生产实践）人本主义，怎么会"忘记了人和物的关系"呢？难道自然界不是物，实践能脱离物吗？我知道人不能脱离物，但问题是过去的苏联哲学把物亦即抽象的"客观实在"看成是高高地凌驾于人之上的东西，人及人的活动也被看作是"物质运动"的一种表现，人的主体性被消解。所以问题不在人不能脱离物，而在是人为了物，甚至化为物，还是物为了人，成为人的物，使人与物的关系成为马克思所说的"一种对象性的人的关系"（《1844年经济学—哲学手稿》）。因此主张"以人为中心，而反对以物质为中心"，决不意味着否定人和物质的关系，不要物。从唯物主义来说，不是人为了唯物主义，而是唯物主义为了人。脱离人、否定人的唯物主义，最后必然走向唯心主义。马克思主张从物质的自然界出发，同时也就是从作为自然界的一部分的人出发，但还要加上人改变自然界的物质生产实践。俞先生所说"扬弃私有财产"，"通过人和物的关系的改变来改变人与人之间的关系"，都是由物质生产的发展决定的，不能脱离物质生产的发展而改变。所以，马克思的人本主义既是"以物质的自然界为基础的"，又是"实践的"，这才是对马克思的人本主义的完整理解，也才是"马克思人本主义的独特之处"所在。费尔巴哈的人本主义也大讲人和物（自然界）的关系。但他不知道这种关系是由人的物质生产实践所决定的，因而是随着物质生产的变化而变化的。所以，费尔巴哈找不到改变人和物的关系的现实道路，陷入了唯心主义。

关于卢卡奇的"社会存在本体论"

在各位先生对我的批评中，俞吾金先生的批评很不客气，缺乏学者之间应有的礼貌与相互尊重，似乎他是中国的一个什么了不得的哲学家。也许，这是为了讨好、迎合山口勇先生对我的批评所致？下面，我就来领教一下他在卢卡奇的"社会存在本体论"问题上对我的批评。他说："刘既不懂Lukács早年的自然观（即自然是社会范畴），也不懂Lukács晚年的自然观（即在自然本体论基础上建立社会存在本体论），刘把Lukács之社会存在本体论和实践论对立起来是很可笑的，因为Lukács认为社会存在的最基本内容就是实践，尤其是把目的性和因果性统一起来的生产劳动。"

我的回答如下：

（1）俞不懂（或者是不愿懂）正因为我知道卢卡奇早年的自然观以自然为社会范畴，所以我才讲到卢卡奇是反对自然辩证法的，否则，卢卡奇何以会反对自然辩证法？卢卡奇的这种反对在我看来不只是关系到自然界有没有辩证法的问题，而且还关系到是否确认物质自然界是人类产生和存在的前提和基础这个更为重要的问题。卢卡奇把辩证法的实质、核心规定为主体与客体相互作用，但又把它限制在社会的范围内，认为与自然无关，这是非常错误的。马克思在分析人类的物质生产时早已明确地指出"主体是人，客体是自然"，并指出这对一切社会形态都是适用的（《政治经济学批判导言》），而卢卡奇却认为主客体的相互作用只与社会有关，这就把自然排除到了社会之外，否认了作为主体的人对作为客体的自然的作用（物质生产）是人类社会生存的基础。此外，这个为主体所作用的自然也仍然是自然，绝没有因此不再是自然，而变成了单纯社会的范畴。

（2）我也知道，卢卡奇在晚期放弃了他早年在《历史和阶级意识》一书中的观点，转而承认自然本体论是社会存在本体论的前提。我认为这是一个重要的进步。我还知道，卢卡奇在论述社会存在本体论时把劳动放到了重要的地位，但他始终不认为劳动（物质生产实践）是人类社会的本体。俞先生说"刘把Lukács之社会存在本体论和实践论对立起来是很可笑的"，但真正可笑的是俞先生没有看清我不满于卢卡奇的地方并不是他没有讲实践，而是他没有把实践看作是本体。在他看来，本体是社会存在。他之所以十分重视对劳动的分析，只是为了说明社会存在的特殊性即目的论设定是由何产生的，亦即为了说明无目的论设定的无机和有机的自然存在怎样成了以目的论设定为根本特征的社会存在。不论劳动在卢卡奇那里如何重要，它仍然只是俞先生所指出的"社会存在的最基本内容"，并没有被看作是人类社会的本体。我指出这样一个事实，说明我主张的实践本体论与卢卡奇的社会存在本体论的区别，这有什么可笑的？

答复了俞先生的批评之后，我想再来简略地评论一下卢卡奇的社会存在本体论，进一步说明一下它与我主张的实践本体论的区别。

首先，卢卡奇既然给了劳动以十分重要的地位，为什么他不认为劳动亦即物质生产实践是本体呢？我认为这既是因为他尚未理解马克思所说"把感性理解为实践活动"这句话所包含的深刻的本体论意义，同时也因为他还受到传统的本体论的束缚，不是从本原的意义上理解本体（参见我的《马克思主义哲学的本体》一文），而认为本体必须是一种实体性的存在物，不能是实践的活动，因此，他就抓住马克思使用的"社会存在"这个概念来做文章，以建立他的"社会存在本体论"。至于劳动，那只是与社会存在这一本体的产生密切相连的一个重要范畴，并不是本体。虽然他在分析劳动时，也间或把劳动与本体联系起来，但都是在特定的意义上说的，并没有认为它是整个人类社会的本体。

其次，至目前为止，卢卡奇的《关于社会存在的本体论》一书是对马克思主义哲学的本体论所作最为详细的研究，包含着不少有深度的、创造性的见解，但也有不少抽象烦琐的，不确切、不正确的东西。其中一个重要的问题是对他讲得最多的所谓"目的论设定"的解释。他认为"目的论设定"是"人类每一社会实践的本体论基础"（《关于社会存在的本体论》上卷，中译本第11页），并反复说明"每一实践都以目的论设定为基础"（同上书，第48页）。在这里，目的论设定不是实践的产物，反而成了"每一社会实践的本体论基础"。这就是说，目的论设定具有"本体论地位"（同上书，第25页）。这是一种把实际存在的关系弄颠倒了的错误看法。事实上本体是实践，目的论设定是由实践所产生的。虽然从表面看来，人要进行实践，首先要有目的设定，但这个目的最终只能由实践而来。拿卢卡奇讲得最多的劳动来说，它当然是一种有目的的活动，但此目的从何而来？它来自人与自然的物质变换。一方面，作为主体的人有各种需要要求得到满足，这需要是人作为自然存在物为维持其肉体生命的存在而不能不满足的需要，因而是客观物质的需要；另一方面，这需要只能由客观存在于人之外某种自然物质来加以满足，不能用观念来满足。因此，人与自然的物质变换，是一种客观物质的现象。所谓目的论设定，不外是人对他与自然之间的物质变换的自觉意识，即意识到他自身的物质需要和那存在于他之外的、能满足他的需要的自然物质对象，从而通过他的劳动，在一种符合人的目的的形式上去占有自然物质。但人对这一切的意识都是基于他与自然进行物质变换的客观实际需要，没有这种需要就不会有什么目的论的设定。因此，处在本体论地位的不是目的论设定，而是人与自然进行物质变换的客观必要性。当人类劳动还处于马克思所说的"最初的动物式的本能的劳动形式"（见《资本论》第一卷）时，这种与自然的物质变换就已经存在，只不过还没有被自觉意识到。而人类最后之所以能自觉意识到，又是最初的本能式劳动无数次重复的结果，是在漫长的劳动中人的感官、大脑获得了发展，人终于摆脱了最初的本能式的劳动的结果。所以，从人类劳动的发展来看，目的论设定或卢卡奇所说从"自在"到"自为"，只能是劳动本身的发展的结果。脱离人与自然的物质变换和人类劳动漫长的发展去讲目的论设定，赋予它以本体论的地位，这是不符合事实的、唯心的。就是在人类明确意识到劳动的目的之后，如我在前面已指出过的，人类的物质生产活动也仍然既是人的有意识、有目的的活动，同时又是不以人的意志为转移的客观物质的活动。马克思的历史观之所以是唯物主义的，就是建立在这个根本点上的。如果认为具有"本体论地位"的不是物质生产实践，而是"目的论设定"，那么唯物史观的存在就成了问题。

一切抽象、烦琐、貌似高深的分析推论都无法否认这样一个事实：物质生产实践是人类全部社会生活的根基、本原、本体。马克思所说的社会存在是他所说的物质生产实践的产物、结果。马克思本人对此作了一次又一次的说明。这个社会存在的根本特征并不是卢卡奇所说的"目的论设定"，马克思的贡献也决不在指出人类社会生活是有意识、有目的的。在马克思之前已有许许多多人指出了这一点，指出这一点不需要什么了不得的智慧。马克思的贡献是在指出物质生产实践决定着人类整个的社会生活、政治生活和精神生活的发展，又指出这个物质生产实践既有卢卡奇所说的"目的论设定"，又不以人们主观的意愿、目的、意志为转移。从卢卡奇所说的

"自然存在"到"社会存在"的转变并不是通过他所谓的"目的论设定"来实现的,而是通过由自然所产生的人类的物质生产实践来实现的。人类劳动在此的作用并不是由它给自然存在引入了"目的论设定",而是由它使人与自然的物质变换从最初的不自觉的活动变为自觉的活动,这才产生了"目的论的设定"。但在变为自觉的活动之后,人类整个物质生产劳动的发展仍然又是不以人的意识为转移的客观物质活动。如果只孤立地分析某一劳动产品的生产,那自然可以说它是由"目的论设定"所决定的,但把物质生产的发展作为社会整体的历史过程来看,情况就不是这样。卢卡奇把自然物质本体论看作是他的社会存在本体论的前史,较之于他早年把自然与社会对立起来是一个进步。但他以"目的论设定"为自然本体论向社会存在本体论转变的中心环节,却仍然包含有唯心主义的错误。只有把物质生产实践看作是人类社会的本体,同时又把自然物质本体论看作是实践本体的前提,才能正确理解和把握马克思主义哲学的本体论。

(原载日本《唯物论研究季报》1997年第59、61号,山口勇译)

第二部分

马克思主义美学研究

关于马克思论美

深入研究马克思对美的问题的看法，对发展我们的美学科学有着极为重要的意义。最近，蔡仪同志的《马克思究竟怎样论美》（载《美学论丛》第1期）一文，是一篇认真研究马克思怎样论美的文章，在我国美学界这样的文章还不多。但是，我在学习研究了这篇文章之后，感到蔡仪同志对马克思观点的解释是不正确的或不完全正确的。为了探求真理，我想坦率地把自己的看法写出来，就教于蔡仪同志以及关心这一问题的其他同志。

一、关于"自然界的人化"和"人的对象化"

马克思所提出的"自然界的人化"和"人的对象化"，我认为是马克思论美的基础。蔡仪同志则不是这么看，他对这一问题的论述的中心思想，就是不同意从"自然界的人化"和"人的对象化"出发去探求美的本质。他还举出马克思有关金银的美的论述为例，以证明马克思本人也并不是用"自然界的人化"和"人的对象化"来解释美的本质的。下面就来逐一地分析一下蔡仪同志的看法。

第一，蔡仪同志认为"自然界的人化"和"人的对象化"的说法在马克思的《1844年经济学—哲学手稿》一书中找不到"明确的出处"。

我认为出处还是找得到的,只要不过分地拘泥于文字的表达方式。马克思没有说过"自然界的人化",但他说过"人化的自然界",这是一件事情的两种不同的说法。前者是从过程来说的,后者是从结果来说的。如果没有"自然界的人化",当然也就不会有"人化的自然界"。马克思是否说过"人的对象化"呢?说过的,见于该书批判黑格尔哲学的部分。马克思在批判黑格尔对感性意识的唯心的理解时说:"感性意识不是抽象感性的意识,而是人的感性的意识;宗教、财富等等不过是人的对象化的异化的现实,是客体化的人的本质力量的异化的现实。"[①]退一步说,即使马克思没有说过"人的对象化",但他多次说过的"人的本质的对象化","他(指人)自身的对象化""对象化了的人"等等,同"人的对象化"在实质上是一样的意思。所以,我认为"出处"的问题,重要的是看精神实质,而不是看文字的表达方式。

第二,蔡仪同志认为,"马克思是在'私有制的扬弃是一切人的感觉和属性的完全的解放'的前提下,说到'人类化了的自然界'和'对象化了的人'这种话的。也就是说,他不是说的从来一般人的生产劳动"。在蔡仪同志看来,"人类化了的自然界"和"对象化了的人"(也就是"自然界的人化"和"人的对象化")的说法只适用于私有制消灭了的社会下的生产劳动,不具有适用于一切生产劳动的普遍意义,因为马克思自己就指出了私有制下的劳动是异化劳动。

这种看法是不对的。其所以不对,是由于没有弄清楚马克思是在怎样的意义上说劳动是人的对象化,又是在怎样的意义上说私有

[①] 《马克思恩格斯全集》第42卷,人民出版社1979年版,第162页。

制下的劳动是人的异化。我认为，当马克思说劳动是人的对象化的时候，他是从人与自然的关系来看劳动的。从人与自然的关系来看，劳动都是人改造自然以满足人的物质生活和精神生活需要的活动，因而都是人的对象化的活动。这是普遍的，适用于一切社会（包括私有制社会）的。但当马克思谈到私有制下的劳动时，他又指出这种劳动是异化劳动。这时，马克思是从人和他的劳动以及劳动产品的关系来看劳动的。在私有制下，由于劳动者失去对自己的劳动和劳动产品的支配权，劳动和劳动产品成了同劳动者相敌对的东西。但是当马克思说私有制下的劳动是人的异化时，他并未否定私有制下的劳动从人与自然的关系来看也同样是人的对象化。他不但没有否认这一点，而且还充分地肯定和论证了这一点，因为这正是马克思揭露劳动异化的前提。只有肯定了从人与自然的关系上看，劳动本来是人的对象化，才能有力地揭露和批判私有制把劳动变成了人的异化。如果从人与自然的关系上看，劳动本来就是人的异化，那就不存在什么批判异化劳动的问题。不论私有制下的或消灭了私有制的社会下的劳动都是人的对象化，所不同的是前者是在异化的形式下存在着，后者则消除了异化。我认为只有这样来理解，才符合马克思的原意。

第三，蔡仪同志不但否认人的对象化以及与之相联系的自然的人化具有适用于一切社会的生产劳动的普遍的意义，而且他还否认这是马克思论美的根本的出发点。他所提出的理由主要是有关自然美的解释问题。他认为像"山陵川泽、草木鸟兽，甚至春风秋月、虹彩霞光"这些自然物，绝对不能说"因为'人化'了才可能成为审美对象"。特别重要的是，他还举出马克思有关金银的美的论述为例，认为"按马克思原话的意思，所谓金银的审美属性，很明显地就是指的金银作为自然矿物的'天然的光芒'色彩"。他由此断定马克思"认为自然界事物的美就在于自然界事物本身",同什么"自然的人化"和"人的对象化"毫无关系。

在应用"自然的人化"和"人的对象化"去说明美的本质时,特别是说明自然美的本质时如何正确地理解和具体化,是一个还需要深入研究的问题。我在这里只想证明:就马克思的有关言论来看,他的确是从"自然的人化"和"人的对象化"去说明美的本质(包括自然美的本质)的。

第一,马克思说过:"劳动创造了美。"[1]这在美学史上,是一个标志着美学的重大变革的命题。如果我们同意这一命题,那么要认清美的本质,就必须研究劳动的本质。而劳动的本质正在于它是人改造自然以满足人的物质生活和精神生活需要的活动,也就是"自然的人化"和"人的对象化"。所以,主张"劳动创造了美"的马克思无疑是以"自然的人化"和"人的对象化",作为他对美的本质的认识的基础的。

第二,马克思说:"只是由于人的本质的客观地展开的丰富性,主体的、人的感性的丰富性,如有音乐感的耳朵、能感受形式美的眼睛,总之,那些能成为人的享受的感觉,即确证自己是人的本质力量的感觉,才一部分发展起来,一部分产生出来。因为,不仅五官感觉,而且所谓精神感觉、实践感觉(意志、爱等等),一句话,人的感觉、感觉的人性,都只是由于它的对象的存在,由于人化的自然界,才产生出来的。"[2]这里,马克思清楚地指出"有音乐感的耳朵、能感受形式美的眼睛",即人的审美感觉,是由于"人的本质

---

[1] 《马克思恩格斯全集》第42卷,人民出版社1979年版,第93页。
[2] 《马克思恩格斯全集》第42卷,人民出版社1979年版,第126页。

的客观地展开的丰富性",由于"人化的自然界"才产生出来的。马克思在这里虽只提到了美感,未直接涉及美,但既然美感是由人的本质力量的对象化、自然界的人化所产生的,那么所谓美,就必然同人的本质力量的对象化和自然界的人化有关。另外,我们还要注意马克思在这里提到了"形式美",其中就涉及了后来马克思对金银的美的论述问题。因为金银的美,如马克思所指出,同它们的光和色有密切关系,而光和色的美在美学上正是属于形式美。马克思既然认为形式美感产生于人的本质力量的对象化和自然的人化,那和金银的美相联系的光和色的美自然也是从人的本质力量的对象化和自然的人化而来的。当然,马克思在讲到金银的光和色的美时并未提到什么人的本质力量的对象化和自然的人化,而只讲到了金银的光和色的美同金银的自然属性的关系。但我以为马克思在论到金银的光和色的美时肯定它和金银的自然属性相关,决不等于说他认为金银的美就在金银的自然属性。因为在马克思看来,美不仅仅是自然,而是"人化的自然"。至于运用"人化的自然"的思想去说明自然美的现象时常常要碰到的一些似乎是讲不通的困难(如某一自然现象如何"人化"之类),我认为只要从人类历史发展的过程去加以具体的分析,把自然作为一个整体来看待,并具体考察它与人类生活的关系,不作孤立的、机械的、狭隘的理解,都是完全可以解决的。①

第三,马克思在《1844年经济学—哲学手稿》中提出了"人也按照美的规律来建造(或译造形)"的重要思想,而这一思想是在马克思把人的生产和动物的生产加以全面的比较时提出来的。他认为人之

---

① 如金银的光和色对人成为美是和整个大自然的光和色与人类生活的密切关系分不开的。对此完全可以做出实证科学的说明——作者补注。

所以能"按照美的规律来建造",是由于"动物只是按照它所属的那个种的尺度和需要来建造,而人却懂得按照任何一个种的尺度来进行生产,并且懂得怎样处处都把内在的尺度运用到对象上去。"[①]他的这些话,实际就是对他所说的"劳动创造了美"这一重要命题的进一步说明,其基础仍然是自然的人化和人的对象化。这一点将在后面再加以说明。

总起来说,蔡仪同志对马克思所提出的"自然的人化"和"人的对象化"的思想的理解是有问题的。特别是他完全否定了这一思想对马克思美学的极其重要的意义,这更是不符合马克思的原意的。

二、关于实践观点问题

"自然的人化"和"人的对象化"的思想是马克思对美的看法的根本。而"自然的人化"和"人的对象化"在马克思看来是人改造世界的实践活动的结果,不是观念的、精神的活动的结果。这是马克思区别于也讲"自然的人化"和"人的对象化"的唯心主义者黑格尔的根本之点。所以,马克思的美学,完全可以称之为"实践观点的美学"。对此,蔡仪同志是很不以为然的。他批判了"所谓实践观点的美学",这里我不想去说这种批判是否完全正确,只想指出,即使有人对马克思的实践观点的美学作了不正确的解释,甚至故意曲解,但不能因此就否认马克思的美学是实践观点的美学,问题只在于如何正确地加以理解。在我看来,如果说有人对马克思的实践观点作了不正确理解的话,那么,蔡仪同志对马克思的实践观点的解释,也没有抓

---

① 《马克思恩格斯全集》第42卷,人民出版社1979年版,第97页。

住其中最本质的东西，基本上还是站在直观唯物主义的立场来看实践的。我之所以做出这样的论断，有下面的一些理由。

第一，蔡仪同志在论述马克思的实践观点时引用了马克思在《关于费尔巴哈的提纲》中所说的这段话："从前的一切唯物主义——包括费尔巴哈的唯物主义——的主要缺点是：对事物、现实、感性，只是从客体的或者直观的形式去理解，而不是把它们当作人的感性活动，当作实践去理解，不是从主观方面去理解。"①这段话对了解马克思的唯物主义同直观唯物主义的区别很重要，对了解马克思的美学观点也很重要。蔡仪同志正确指出了这是马克思"对旧唯物主义的批判"的"中心之点"，但他对这个"中心之点"却还没有做出符合马克思意思的正确说明。如他说"所谓'事物、现实、感性'，根本说的就是实际社会活动"，这就不确切。因为自然界的事物不能说"就是实际社会活动"，社会中的事物也不能统统说成都是"社会活动"。实际上，马克思说旧唯物主义对事物、现实、感性只从直观的形式去理解，而不是当作实践去理解，指的是旧唯物主义不懂得人所生活的周围世界（包括自然和社会两者），他和他的感官所接触的自然界及人类社会生活中各种事物的关系，都是人改造世界的实践活动的结果和产物，人对它们的感性直观不可能离开人改造世界的实践活动。这个道理，马克思在《德意志意识形态》一书中批判费尔巴哈时讲得十分清楚。马克思说："他（指费尔巴哈）没有看到，他周围的感性世界绝不是某种开天辟地以来就直接存在的、始终如一的东西，而是工业和社会状况的产物，是历史的产物，是世世代代活动的结果，其中每一代都立足于前一代所达到的基础上，继续发展前一代的

---

① 《马克思恩格斯全集》第3卷，人民出版社1960年版，第3页。

工业和交往，并随着需要的改变而改变它的社会制度。甚至连最简单的'感性确定性'的对象也只是由于社会发展、由于工业和商业交往才提供给他的。大家知道，樱桃树和几乎所有的果树一样，只是在数世纪以前由于商业才移植到我们这个地区。由此可见，樱桃树只是由于一定的社会在一定时期的这种活动才为费尔巴哈的'感性确定性'所感知。"① 马克思又指出："这种活动、这种连续不断的感性劳动和创造、这种生产，正是整个现存的感性世界的基础，它哪怕只中断一年，费尔巴哈就会看到，不仅在自然界将发生巨大的变化，而且整个人类世界以及他自己的直观能力，甚至他本身的存在也会很快就没有了。"② 马克思的这些话，是他在《关于费尔巴哈的提纲》中对直观唯物主义批判的最好的注解。而蔡仪同志的解释却没有触及马克思思想的真正的实质，只笼统地说到马克思的思想"就是强调实践对认识的决定作用，强调革命的实践对历史发展的决定作用"。像这样仅仅在认识的范围内来观察实践，只把实践看作是认识的一个条件（尽管在蔡仪同志看来是最重要的条件），而看不到实践首先是人改造世界的活动，表明蔡仪同志的看法和马克思以前的旧唯物主义者的看法大体一样。实际上，由于实践是人改造世界的活动，所以它才能成为认识的基础和检验真理的标准。而马克思以前的旧唯物主义者，虽然也可以在一定的范围和程度上承认认识离不开实践，但由于他们不懂得实践是人改造世界的活动，因而也就不懂得人所生活的感性世界是人的实践所创造出来并不断在改造着的世界。所以，他们对于事物、现实、感性，就只能从客体的或直观的形式去理解，而不能当作实践去

---

① 《马克思恩格斯选集》第1卷，人民出版社1995年版，第76页。
② 《马克思恩格斯选集》第1卷，人民出版社1995年版，第77页。

理解；对实践在认识中的地位和作用，也始终不能做出科学的解决。

第二，蔡仪同志在讲到马克思的实践观点时还特别指出"认识论上的实践观点，并不规定认识的内容或认识的成果必须是'人化的'云云"。他又指出，"真正的"实践观点并不讲什么"自然界的人化"，并且把讲"自然界的人化"一律说成是主张"物我不分、主客同一"。这些说法，也表明蔡仪同志对实践的理解还是站在直观唯物主义的立场上的。马克思的实践观点虽然并不规定认识的内容或认识的成果必须是"人化的"，但实践既然是人改造世界的活动，当着人把那原来同人的要求相对立的自然改造成了同人的要求相一致的自然时，这难道不就是把自然"人化"了吗？所谓"自然的人化"，归根结底，无非就是指人对自然的征服和支配。如果否认我们今天生活于其中的自然是人类实践活动所改造了的自然，即"人化"了的自然，那么这种所谓真正的实践观点恰恰是马克思所批判了的，不把事物、现实、感性当作实践来理解的直观唯物主义的看法。此外，马克思所理解的自然的人化，很明白地是人在实践中改造了存在于人的意识之外的自然的结果，不是单纯的意识、精神活动的结果，因此它和什么"物我不分、主客同一"之类的唯心主义论调是完全不同的。从马克思的实践观点看来，这并没有什么难于理解的地方。

第三，蔡仪同志说："劳动实践对人的审美能力的影响，这当然是谁也不会否认的。"他又说："劳动使人具有一般的认识能力，也包括使人具有审美的能力，这是不成问题的。"这些话清楚地表明蔡仪同志在美学上对实践观点的承认和肯定，仅仅限制在审美能力的产生和形成的范围内。换句话说，他只承认审美能力的发展同实践有关，而不承认审美的对象是人类的劳动实践所创造出来的。这种看法，显然同马克思的"劳动创造了美"的提法不一致，同时也表明蔡仪同志对实践观点的了解还未脱出直观唯物主义的范围。一般来说，直观唯物主义在认识论上不把事物、现实、感性当作实践来理解，即当作人的实践活动的结果和产物来理解；同样，在美学上，它也不把审美的对象（事物、现实、感性）当作实践来理解，即当作人的实践活动的结果和产物来理解。这也就是说，它对于审美的对象或客体，是仅仅从直观的形式去理解的。这正是直观唯物主义美学的重要特征。①

第四，蔡仪同志说："按马克思在《提纲》中所说的实践观点，虽然可以认为是对直观唯物主义的根本区别之点，却不能说，也是对唯物主义的根本区别之点。"这个看法是对的。问题在于，在肯定一般唯物主义与唯心主义的根本区别（即对物质与精神、存在与思维何者为第一性的不同解决）的前提下，对于我们来说，最重要的还是要看到马克思的唯物主义同直观唯物主义的根本区别，而不要忽视这种区别，更不要否认和取消这种区别。从蔡仪同志过去到最近所发表的美学观点来看，他处处强调了唯物主义和唯心主义的根本区别，但对马克思的唯物主义和直观唯物主义的根本区别却忽视了，甚至还没有看出这种根本区别。我认为，这正是蔡仪同志的美学观点的根本缺陷所在。

三、关于美的规律

前面说到马克思在《1844年经济学—哲学手稿》中曾经明确地提到"美的规律"的问题。蔡仪同志在他的文章中用相当多的篇幅论

---

① 苏联所讲的马克思主义美学也是这样，只承认审美能力的产生与实践有关，不承认审美对象是人类实践改造了世界的产物——作者补注。

及了这个问题,但他的论述我以为也是离开了马克思的原意的。

蔡仪同志引出了马克思论及"美的规律"的原话,但略去了在此之前马克思把人的生产和动物的生产相比较的许多话。根据最近的新译本,蔡仪同志引用的话是:"动物只是按照它所属的那个种的尺度和需要来建造,而人却懂得按照任何一个种的尺度来进行生产,并且懂得怎样处处都把内在的尺度运用到对象上去;因此,人也按照美的规律来建造。"①在引了这段话之后,蔡仪同志指出"'美的规律'显然是和'物种的尺度'与'内在的尺度'有关系的"。接着他就分析了什么是"尺度"以及什么是"内在的尺度"。他认为"所谓'尺度',就它的原意说,本来是测定事物的标准;而在这里,若用普通的话来说,相当于'标志'、'特征'或'本质'"。在讲到什么是"内在尺度"时,他认为"'物种的尺度'和'内在的尺度',无论从语义上看或从实际上看,并不是说的完全不同的两回事"。所谓"内在的尺度",指的就是"物种的内在的特征"。在作了这些分析,断定了"尺度"即事物的本质特征,"内在尺度"即物种的内在的本质特征之后,蔡仪同志最后做出结论:"事物的美显然和事物的物种本质特征、物种的普遍性是有关系的。这是所谓美的规律的一个方面。"

上述对马克思的话的分析,是蔡仪同志对马克思所说的"美的规律"的看法的最为重要之处。他后来的关于"美的规律"的说明,都是以这里的分析作为前提的。

首先,我认为蔡仪同志把"尺度"解释为"测定事物的标准",虽然狭窄了一点,但基本上是正确的。问题在于,接着他就笔锋一

---

① 《马克思恩格斯全集》第42卷,人民出版社1979年版,第97页。

转，未加任何论证，就断定"尺度"即是事物的"本质特征"，这就很值得商榷了。在我看来，马克思所使用的"尺度"这一概念，来源于黑格尔的《逻辑学》，它指的是事物的质与量的统一。所以，在尺度中，"已经包含本质的观念"。①但是，尺度又不等于本质，因为尺度不是单纯的质本身，它是表现着质，或和质相统一的量。当我们运用某一尺度去衡量事物时，尺度即成为我们所运用的一种标准。但不论在任何情况下，尺度虽和事物的本质相关，却不等于事物的本质。在上面所引马克思的话中使用的"尺度"这个概念，就它本有的意义来说，只能理解为同质结合在一起的量。但是，在有形可见的事物上，由于尺度同事物的形式结构大小相关，所以尺度也可理解为和事物的样式、形式有关的东西。我们按某一样式、形式去造成一个事物，也即是按某一特定的尺度去造成一个事物。②

其次，蔡仪同志把马克思所说的"内在的尺度"理解为物种的内在的本质特征，在我看来也是不正确的。这里抛开前面已说过的如何理解尺度的含义不谈，我认为马克思所说的物种的尺度和内在的尺度绝不是一个东西。前者指的是动物所属的物种的尺度，后者指的则是和动物不同的人自身所要求的尺度。之所以称之为"内在的尺度"，就因为它不是外在的物种所具有的尺度，而是人根据他的目的、需要所提出的尺度。如果说这内在的尺度是物种自身所具有的

---

① 黑格尔：《逻辑学》（上册），商务印书馆1976年版，第357页。
② 在西方美学史上，自古希腊开始，"尺度"与"美"就有密切的关系。18世纪德国美学家温克尔所著《古代艺术史》和莱辛所著《拉奥孔》又特别强调了"美的规律"与"尺度"的关系。马克思在柏林大学学习期间曾读了这两本书，并做了摘录。见马克思：《给父亲的信》，《马克思恩格斯全集》第40卷，人民出版社1982年版，第14页——作者补注。

尺度，那么马克思就决不会说什么"把内在的尺度运用到对象上去"这样的话。因为这里所说的对象即是人所改造的属于某一物种的自然物，既然内在尺度已经是这属于某一物种的自然物本身内在地具有的尺度，人又何必还要把它运用到对象上去呢？人类的一切生产劳动，都是要把自然物改造成为合乎人的目的和需要的东西，而这个改造的过程，也就是马克思所说的"把内在的尺度运用到对象上去"。这是只有人才能做到，而为一切动物所做不到的。

为了进一步证明我上述的观点是符合于马克思的原意的，我想引证一下马克思在别的经济学著作中所说过的一些话。在《经济学手稿》（1861—1863年）中，马克思说过："在劳动过程中，劳动材料获得形式，获得一定的属性，创造这些属性是整个劳动过程的目的，并且作为内在目的决定劳动本身的特殊方式和方法。"[1]这里所说的作为劳动过程的"内在目的"，显然是同人加到对象上去的"内在的尺度"相关的东西。这目的决定着人按怎样的尺度去改造劳动材料，赋予它怎样的形式。目的是内在的目的，它所决定的尺度自然也是内在的尺度。在《政治经济学批判》（1857—1858年草稿）中，马克思在讲到把原料变为产品以及产品的形式同原料的形式的区别的时候，又曾说过这样的话："桌子的形式对于木头来说是外在的，轴的形式对于铁来说是外在的。"还说："桌子的形式对于木头来说则是偶然的，不是它的实体的内在形式。"[2]这些话更为清楚地说明了马克思所说的"内在的尺度"是什么意思。在人把木头改造成为桌子的时候，他是按照桌子的形式所要求的尺度去改造木头。这尺

---

[1] 《马克思恩格斯全集》第47卷，人民出版社1979年版，第69页。
[2] 《马克思恩格斯全集》第46卷（上册），人民出版社1979年版，第330页。

度不是木头自身所具有的尺度，因为木头按其自身的尺度并不是桌子。所以，对于木头来说，桌子之为桌子的尺度并非它所内在地具有的，不是它的内在的尺度。这尺度是人按他的劳动的目的和需要提出来的，是人把它加到木头上去的。由此看来，蔡仪同志把马克思所说的"内在的尺度"说成是物种的内在的尺度，是不对的。就木头与桌子这个例子来看，木头自身所具有的尺度是物种的尺度，而桌子所具有的尺度则是由人所提出来的、并被人运用到木头上去的尺度，即内在的尺度。两者是不能混同的。

弄清了马克思所说的"尺度"不等于事物的"本质特征"，"内在尺度"不等于"物种的内在的本质特征"，那么蔡仪同志由此推论出来的关于美的规律、美的本质的看法，显然就是不符合马克思的原意的了。因此，我在这里就不想再去分析蔡仪同志如何从美和物种的本质特征相关这个前提出发，最后得出"美的规律就是典型的规律"，"就是事物以非常突出的现象充分表现了事物的本质"这些结论了。

立足于科学的实践观点的基础上，从自然的人化和人的对象化中去探求美的本质的马克思，会把美的规律建立在物种的本质特征的基础之上吗？会脱离人类对自然的实践改造，仅从自然物种的本质特征中去寻找美的根源吗？我认为是不会的。由于篇幅的限制，这里我不想从正面来详论马克思所说的"美的规律"的真实的含义究竟是什么，只想概略地指出以下几点：第一，马克思是从人的生产与动物的生产的本质区别出发去探求美的规律的，也就是从人类所特有的改造世界的实践活动出发去探求美的规律的。第二，马克思是从人类历史发展的广阔的视野来观察美的规律的。他所说的美的规律，指的是从根本上决定着一切美的现象的本质的规律，不同于我们一般所理解的使某一事物成为美的那些较为具体的规律。第三，马克思所谓的美的规律，就他所讲到的物质生产劳动的范围来看，即就人对自然的改造的范围来看，是物种的自然尺度同人所提出内在尺度这两者的统一。这个统一，从哲学上看，也就是客观的自然的必然性同人的自由的统一。表现在人对社会的改造上，则是社会发展的客观的必然性同人的自由的统一。所以，从哲学的最高的概括来看，美的最根本、最普遍的规律，即是必然与自由的统一。而且这个统一，是在人的生活实践中获得了完全感性具体的实现的，是从完全感性具体的对象上表现出来，并为我们所感知的。第四，马克思所说的美的规律同他所说的"人的本质的对象化"在根本上是一致的。因为按照马克思的观点，人的本质，从根本上看就是人区别于动物的本质，这本质就在于人能够支配他所生活的周围世界，从周围世界取得自由；所以马克思所说的"人的本质的对象化"即是人的自由的对象化，也就是现实的感性具体的对象所具有的必然性同人的自由两者的统一。这个统一，是一切美之为美的本质所在，因而也就是美的最根本、最普遍的规律。一切使某一事物成为美的具体规律，都不过是这种统一的具体的表现形态。①

（原载《哲学研究》1980年第10期）

---

① 关于这个问题，请参看本书《美——从必然到自由的飞跃》一文。

关于美的本质问题

我对美学还缺乏系统深入的研究，现在要我来讲课，的确感到惶恐。讲什么好呢？想来想去，还是决定讲一个最使人头痛的问题，也就是美的本质问题。因为相对说来，我对这个问题考虑得多一点。这一方面是由于我是哲学系毕业的，对于这个直接同哲学联系在一起的问题有较大的兴趣；另一方面是由于我深深感到美的本质问题的解决，是解决美学中其他一系列问题的前提和基础。我们对美学中一系列问题的认识的深度，最终都取决于我们对美的本质问题认识的深度。如艺术的本质、艺术的社会功能、艺术典型、形象思维、创作个性、风格等这些为艺术家们所关心的问题，如果要求得深入的解决的话，最后都离不开对美的本质问题的解决。当然，我不是说要等美的本质问题得到解决（所谓解决也只能是相对而言）之后才能来研究这些问题，实际上这些问题的研究也会推动美的本质问题的解决。但是，不深入地思考研究美的本质问题，对这些问题的研究往往就会停留在比较表面的现象上，知其然而不知其所以然，不容易抓住本质性、规律性的东西，从根本上做出比较彻底的科学的说明。自康德以来的近代美学，之所以对有关审美和艺术的种种问题做出了前人所不能做出的更为深刻的理论的说明，使美学成了一门系统的科学，我认为最根本的就是因为康德等人从哲学上深入考察了美的本质问题。这在黑格尔美学中表现得最为清楚。黑格尔对艺术的本质、艺术创造、艺术类型的划分和发展等一系列问题的认识，都是建立在他对美的本质问题认识的基础之上的，是从他对美的本质问题的认识合乎逻辑地推演出来的一个系统。我们如果要建立一种有严密系统的美学，恐怕也不能不深入地研究美的本质问题。美的本质问题在美学中的地位，我觉得就相当于价值理论在马克思经济学中的地位。没有价值理论，就不会有马克思的整个经济学体系；同样，是不是也可以说，没有一种符合于马克思主义的关于美的本质的理论，也就没有整个的马克思主义美学的体系。有的同志觉得美的本质问题很难搞清，干脆不管它算了。这恐怕不行。因为不论在理论上或实践上，这个问题是回避不了的。20世纪50年代以来我国的美学讨论，一个很大的优点就是紧紧抓住了美的本质问题，进行了比苏联美学界更为深入的讨论，这对今后我国美学的发展是有重要影响的。我觉得我们应该把这个讨论继续深入下去，不要半途而废。这对我国美学理论的建设，是一件很重要的事情。

我对美的本质问题虽然做过一些考虑，但到现在也还没有想清楚。下面所谈的，不过是向大家汇报一下我对如何解决这个问题的一些设想，聊供参考而已。

一、美的问题的难解性

当我们一想到"美"时，在我们的头脑中就会出现许许多多非常生动形象有趣的东西。美的世界的确是一个五彩缤纷的形象的世界，不是一个抽象的概念的王国。如果我们只满足于审美的享受，不去考虑什么是美的问题，那么我们在美的世界里是感到很舒服的。可是，只要我们一考虑到什么是美的问题，并且企图寻根究底，给它一个圆满的回答，我们很快就会从那个生动形象的、美的世界转入一个相当枯燥的、抽象的王国。本来是我们非常直接具体地感受到的美，变得神秘起来了，好像不可捉摸。搞到最后，就成了一个哲学问题，越来越抽象。而且抽象到最后，竟然返不回来了。所得到的抽象的美的理论同我们原来感受到的非常具体的美好像是两回事，挂不起钩来了。这也是一些美学家之所以讨厌这个问题，干脆抛开它不管的一个重要原因。马克思在谈到对商品的研究时说："最初一看，商品好像是一个明明白白的普通的东西。但是它的分析告诉我们，它是一件非常奇怪的东西，充满着形而上学的烦琐性和神学的微妙性"。[1]我觉得美的本质的研究，也有与此类似的情况。美学史上，早就有不少美学家指出了"什么是美"这个问题好像是一个"谜"。就连近代美学的真正创立者，很有哲学思维能力的康德，也感到审美判断力的分析像是"谜样的东西"。[2]曾经对美与艺术的本质作过长期思考的俄国大作家和思想家列夫·托尔斯泰说得更有趣。他说："'美'这个词儿的意义想来当然已经是大家知道和了解的。但事实上这个问题不但没有明白，而且，虽然一百五十年来——自从1750年包姆加登为美学奠定基础以来——多少博学的思想家写了堆积如山的讨论美学的书，'美是什么'这一问题却至今还完全没有解决，而且在每一部新的美学著作中都有一种新的说法。……'美'这个词儿的意义在一百五十年间经过成千的学者的讨论，竟仍然是一个谜。"[3]

---

[1] 马克思：《资本论》第1卷，人民出版社1963年版，第46页。
[2] 康德：《判断力批判》（上卷），商务印书馆1964年版，第6页。
[3] 列夫·托尔斯泰：《艺术论》，人民文学出版社1958年版，第13页。

为什么美的问题会这样困难呢？我想最根本的原因是美的问题是同人的本质、人类的历史发展这些困难而复杂的问题联系在一起的。这一点后面还要讲到。仅从比较粗浅的事实来看，美的问题之所以如此困难，可能有下面的两个原因。

第一，美的现象的无限的多样性、差异性掩盖着美的本质的一般性、共同性。我们知道，所谓找出美的本质，就是要找出使一切事物成为美的那个共同的东西。既然我们认为各种各样的东西都有美，那么它们作为美的对象来看，必定有一种使它们成为美的共同的本质。这是柏拉图早就说过了的，他在他的《大希庇阿斯篇》中已经把"什么东西是美的"同"什么是美"这两个问题区分开来了。而要找出一切美的事物所具有的共同的本质，却是很为困难的。因为我们称之为"美"的事物是无限多样的，极不相同的东西，甚至看起来风马牛不相及的东西，都能使我们感到美。天上的一颗星，地上的一头牛，有什么相似之处呢？但它们都能使我们感到美，都可以成为美的对象。植物学家研究植物的本质，只需要考虑属于植物的这一类事物，而且它们所具有的外表的共同点，即使不是植物学家的人也可以一眼看出来。美学家研究美的本质，却要考虑各种极不相同的、无限多样的事物，他的理论要能说明所有一切美的事物的共同本质才成。正因为美具有无限的多样性，这就使得要从经验的观察上去找出一切美的事物所具有的共同点成为十分困难的事。有些事物，如果我们不把它们作为美的对象来看，它们的共同点是很清楚的；但一当我们把它们作为美的对象来看，它们的共同点却看不清了。例如，一块宝石和一座美的建筑，如果作为商品来看，它们都可以买卖，其共同点是很清楚的，即使不是经济学家的人也可以看出来。但作为美的对象来看，它们的共同点何在呢？是什么共同的原因使它们都成了美的呢？这很难看出来。一个艺术家可以对一块宝石和一座建筑的美做出许多生动的描绘，但这不等于他已经找到了那使宝石和建筑成为美的共同的原因。就算已经找到了这种共同的原因，但能不能用它去解释别的各种各样的事物的美呢？例如，如何解释一块并非宝石的石头、一座山、一匹马、一棵树、一个人等的美呢？面对着大千世界的无限多样的美的现象，那使一切事物成为美的共同的原因好像无法找到了。一切美的事物所具有的一般性、共同性，在美的现象所具有的无限的多样性中消失了，看不到了。这就是对美的理解的困难性的第一个原因。

第二，人们对美的感受的差异性、易变性、相对性掩盖着美的本质的普遍性、客观性。我们对事物的美的感受充满了差异性，如民族的差异、时代的差异、阶级的差异、性别和年龄的差异、个人爱好的差异等。同一个事物，你说美，我说不美，这种情况多得很。就是同一个人对于同一个事物，在一种情况下觉得美，在另一种情况下又觉得不美；在早年觉得美，在晚年又觉得不美；甚至昨天觉得美的，今天就觉得不美了。这同科学认识，特别是自然科学的认识很不一样。一朵花是红的，只要不是患了色盲的人，大家都公认是红的，不会有什么争议。而且花是红的，还可以用科学的试验来加以证明。花的美就不一样，人们常常会有不同的感受，也无法用实验来证明究竟谁的看法正确。可不可以写一篇论文，从逻辑上来证明某一种花确实是美的或不美的呢？也很难。康德说过，没有任何法则可以强迫一个人认为什么东西是美的或不美的。你的道理讲得再好，别人不见得就听你的。就是口服，心里也不见得服。科学上却不是这样，一种经过实验和逻辑证明了的东西，一般都能得到人们的公认。这里有一种不以人们的趣味、爱好为转移的客观的法则在支配着人们的认识。而在美的问题上，似乎事物的美与不美，不是由事物客观地决定的，而是由人们的趣味、爱好决定的。有时人们也可以公认某一事物是美的，但这种公认看起来是人们的趣味、爱好不期而然地达到了一致的结果，同科学上那种由实验和逻辑的证明而来的公认还是不同的。而且，人们虽然可以公认某一事物为美，但不同的人对于这一事物何以美的看法却常常不一样。如古希腊雕塑，至少是从文艺复兴时期以来，一般是被公认为美的了。但不同时代、不同阶级的人对于它的美的认识却是有差别的。总之，人们对美的感受的差异性、易变性、相对性，使得美的本质的客观性看起来好像是根本不可能存在的，因而"什么是美"也就成为康德所谓"谜样的东西"了。

以上所说，还只是美的难解性的两个简单的原因。实际上，美的难解性只有在我们弄清了美的本质之后才能真正搞清。这且留到下面再来加以说明。

二、美学史上对美的本质问题的解决

在美学史上，对于美这个难题是怎样去解决的呢？绝大多数美学家基本上是沿着两条不同的道路去找寻美的本质的。一条是从物质世界中去找，另一条是从精神世界中去找。这里，我要特别说明一下，我所说的"道路"指的是找寻美的本质的根本的途径或路线，而不是指研究的具体的方式方法。研究的方式方法可以而且应该是多种多样的，例如可以从哲学、心理学、生理学、人类学、社会学等各种不同的角度去研究，也可以侧重于从现实美或艺术美、美的形式方面或内容方面去研究，还可以用经验观察的方法或逻辑分析的方法去研究，如此等等。但从找寻美的本质的根本的途径或路线来说，却不外是上面所说的两条。也有介于这两条之间的折中的解决办法，但最后不是倒向从物质世界去找的一边，就是倒向从精神世界去找的一边。美不可能存在于世界之外，而世界上的一切现象，不论如何纷繁复杂，最后归结起来,不外是物质与精神两大系列。所以,历史上的美学家找美,总是或者从物质现象中去找,或者从精神现象中去找。是不是还可以从物质与精神的联系或关系中去找呢?这不但是可以的,而且是很重要的。但对这种联系的认识又不外是两种,或者认为是由物质的原因决定的,或者认为是由精神的原因决定的,所以到了最后,还是要归结到或者从物质现象中去找,或者从精神现象中去找。我认为超然于这两者之上的美学派别是不存在的。

下面,我们就来简单考察一下美学史上这两条不同路线对于美的本质的看法各自有什么贡献和局限,它们为什么终于不能解决"美之谜"。

首先说从物质世界中去找美的这一派。这一派又大致上可以分为三派。第一派认为美存在于物的属性之中,美就是物所具有的某种特定的属性。这是一种很古老的看法,也是一种看起来很符合于常识的看法,它的影响也最大。因为我们对于事物的美的感受总是同事物所具有的一些非常具体的属性分不开的,如我们对于花的美的感受就同花的形状、颜色以至香味分不开。所以,很早就有人企图从物的属性中去把美找出来,把美规定为物所具有的某些特定的属性。如古希腊美学很早就提出美在于形体的比例对称、多样统一。到了近代,从物的属性中去找美的重要代表人物,是英国美学家柏克。他明确地声称,"美大半是借助于感官的干预而机械地对人的心灵发生作用的物体的某种品质"[1],于是他就来考察这些"品质",最后归纳出形体要比较小、表面要光滑等七种"品质"。他认为

---

[1] 柏克:《关于崇高与美的观念的根源的哲学探讨》,见《古典文艺理论译丛》1963年第5期。

具备了这七种"品质"的事物，就是美的事物。这种从物的属性中去找美的看法，它的最大的毛病有两条：第一，它不能从理论上说明它所举出的属性为什么就是美的，何以能成为美的。如柏克对他所举出的七种属性何以是美的，就没有做出有说服力的理论上的说明，只是简单地指出这七种属性最适于引起人的美感（松弛舒畅的感觉），因而就是美的。这等于说美就是能引起我们的美感的东西。这当然是不能解决问题的，因为它还不能说明事物何以成为美。第二，这种看法所举出的那些美的属性，不能普遍地说明千变万化的各种事物的美，它犯着柏拉图早就指出的"时而美时而丑"的毛病。例如，柏克认为光滑是美的一种重要属性，宣称他"想不起任何美的东西不是光滑的"，并且还颇为自负地说，他"感到非常诧异"，不知为什么过去讨论美的问题的人，在列举美的各种因素时，竟然没有提到"光滑"这个重要的"品质"。实际上，光滑在不少情况下是美的，但并不是一切光滑的东西都美。除光滑之外，柏克所说的其他六种属性，也都不可能普遍地说明一切事物的美。总起来看，从物的属性中去找美这种看法，不外是根据某一时代的某些人的美感经验，把对象上那些看来是能引起人们美感的属性，作一种经验性的描述和归纳而已。它远远还没有深入到美的本质中去，而且由于它仅仅从物的属性中去找美，它也不可能深入到美的本质中去。我认为美同物的属性分不开，问题在于要对属性何以能成为美、什么是美的属性做出本质性的规定。这点我们下面再谈。

从物质世界中去找美的第二派，是狄德罗的"美是关系"说。狄德罗正确地看到了美是千变万化的东西，很难把它规定为几个有限的属性，所以他主张用"关系"这个广泛的概念来说明美，而且他所说的"关系"包括了社会生活中的关系在内。这都是他比柏克前进了的地方。狄德罗还一再地说明他所说的"关系"是客观的，不是精神的产物，不是人们的想象力强加给事物的。但是，不能说任何一种"关系"都是美的，这一点狄德罗自己也看到了。他竭力要说明那属于美的"关系"是怎样的一种"关系"，但却始终说不清楚，没有对美的"关系"与非美的"关系"的区别作出规定。最后，他只好说："不论关系是什么，我认为组成美的，就是关系。"①显然，这是一种不了了之的武断的说法。

从物质世界中去找美的第三派，是车尔尼雪夫斯基的"美是生活"说。坚定地站在费尔巴哈唯物论立场上的车尔尼雪夫斯基反复批判了"美是观念的表现"的说法，认为美是客观的物质存在，不是由精神、观念产生出来的东西。但他不像狄德罗那样用"关系"这个空泛而不确定的概念来说明美，更不像柏克那样从物的属性中去找美，而是用"生活"来说明客观的物质世界中的美。车尔尼雪夫斯基也讲"美的属性"，但他认为"所有那些属性都只是因为我们在那里面看见了如我们所了解的那种生活的显现，这才给予我们美的印象"②。把美同"生活"联系起来，认为客观的物质世界中的一切美都只是由于它表现了"生活"，这较之于柏克和狄德罗是一个重大的进展。因为这种看法已经紧紧地接近了一切美的现象所围绕着的轴心——人和人类的生活。但是，"生活"这个概念在车尔尼雪夫斯基那里还是很抽象的，而且他对于为什么"美是生活"还没有做出真正科学的说明。他认为美之所以是"生活"，是由于"但凡活的东西在本性上就恐惧死亡，恐惧不存在，而爱生活"③。显然，他是用动物性的生存欲望来解释"美是生活"的。但我们知

---

① 狄德罗：《美之根源及性质的哲学的研究》，见《文艺理论译丛》1958年第1期。
② 车尔尼雪夫斯基：《生活与美学》，人民文学出版社1957年版，第9页。
③ 车尔尼雪夫斯基：《生活与美学》，人民文学出版社1957年版，第6页。

道，一切动物都恐惧死亡，而动物并不觉得它的"生活"有什么美。此外，车尔尼雪夫斯基认为能成为美的"生活"，是"依照我们的理解应当如此的生活"，这样事物的美与不美就是以人们对生活的看法为转移的东西了。这同车尔尼雪夫斯基一再肯定美是客观的，发生了不可调和的矛盾。普列汉诺夫在论到车尔尼雪夫斯基的美学时曾经深刻地指出了这一点。

总起来看，从物质世界中去找美的这一派美学家，他们的最大贡献在于肯定了美是客观的存在，从而也就肯定了艺术美是客观现实中的美的反映，在美学史上起着积极的进步的作用。但是，他们对美的客观性的肯定是相当空洞的，他们都不能真正科学地说明那客观存在的美究竟是什么，它何以是美的。在美之所以为美的本质的认识上，他们的看法都很空泛。

现在我们再来看一看从精神世界中去找美的这一派美学家的看法。这一派美学家又可以分为两大派：一派从客观精神（绝对理念、上帝的意志）中去找美；另一派从主观精神（主体的情感、意志、幻想、直觉、下意识的欲望等）中去找美。两者的说法个个不同，但都一致地肯定美是由精神决定的，是精神的表现。这种看法，否定了美是客观的存在，从而也就否定了艺术美是现实美的反映[①]，可以用它来为各种腐朽、反动、荒谬的艺术作辩护。这是这一派美学的根本错误和危害性所在。实际上，精神同美虽然有极为密切的重要的联系，但精神不可能创造出美。一切的美都是在我们的意识之外的一个感性物质的对象，而精神自身是不

[①] 我在这里所用的"反映"这个词，是在广泛的意义上用的，它不等同于哲学认识论中所说的"反映"，也不等同于"再现"。

能创造出任何感性物质的东西来的。里普斯说，一朵花对我们之所以成为美的，是我们把自己的情感移入到花中去的结果，因而花的美就是我们的情感所创造的。但是，我们为什么不能把我们的情感移入到一堆牛屎中去，使它成为美的呢？如果承认感情的移入要受对象的制约，那就至少已经承认了感情不能任意地创造对象的美了。事实上，感情移入只是审美反映中的一种心理现象，并不是现实美的创造主。此外，不同的人们对于事物的美有着极为不同的认识，而这种认识的正确与否又是不能用实验或逻辑的证明来加以检验的，这能不能用来证明美是人们的精神所创造的呢？不能。全部的问题在于这种现象并不能说明美是毫无客观标准可言的。连主张美是人心的产物，每个人有每个人的美的休谟，也不能不承认审美究竟还有某种客观的尺度。他说："谁要是硬认为奥基尔比和密尔顿、本扬和艾迪生在天才和优雅方面完全均等，人们就一定会认为他是在大发谬论，把丘垤说成和山陵一样高，池沼说成和海洋一样广。即使真有人偏嗜前两位作家，他们的'趣味'也不会得到重视；我们将毫不迟疑地宣称像那样打着批评家招牌的人的感受是荒唐而不值一笑的。"[①]休谟还说："同一个荷马，两千年前在雅典和罗马受人欢迎，今天在巴黎和伦敦还被人喜爱。地域、政体、宗教和语言方面的千变万化都不能使他的荣誉受损。偶尔一个糟糕的诗人或演说家，以权威和偏见做靠山，也会风行一时。但他的名气决不能普遍或长久。"[②]常常被我们作为主观唯心论者来加以否定的休谟的这些见解是很中

[①] 休谟：《论趣味的标准》，见《古典文艺理论译丛》1963年第5期。
[②] 同上。

肯的，但也正是他所说出的这些在审美中存在着的无可怀疑的事实，表明了美并不是人的主观意识任意创造出来，完全以人们的主观意识为转移的东西。

认为美是精神的产物，这是从精神世界中去找美的唯心主义美学的根本错误所在。但我们决不能认为唯心主义的美学统统都是胡说八道，毫不足取。多年来，我们缺乏具体的历史分析的观点，流行着这样一种简单化的观念：唯物主义＝绝对正确，唯心主义＝绝对荒谬。实际上，仅从对美的本质的认识来看，唯心主义美学是人类对美的本质的认识发展史上的一个重要环节。它从精神的方面集中探讨了美的本质，发挥出了许多虽然常常是片面的，但又是很为深刻的观点，大大地把人类对美的本质的认识推向了前进。和唯心主义的美学比较起来，唯物主义美学在肯定美的客观性这一点上是正确的、可取的，但它对于美的本质却缺乏像唯心主义美学那样深入的、多方面的分析。如果从美学史上把唯心主义美学一笔勾销，那么一部美学史将变得非常空虚、贫乏。仅仅满足于一般地、空泛地肯定美的客观性是不行的，必须深入到美的本质的各个方面去，才能使问题得到解决。而唯心主义美学正是在深入地去探求美的本质上，做出了它的贡献。这种贡献，有如下的一些方面：

第一，它极大地突出了主体在审美中的作用，这就使得人们不再仅仅从客体方面去找寻美的本质，把美看成是同主体无关，单纯由客体决定的东西。特别是康德从主体的自由与客体的必然之间的联系中去找美，大大地向着认识美的本质跨进了一步，成为后来黑格尔以至马克思的美学的先导。从这一点来说，康德的贡献是上述的柏克、狄德罗以至车尔尼雪夫斯基等人所不能比拟的。

第二，唯心主义的美学认为美是精神的表现，不是单纯的物理事实。这抓住了美的本质的核心问题，虽然它认为美是精神的产物是不对的。因为美的确不是单纯的物理的事实，它同人的精神密切相关，而且的确表现着人的精神。如红色，作为物理学的研究对象来看，是一个单纯的物理事实，即一定长度的以太波的运动，同人的精神毫无关系。但我们只要一把红色作为美的对象来看，它立即就同人的精神联系到一起了。红色的美同它能引起兴奋、热烈、昂扬的情感分不开，在有些情况下它还是革命的象征。作为美的对象的红色，决不仅仅是一定长度的以太波的运动而已。一个美的对象同一个单纯的物理事实的区分，确实在于前者是表现着人的精神的，全部的问题仅仅在于要科学地说明本来是物理的事实何以能成为人的精神的表现，而且何以表现了人的精神就成了美。克罗齐曾经在他的《美学原理》第十四章中集中地批判了把审美的事实同物理的事实相混淆的错误，尽管他对什么是审美的事实的看法是错误的，他认为物理的事实和审美的事实之间没有彼此相通的道路也是错误的，但他要求分清审美的事实和物理的事实却是完全正确的。他对于把这两者混淆起来的那些美学家的尖刻的批判，打中了从物的属性之中去找美这种说法的要害。克罗齐的美学在片面的夸大的形态中包含着不少有相当深度的思想，绝非一无可取。

第三，唯心主义美学把人对美的主观感受同科学的和伦理道德功利的认识作了相当细致的比较，从认识论和心理学上系统分析了美感。虽然在这种分析中，它常常割断了美感同科学认识、伦理道德的联系，但它究竟第一次突出地揭示了美感所具有的各个重要特征。这也是唯心主义美学的一大贡献。这种对美感的分析，表面看来好像只涉及了美感，同美的本质无关。实际上，它从主体的感受的方面揭示了客体的美的特征，对于分析客体的美具有重要意义。

以上，我们简略地分析了美学史上的两大派别对美的本质问题的解决。从中我们可以看到，它们对这个问题的解决是各执一端的：一个抓住了物质，另一个抓住了精神。可是，美虽然如唯物主义美学所说的那样是物质世界中的存在，但这个存在于物质世界中的美又恰好是物质与精神的相互渗透和统一。把物质与精神相分裂，认为它们只有差别而无统一，就永远不可能认识美的本质。从广泛的哲学的观点来看，美只能是物质与精神的统一的产物。德国古典美学已经开始认识到这一点了，因为作为德国古典美学的直接理论前提的德国古典哲学，认为物质与精神、思维与存在是应当而且必须统一起来的。它把这种统一的达到看作是哲学所追求的最高目的，也是人类历史所追求的最高目的。而美，即是这种统一的感性表现。这使得德国古典美学对于美的本质的认识达到了资产阶级美学的高峰，并直接成为马克思主义美学的渊源。但是，德国古典哲学所说的精神与物质、思维与存在的统一，是由精神的活动所产生的统一，而不是由物质的感性的活动所产生的统一，因此德国古典美学（费尔巴哈除外）仍然像在它之前的唯心主义美学一样，从精神世界中去找美的根源，认为美是精神的产物。只有马克思主义的哲学才第一次找到了精神与物质、思维与存在统一的现实的物质的基础，这就是人类改造世界的能动的革命的实践。因而，也只有马克思主义美学才第一次给我们揭开了"美之谜"，给美学奠定了真正科学的基础。

三、对马克思主义美学如何解决美的本质问题的一些看法

我认为马克思主义所理解的实践（即不是其他任何意义上的实践）是马克思主义美学的根本观点，是它的不可动摇的直接的理论前提。马克思主义的美学完全可以称之为实践观点的美学。关于这个问题，我在《关于马克思论美》（见《哲学研究》1980年第10

期）一文中已做了说明，这里不再重复。下面，我想先来分析一下究竟什么是美，然后再说明那我们称之为"美"的东西，是人类实践改造世界的产物。这样，也许可以避免造成一种印象，好像我们对于美的看法是从马克思主义的实践观点简单地推论出来的，而且在理解上也许可以比较容易一些。

前面我们已经说过，美是表现在极不相同、无限多样的事物之中的。车尔尼雪夫斯基也已经看到，"美包含着一种可爱的、为我们的心所宝贵的东西。但这个'东西'一定是一个无所不包、能够采取最多种多样的形式、最富于一般性的东西"①。怎样把这个"东西"找到呢？我们也已经说过，美的现象的无限的多样性掩盖着美的本质的一般性、共同性，使它很难发现，很难捉摸。我们可不可以把那无限多样的美的事物拿来一一加以观察研究，然后从中归纳出它们所具有的共同点，从而把美的一般本质确定下来呢？这是办不到的，也是不可能取得成功的。我们在前面所说的美学史上的事实已经证明了这一点。用所谓"自下而上"的归纳法去找寻美的本质不中用，克罗齐已经说得很清楚了。其所以不中用，首先是由于所要归纳的美的现象是无限多样的，而且在经验的观察中看不出它们有什么明显的共同点。也许，它们都是感性具体的存在，可以算是一个共同点吧。但这丝毫说明不了美的本质是什么，因为并非一切感性具体的东西都美。还有狄德罗所说的"关系"，车尔尼雪夫斯基所说的同"生活"的联系，也可看作是共同点，但同样说明不了美是什么。其次，经验归纳法的根本不中用，还由于所要归纳的美的现象，具有我们已经指出过的无穷的易变性、相对性。同一现象，对

---

① 车尔尼雪夫斯基：《生活与美学》，人民文学出版社1957年版，第6页。

这一些人来说是美的，对另一些人来说又是不美的；在这种情况下是美的，在另一种情况下又是不美的，如此等等。既然所要归纳的美的现象本身是多变的、不确定的，那又怎样通过归纳法，从经验的现象上去找到美的本质呢？

那么，究竟要采取怎样的方法，才能找到美的本质呢？我认为有一个最直接的，也是最能解决问题的方法，就是从美感的分析中去找。但长期以来，这被人看作是一条错误的唯心主义的道路。理由大概是这样的：既然美感是美的反映，怎么能从美感的分析中去找美呢？这不是用美感去规定美吗？其实，这是一种简单化的看法。我认为，既然我们承认美感是美的反映，那么美之为美的本质就必然要反映在美感的特征中，为什么就不能从美感的分析中去找美呢？在实际上，美之为美的本质恰好正是最为明显地反映在美感的特征中。事实告诉我们，不论美的事物如何多种多样，也不论人们的审美的趣味、爱好如何各不相同，变化不定，从人们对美的主观感受（也就是美感）来看，这种感受总是明显地表现出区别于科学认识以及功利伦理道德考虑的共同性。我们已经说过的天上的一颗星，地上的一头牛，作为美的对象来看，是极不相同的事物，它们的共同点何在完全看不出来。但从我们对它们的美的感受来看，却有着十分明显的共同点。这种感受不同于天文学家研究星体，动物学家研究牛的时候的感受，不同于把星体或牛作为一种同人类功利目的相关的对象来考虑时的感受，而是一种有其独特性的感受。而且不论引起我们的这种感受的事物是什么，这种感受的独特性总是存在。正因为它具有这种独特性，我们才把它称为"美感"。再从具有完全不同的审美趣味、爱好的人来看，即使他们的审美趣味、爱好刚好相反，但当他们把引起他们美的感受的事物称为"美"的时候，他们的感受也同样具有明显的共同点，虽然那引起这种感受的事物对他们来说是刚好相反的。这是由于他们从刚好相反的事物中所获得的这种感受，都具有只能称为"美感"的共同特征，而非科学的认识或是伦理道德的判断。既然不论美感是由什么事物引起的，也不论产生美感的人们的审美的趣味、爱好究竟怎样，凡属美感都必有其共同的特征，那么这种共同的特征是从何而来的呢？是由什么东西决定的呢？我想，只要我们承认美感是美的反映，那么这种共同特征就只能是由美的事物所具有的共同特征而来，由这种共同特征决定的。所以，我们在分析了美感所具有的共同特征之后，美的事物所具有的共同特征，亦即美的本质，也许就可以找到了。说到这里，自然会产生这样一个问题：尽管凡属美感都有共同的特征，但不能说任何一个人的美感都必定是正确的啊！我想，对于这一类的问题可以这样回答：错误的美感也仍然是一种美感，就像错误的思维也仍然是思维一样。这里的问题是要通过分析美感的一般特征去把握美的一般特征。至于人们的美感是否正确反映了客观存在的美以及所谓美的客观标准是什么的问题，我们将在后面再加以说明。

如果上述的看法是站得住脚的，那么我们现在就来分析一下美感的特征，然后再从美感的特征中来考察一下美究竟是什么。在作这种分析之前，我想先要作两点说明：第一，我在这里并不想也不需要对美感做出一种包含心理分析在内的全面的细致的分析，而只想也只需要对美感区别于科学认识以及功利伦理道德考虑的本质性的特征做出一些基本的分析。第二，我的这种分析基本上是以康德的分析为依据的，因为在美学史上，我认为只有他对美感做了最为系统深刻的分析。但我的分析当然是力求从马克思主义的观点来吸取运用康德的分析，至于我自以为是马克思主义的，究竟是否真的是马克思主义，那就要请大家来批评指正了。

我认为美感的基本特征有如下一些：

第一，美感不是直接的功利欲望的满足。虽然从人类的生存和发展来说，从美感所产生的最后的终极的社会作用来说，美感不能超越人类的生存发展这一根本的利益，但美感自身并非直接的功利欲望的满足。许多我们称之为"美"，同时又具有实用功利价值的东西，它们的美并不是由于满足了我们作为个体的直接的功利欲望。当我们欣赏丰收在望的金黄色的麦田的美时，我们决不会考虑到这麦田是否归我所有，收获之后我可以得到多少收入这些问题。我们是排除了个体的功利欲望的打算去欣赏它，而且只有在这种情况下才能欣赏它。还有许多我们所欣赏的美的东西，例如各种各样的花，毫无任何实用功利的价值。有少数的花，如菊花，可以用作药材，具有实用功利的价值，但它们的美却完全与此无关。

第二，美感和伦理道德有非常密切的关系，但又不是一般的伦理道德判断。一切伦理道德判断都是以个体的欲望、要求同一定社会、阶级的普遍利益这两者的区分和对立为前提的。这种判断要求严格地区分这两者，并且要求个体的欲望、要求的满足必须服从于由一定社会、阶级的普遍利益所决定的伦理道德规范。但在美感中，由一定社会、阶级的普遍利益所决定的伦理道德规范却不是同个体的欲望、要求相对立，从外部来限制、规定个体欲望、要求的满足的东西；相反，它同个体欲望、要求的满足完全融为一体，个体欲望、要求的满足本身同时就是社会伦理道德规范的实现，反过来说也是一样。因此，在美感中，我们不把个体的欲望、要求同社会的伦理道德规范对立起来，对所欣赏的对象作伦理道德上的鉴定，而是直接从个体欲望、要求的满足上感受到它的美与不美。这种美，是包含了伦理道德的善在内的，但这种善却又非外在于个体欲望、要求的满足的东西，而是直接地体现在个体欲望、要求的满足之中。换句话说，这种欲望、要求的满足本身即是合乎于善的。正是在这两者的内在的不可分的统一中才会有美，才能引起美的感受。相反，如果社会的伦理道德规范外在于个体欲望、要求的满足，从外部来束缚限制个体，成为个体不得不勉强地服从的东西，那么美的感受就消失了。古今中外一切文学艺术作品对人物崇高的道德精神美的成功描写都向我们证实了这一点。只有当我们从这种描写中感到人物崇高的道德行为是人物内在的个性的要求，是他作为个体存在的生命的意义和价值之所在的时候，我们才会感到美。相反，如果我们觉得人物的崇高的道德行为不是出自人物内在的个性的要求，不是人物自身作为个体的生命和价值的所在，而是由作家、艺术家外加给他的，这时我们就不会产生真正的美感。我们完全可以这样说，在一般的伦理道德判断中，社会的伦理道德规范是外在于个体的感性欲求的，而在美感中，却是内在于个体的感性欲求，同这种感性欲求不可分离的。因而，在美感中，我们经常不是按照某种明确的伦理道德规范去评定对象，而是直接地去感受它。这就出现了康德所谓审美无利害感（这里指伦理道德意义上的利害感）的现象。

第三，美感同科学的认识不能分离，但它又不是一般的科学认识。在科学认识中，个体的感觉、情感、欲望、要求等是同所认识的对象的客观的必然性或规律性相对立的。这种对立正是进行科学认识的一个前提，个体只有排除掉他作为个体的主观的愿望、爱好、欲求这些东西，才能正确地认识客观的必然规律。在美感中则不一样，客观的必然规律不是同个体的愿望、爱好、欲求等相对立的，而是和它不可分地统一在一起的。这也就是说，个体的愿望、爱好、欲求等的满足本身就是合乎客观必然的规律的。因而，在美感中我们并不把这两者分离和对立起来，去作抽象的思考，而是直接从感性的直观中去领会人生的真理，感受对象的美与不美。这就出现了康德所谓审美是"不凭借概念"的这样一种现象。而所谓"不凭借概念"，绝非不要概念，而是概念已经同个体的感觉、情感、愿望等融为一体。它不是在个体的感觉、情感、愿望之外起作用，来限制规定个体，而是就在个体的感觉、情感、愿望之中起作用。个体的感觉、情感、愿望的表现同时就是客观必然的规律的表现，反过来说也是一样。美的欣赏和创造中的大量的事实都说明了这一点。真正的艺术家的创造活动即是他作为个体的感觉、情感、愿望的表现，同时又完全合乎客观必然的规律。它不受规律的限定和束缚，但又是完全合乎规律的。这也就是石涛所谓的"无法而法，乃为至法"。总之，美感同科学认识的区别，在于客观的必然规律同个体的感觉、情感、愿望等达到了一种内在的统一，而不是彼此外在，互相对立。这也就是美感呈现为一种似乎同概念无关的直觉的根本原因。

从以上的分析，我们可以看出美感有一个重大的根本性的特点，那就是在日常的功利追求、道德评价、科学认识中明显存在的物质与精神、思维与存在、主观与客观的截然对立消失不见了，双方内在地互相渗透和统一起来了。正是对这种统一的感受，产生出了审美的愉快。因为，在上述的对立明显地存在的情况下，人是受着客观对象的支配、束缚和压制的，他感到焦虑、紧张、不安、痛苦，而当这种统一的感受现实地呈现在他的眼前的时候，他就会感到无比的喜悦。黑格尔说："审美带有令人解放的性质。"[①]它把我们从那困扰着人类的物质与精神、思维与存在、主观与客观的巨大对立中解放出来了，从而又给我们以不断解决这一巨大对立的勇气、

---

① 黑格尔：《美学》第1卷，商务印书馆1979年版，第147页。

信心和力量。所谓审美的愉快，不是别的，就是康德首先指出的"自由的愉快"。在这种愉快中，我们深深地体验着我们作为和动物不同的社会的人所应有的生存发展的欲求和自然、社会的客观必然规律的统一。我们摆脱了物质功利的追求对人的压迫，也摆脱了客观必然规律对人的强制和束缚，社会伦理道德也不再是不得不服从的外在行为规范，我们在对象的直观中感受到人是自由的，从而产生了有时会达到如醉如痴那样一种境界的喜悦。这样看来，那被我们称之为"美"的东西，它不是人的自由在人所生活的感性现实的世界中的表现又是什么呢？不论我们在大千世界中所感受到的美的事物如何形形色色、多种多样，它们不是对人的自由的感性现实的肯定又是什么呢？这不正是那被美的现象的无限多样性所掩盖着的美的本质的一般性、共同性吗？

我这样说，自然还会碰到不少麻烦。比如，我们在欣赏一朵花的美的时候，使我们感到喜悦的是它的鲜艳的颜色、旺盛的生机等，这时谁会想到什么花是人的自由的表现呢？这样看来，这种说法不是牵强附会，大而无当的吗？怎样才能使我们所得出的美的定义同人们日常的审美经验比较接近，使人们觉得足以解释他们曾经感受过的种种美呢？这也是一个相当之困难的问题。我感到解决这个问题的办法，恐怕不能是牺牲对于美的本质的普遍的哲学的概括，去服从于人们从一个一个美的事物的感受上所获得的各种各样的经验或常识性的东西。如果这样做，美学将成为一种描述片段、杂乱、变化无常的审美经验的东西，不再是一门科学。正确的做法，应当是设法把人们的审美经验提高到哲学概括的水平。就拿一朵花的美来说，你在欣赏它的时候，不也是获得了一种和功利追求、道德评价、科学认识不同的"自由的愉快"吗？不也是体验到了一种好像超出了人世扰攘的自由的心境吗？它那鲜艳的色彩、旺盛的生机为你所喜爱，有时还使你恍如看到一个妙龄的少女，使你感受到青春的生命的纯洁无瑕，优游自在，光彩照人，脉脉含情……古今的诗人不知用了多少美丽的辞藻来描写这一类对于花的美的感受。然而，那无数美丽的辞藻所包含的东西，如果从哲学上加以概括的话，它不是人的生命的自由的一种曲折的表现又是什么呢？如果你再从更大的范围来思考问题，不要紧紧地粘着在你对一朵花的美的感受上，开始想一想花原来是人所生活的大自然的一部分，想一想人同自然的关系的历史的发展，想一想在自然还支配和压迫着人的时候花对人有没有美……那么，说花的美是人从自然所取得的自由的表现，也许就不是毫无道理的了。只要不被自己一时一地对一事一物的美感经验所局限，而从人类历史发展的宽广的角度来看美，那么说美是人与自然、个体与社会的统一的表现，也就是人的自由的表现，不见得就是无法理解的。如果还是不满意于这种带哲学概括性质的说法，那又怎么办呢？我看唯一的办法就是去走早已有人走过的那一条所谓"自下而上"的经验归纳的道路。但如前面已说过的，我感到这条道路是走不通的。余非好"抽象"也，余亦不得已也。不过，我也承认，上面这一番话也还是多少有些空洞的辩解。所以，我希望有哪一位同志发一宏愿，根据自然史、人类史、经济史、文化史、科学史的大量确凿材料，写一部人类审美意识起源和发展的历史出来。这样，许多问题都可以得到解决。当然，这是一个很大的工程，完成它所需要的时间，也许不会比达尔文写《物种起源》，摩尔根写《古代社会》，马克思写《资本论》所花的时间少。但这项工程还未完成之前，我认为马克思主义的美学多少还是停留在一般原则上的。

对美是什么的分析，现在只好如上面这样草草交卷。下面我们再来说明一下实践怎样创造了美。然后再回过头来想一想美是什么，也许又会更加清楚一点。

美是人的自由的表现（也就是人与自然、个体与社会的统一的表现），而人的自由不是精神活动的产物，不是主观幻想的产物，而是人在实践中掌握了必然，实际改造和支配了世界的产物。世界对于人之所以产生了美，就因为人和动物不同，他能有意识有目的地去改造世界，从客观世界取得自由。而这自由之所以引起了他的一种被称为"美感"的愉快，又因为这自由是来之不易的，是他克服了各种困难的创造性活动的成果。恩格斯说："动物的正常生存，是由它们当时居住的和所适应的环境造成的；人的生存条件，并不是他一从狭义的动物中分化出来就现成具有的；这些条件只是通过以后的历史发展才能造成。人是唯一能够由于劳动而摆脱纯粹的动物状态的动物——他的正常状态是和他的意识相适应的而且是要由他自己创造出来的。"[①]这段看来好像很平常的话，我认为正是一把打开"美之谜"的钥匙，同时也是理解马克思《1844年经济学—哲学手稿》中有关美的论述的指针。关键就在于人的生活"是要由他自己创造出来的"。正因为这样，人自身的生活以及他所生活的周围世界，都可以说是人创造出来的"作品"。从广阔的意义上来说，所谓审美不外就是人把他自己所创造的生活以及他所生活的周围世界当作是他的"作品"来观赏，他从中看到了自己经过漫长艰苦的创造而取得的自由，看到了他创造的智慧、才能和力量的种种表现，因而在满足了物质功利的要求之外，又产生出一种由于见到人的自由获得了实现而引起的精神的愉快，即我们称之为"美感"的那样一种愉快。车尔尼雪夫斯基说："美是生活"，但他不懂得生活之所以成为美，关键在于人的生活是

---

① 恩格斯：《自然辩证法》，人民出版社1971年版，第174页。

人自己创造出来的,是人自己的"作品"。生活对人成为美的,是由于他从自己所创造的"作品"中看到了人的自由。

这听起来好像是一些大而无当的空话。我现在就从人类最基本的实践活动——劳动的产品的美来看一看这种美是不是劳动所创造出来的,然后再略为分析一下社会生活和自然中的美是不是实践的创造。劳动产品有美,这大约是没有人不承认的。就连奴隶主的思想家柏拉图也认为一个汤罐"也有它的美"。"假定是一好陶工制造的汤罐,打磨得很光,做得很圆,烧得很透,像有两个耳柄的装三十公升的那种,它们确是很美的。"① 为什么这样的汤罐是"很美的"呢?就因为它是一个"好陶工"制造的,它表现了人类在把泥土这种自然物质改造成符合于人的目的和需要的产品时所显示出来的创造的智慧和才能,表现了人所具有的支配自然物质的自由。这种自由并不是容易取得的,只有经过艰苦锻炼的"好陶工"才能具有。因而,这个汤罐在很好地满足了人的物质生活需要之外,还能引起一种我们称之为"美感"的愉快,一种对人类作为自由的动物所具有的智慧才能的赞叹。这里,我要附带说一下前面没有加以说明的"美的属性"应如何理解的问题。柏拉图显然描述了他所说的美的汤罐所具有的"美的属性",如"打磨得很光,做得很圆,烧得很透"。为什么这些"属性"能成为"美"呢?不正是因为它们表现了人在改造世界、支配自然上所取得的自由吗?推而广之,一切事物所具有的"美的属性",不论它如何多种多样,都无不是因为它们是人的自由的肯定才成为美的。同一属性之所以时而美时而丑,就因为它在一种情况下是人的自由的肯定,在另一种情况下是人的自由的

---

① 《柏拉图文艺对话集》,人民文学出版社1981年版,第182页。

否定。只有这样，我们才能抓住那为柏克所抓不住的"美的属性"的本质。一个坏陶工制造的汤罐即使不漏水，完全可以使用，但却很难具有"美的属性"。因为汤罐的制作的最理想的情况是要"打磨得很光，做得很圆，烧得很透"；坏陶工却磨不光，做不圆，烧不透，弄成一个凸凸凹凹、七歪八扭、火候不到的东西，处处显示了他的愚笨无能，对他本来想要支配的自然物质无可奈何，见不出人的创造的自由，因而也就只能获得"丑"的评价。"丑"（非艺术意义上的"丑"）向来是同愚蠢相联系的，"美"向来是同智慧相联系的，这绝非出于偶然。总起来看，一个劳动产品的美是从何而来的呢？是从劳动创造的智慧才能而来的，是人类支配自然的力量的表现，也就是人类的自由的表现。一个劳动产品的美，是物化在产品中的人的自由。劳动，作为具体劳动（经济学意义上的），创造出一个产品的使用价值；作为抽象劳动（同样是经济学意义上的），创造出一个产品的交换价值；作为人类支配自然的创造性的自由的活动，创造出一个产品的审美价值。我认为这也正是马克思所说的"劳动创造了美"的真实含义。这里自然是仅就劳动产品的美来说的，除此之外，这句话还有更为广泛深刻的含义。因为劳动是人类最基本的实践活动，是决定其他一切实践活动的东西。在这一意义上，整个人类世界的美，归根结底是劳动所创造的。

但是，这里有一个问题。马克思说："劳动创造了美，却使劳动者成为畸形。"[①] 畸形即是丑，这也就是说劳动不但可以产生美，也可以产生丑，所以说劳动创造美，就不正确了，至少是片面的了。我想，这个问题的解决，关键在于要看到马克思所说的创造美的劳动，

[①] 马克思：《1844年经济学—哲学手稿》，人民出版社1979年版，第46页。

指的是人改造自然的创造性的自由的活动。这种活动只能产生美，不会产生丑。而那产生了"畸形"的劳动，恰恰因为它对劳动者来说失去了人类劳动区别于动物活动的本质特征，变成了使人异化的劳动，成为对劳动者生命的自由的否定。但这种对劳动者说来是异化的劳动，就对于自然的改造来说，仍然可以显示出人类支配自然的力量，创造出美。例如，古代的奴隶劳动，对奴隶来说，无疑是高度异化了的劳动。但从对自然的改造来说，大量奴隶劳动的应用仍然显示了人类改造自然的巨大力量，创造了埃及的金字塔，中国殷周的青铜器这样一些不朽的美的奇迹。对于任何理论的命题，我们都应在一定的意义和范围中去理解它，否则就会发生混乱。如马克思还说过具体劳动创造了产品的使用价值，他在这里所说的具体劳动当然是指那种符合生产要求，能生产出合格产品的劳动，而不包含那种生产废品的劳动。否则我们也可以指责马克思的说法是"片面的"，因为具体劳动也可以生产出毫无使用价值的废品嘛!

劳动创造了美，但劳动产品成为美的对象，这当中有个历史转变的过程。实用先于审美，使用价值先于审美价值。开始只被看作是实用的东西，后来具有了美的意义，而且还产生了仅有审美价值而毫无任何使用价值的东西，这是经历了一个漫长的历史过程的。其中，关键在于人类能否超出直接的实用功利的束缚去观赏他所创造的对象。而这种对直接的实用功利的超出，又绝非像布洛等人所说的那样，是仅仅由个体的心理作用决定的。真正最终决定着这种超出的东西，是人类历史发展所达到的高度。从本质上来看，对直接的功利需要的超出，同时也就是人类的自由的扩展，它只能是历史的产物。在前一历史阶段上是实用功利的对象，在后一历史阶段上被当作单纯的审美对象来看待，是由于在历史的发展过程中，这个对象已失去了原先同人类生死攸关的功利意义，因此就可以把它作为人类历史创造的成果,作为人的作品来加以观赏了。如汉代的一些玉佩,其形状完全和石斧相同,今天我们在博物馆中也可以把石斧作为美的对象来观赏,但在原始人那里,石斧是同他的生死存亡相关的一种工具,他不可能摆脱直接的功利需要的束缚去观赏它,把它作为审美对象来看待。文学作品中所描写的许多事件和斗争,在它们发生的时候,人们也很难对之采取审美的观赏的态度。只有当这些事件、斗争过去之后,当它成为人类历史向前发展的一个已经逝去的环节之后,人们才能来观赏体验它,并把它写成很美的文学作品。我们个人生活中的某些经历,在若干年后回忆起来很美,但在当时却并不觉得它很美。这都说明超出直接的功利需要的束缚,是功利的对象转化成审美的对象的一个根本条件。一旦在这种转化完成之后,这个对象原来同功利的联系就渐渐地看不清了。通过文化的教养,这对象被人们普遍地认为是美的,渗入到社会的心理结构之中去,它的美就好像是事物天然具有的某种属性,看起来同什么实践的创造毫无关系了。

劳动产品的美是实践所创造的,那么社会生活中的美和自然界的美是否也是实践所创造的呢?就前者来说,我想是比较容易理解的,用不着说太多的话。人们常讲人的历史是人自己创造的,在这句话里就已经包含了对社会生活的美的本质的揭示。需要加以说明的是,这种创造的最根本之点,在于如何求得个人与社会的统一,使社会的发展与个体的发展相一致,两者达到和谐。所谓社会美,其核心就是个体的感性存在同社会发展的客观要求两者之间的统一。这种统一是人类改造社会的漫长而艰苦的斗争成果,常常要付出重大的牺牲。因而,当我们摆脱直接功利需要的束缚,把人类历史作为人类追求个体与社会的统一,亦即追求自由的感性具体的实践来加以观察的时候,我们就会产生出一种常常会引起精神的强烈震动的美感。在所有一切美感中，对社会美的感受是最激动人心的。这一点，十分鲜明地表现在悲剧的美感中。悲剧是以否定的形式肯定着的人的自由，是人这种社会动物为了获得自由而进行的惊心动魄的搏斗。人类全部描写复杂的社会生活的作品，特别是长篇小说和多幕剧，都是在把人类创造自身历史所经历的悲壮剧表现给人看。我们在观赏这些作品时，最为关心的不是获得某种道德教训，也不是取得某种科学的知识，而是欣赏体验那和我们同属于人类的个体，是如何击破那摆在他的生存和发展道路上的重重障碍而走向自由的。至于讲到自然美，说它是实践的创造，常常会招来不少的反对或是怀疑。其原因我想不外两条：第一，对人类改造自然作狭隘的理解，以为就是一个一个地去改造各种自然物的形态。于是，实践如何创造太阳的美、蔚蓝色天空的美这一类问题就来了。其实，所谓对自然的改造，在最根本的意义上是指改造人和自然的关系，使人和自然相统一，而不仅仅是指改变某些自然物的形态。所谓自然美，不外是人类实践所创造出来的人与自然的统一（包含物质生活和精神生活两个方面）在自然界各种事物上的感性具体的表现。经过实践创造，自然成了马克思所说的"人类学的自然"，成了人的作品，成了人的自由的表现，于是自然就产生了美。在自然美欣赏中普遍存在的所谓"拟人化"的现象，正是经过实践而人化了的自然的美在人的心理想象中的反映，它绝非自然美的创造主。实践中的自然的人化，是审美中的"拟人化"的前提和基础。第二，对自然美的观察缺乏历史的观点，看不到我们今天所欣赏的自然的美是人类在漫长的历史年代中改造自然的结果，于是就以为自然美是天生的，同实践无关。最典型的例子是人们常常说人体的美是天生的，并以此为理由来反驳实践观的美学。其实，人体的美是人在亿万年的劳动实践中改造了自己的形体的结果。如人手的美同它给我们以灵巧的感觉很有关，而这种灵巧以及人手本身正是劳动的产物。但是，由于在劳动中产生的人体的美经过生物遗传而保存和一代代传了下来，因而人体的美就好像是天生的了。我曾经开玩笑说：林黛玉的妈妈能生出林黛玉这样的美人，为什么任何一个北京猿人的母猿人都生不出一个我们所欣赏的美人呢？

　　实践创造美的观点之所以在不少情况下难以为人们所接受有种种原因。如前所述，我们对这一观点的研究还很不具体，还没有同对美的历史发展的考察结合起来，就是一个重要的原因。但更为重要的、根本的原因，是如马克思所指出的，在漫长的历史年代中都存在着人的异化的现象，人类的实践经常表现为不是人的自由的肯定，而是否定。劳动、实践常常意味着受苦受累，因而说劳动、实践创造了美，就好像是不可理解的了。马克思说："……如果我的生活不是我自己本身的创造，那么，我的生活就必定在我之外有这样一个根基。所以，造物这个观念是很难从人们的意识中排除的。人们的意识不能理解自然界和人的依靠自身的存在，因为这种依靠自身的存在是跟实际生活中的一切明摆着的事实相矛盾的。"[①]马克思的这段很深刻的话，可以用来说明为什么实践创造美的观点常常难以为人所理解。但是，在消除了人的异化，物质生产力得到高度发展，人的实践处处表现为人的自由的肯定的共产主义社会（社会主义社会是它的初级阶段）里，我想实践创造美的观点就将像"1+1＝2"那样，成为不言而喻的普通常识了。

---

① 马克思：《1844年经济学—哲学手稿》，人民出版社1979年版，第83页。

四、美的二重性

马克思讲商品具有二重性,我认为美也具有二重性。这对于理解美的本质是一个重要问题。美的二重性表现在哪些方面呢?

第一,属于客体的东西表现了属于主体的东西。一朵美的花,它所具有的形状、颜色等是属于客体的,但它却又表现了属于欣赏主体的情感、理想、愿望等东西,而且只有在表现了属于主体的这些东西的情况下才有美可言。世界上没有任何审美的客体不是审美的主体的表现。从另一方面看,如果属于主体的东西还仅仅是内心的一种观念,没有外化为感性具体的存在,那也不会有美。属于客体的东西为什么能表现属于主体的东西呢?答曰:实践的结果。实践是改造客体,变属于主体的东西为客观存在的活动,也就是所谓对象化的活动。那经过实践改造的客体,不但变成了一个符合于人的目的需要的对象,而且连人的智慧、才能、愿望、情感、理想等,也物化和凝结在客体之中了。我们完全可以说,经过实践,主体把他的生命贯注到客体中去了。里普斯曾经说过,就一个美的对象来说,对象的生命也就是自我的生命。但他不懂得这是实践的结果,而认为是感情移入的结果。实际上,只因主体通过实践把他的生命贯注到了对象中,才产生了审美中的感情移入这种心理现象。

第二,属于自然的东西是属于人的东西的表现。一个优秀的风景画家,就是能从自然中看到人的风景画家,所谓"山川即我也,我即山川也"。如果属于自然的东西不表现属于人的东西,那么自然的东西绝不会有美。这在人体美上,可以最清楚地看到。艺术的、高尚的裸体画同黄色下流的裸体画的区别,就在于它所描绘的属于自然肉体的东西处处表现着属于人的精神的东西,使我们看到了青春的力量、生命的优美。我曾看到美术学院有的学生画的裸体画，很逼真，但越逼真却越糟糕。高明的裸体画，把很多东西减弱了，略掉了单纯动物性的东西，强调了精神性的东西。把那些只能引起动物性反应的东西画得那么逼真，丑死了！但是，从另一方面看，属于人的东西如果不表现在属于自然的东西里边，也不会有美。抛掉了自然属性，人就成了一个幽灵，哪里还有什么美。蔑视自然的封建禁欲主义，从来是美与艺术的死敌。即令是性的要求，艺术也是可以描写的，只要其中有高尚的精神性的东西。《西厢记》中的"春至人间花弄色，露滴牡丹开"，是描写什么的？虽然不见得很高明，但并无污脏之感。

第三，属于个体的东西是属于社会的东西的表现。我们看一切成功的艺术作品，其中所描写的人物的欲望、要求、爱好、情感、个性、气质等，都渗透着某种具有普遍性的、深刻的、社会的东西。这正是这些人物形象能引起我们的审美感受的重要原因。属于社会的东西，当它还没有表现为个体的欲望、要求、爱好、情感……时，不论它的意义如何重大，都不可能是美的。因为美之所以为美，就在于社会的伦理道德、政治、法律等的原则，不是外在于个体的欲望、要求、情感、个性的，而恰恰是通过这些东西表现出来的。例如，"为人民服务"这个崇高的道德原则，只有当它表现在个体的欲望、要求、情感、个性等东西之中，成为个体内在生命价值的肯定和个体不顾一切地去追求的崇高理想，这才能成为美的，才会真正地感动我们。反过来说，如果属于个体的东西不包含属于社会的具有普遍深刻意义的东西，那它也不可能有什么美。为什么守财奴不能把他失去金钱的痛苦写成一首美丽动人的诗呢？因为在他的这种痛苦中不包含具有普遍意义的深刻的社会内容，不过是他的纯属自私的功利欲望的损失所带来的痛苦，引不起人们的同情和共鸣。

简略地说来,美的二重性就表现在上述这三个方面。为什么美会具有这种二重性呢?就因为美本来是主体和客体、人和自然、个体和社会的相互的渗透和统一。它所具有的二重性,不过是这种渗透和统一的表现罢了。然而,在日常的意识里,主体和客体、人和自然、个体和社会经常被看作截然分开的东西,只有差别而无统一。说客体中有主体、自然中有人、个体中有社会,会被认为是荒诞而不可思议的。由于固执着这种区别而看不到它的统一,于是美就成了不可理解的"谜"了。应该说,在历史上的一切美学家中,康德、席勒、黑格尔这三个人比较清楚地意识到了这种区别中的统一的存在,因而也比较清楚地意识到了"美之谜"的谜底是什么。但他们都不能科学地说明这种统一是如何产生的,因而也就不能真正揭开"美之谜"。我们在前面曾经讲了美的难解性的两个原因,现在看来,最重要的原因,还是在于美的二重性。这和马克思说商品的二重性造成了商品的神秘性,是完全类似的。如果美单纯是属于客体、属于自然、属于个体的东西,或单纯是属于主体、属于人、属于社会的东西,那么美就不会有任何难解神秘之处。神秘就在这属于客体、属于自然、属于个体的东西,同时又是属于主体、属于人、属于社会的东西的表现。而当人们还不懂得人类实践的特征,并从实践中去观察美的时候,客体与主体、自然与人、个体与社会的这种相互渗透就成了无法说明和理解的东西了。于是,那在我们的直接感受中是非常具体的"美",在人类对它的思维中却变成了一个长期捉摸不定的幻影。

五、美的客观性

美是客观的还是主观的,或者是主客观的统一?这是我们过去争论得很热烈的问题。这种争论似乎引起了一种误解,好像只要回答了这个问题,美的问题就解决了。其实,在还没有弄清什么是美之前,你怎么知道美是客观的、主观的?另外,还有一种误解,好像肯定美是客观的,就一定是唯物主义的,因而也就是正确的。其实,客观唯心主义的美学,如黑格尔的美学也主张美是客观的。再有,主张美是客观的,好像就不能同时主张美是主客观的统一,这也是一种误解。

我认为,只要我们认识了美是人类实践的产物,那么美的客观性问题自然也就不难明白了。究竟应当如何来理解美的客观性呢?简单地谈以下三点。

第一,美的客观性不同于自然物质的客观性,因为美是人类社会历史的产物,不是自然的产物。这是很有必要首先搞清楚的。两者的混淆必然在理论上造成混乱,并使美的客观性问题成为不可解决的,而且还会转到唯心主义方面去。我们说红色是客观的,同说红色的美是客观的,两者的含义并非完全相同。前者的客观性,是讲的自然物的客观性,它在人类社会出现之前就存在着;后者的客观性,是讲的人类社会历史的产物的客观性,它只有在人类社会中才产生和存在。这就像金银作为矿物是自然产物,作为货币是社会历史的产物,两者都有客观性,但含义不一样。我们说美是客观的,是在这个意义上来讲的,即它是人类社会实践的产物,因而是人的意识之外的客观存在,不是意识创造出来的,也非存在于意识中的东西。它可以脱离个别人的意识而存在,但却不能脱离人类社会而存在。把美的客观性混同于自然物的客观性,就会认为在人类之前就已有美的存在,这是说不通的。此外,还会认为美应该像自然的属性那样,不论何时何地,对于任何人都应当是一样的,从而去追求一种超历史、超时代的永恒不变的美、绝对的美,最后走向唯心主义。柏拉图就是因为主张美必须是不受时空条件制约的永恒绝对的美，而到"理念"世界中去找美的。这从他的《大希庇阿斯篇》中已经可以看出来。

第二，我们肯定了美的客观性，当然同时也就肯定了美与丑的区分是有其客观标准，不以人们的主观判断为转移的。但是，我们必须牢牢记住，美是社会历史的产物，不是自然的产物，因而说美、丑的区分有客观的标准，并不是说在人们的社会实践之外存在着一个客观的美，人们对美、丑的判断是否正确，就看它是否符合于这个客观的美。这是一种虚幻的设想，是由于把美的客观性同自然物的客观性混为一谈而引起的。当然，在人们都共同肯定了某一事物是美的前提下，我们可以来讨论我们对它的感受是正确的还是错误的。例如，在我们都共同肯定无产阶级的英雄人物是美的这一前提下，我们就可以来讨论某一文学艺术作品是否正确反映了这种美。但是，我们现在所要讨论的问题是判定某一事物为美为丑的客观标准或根据是什么，而不是判定对一个已被我们共同承认为美的事物的反映是否正确的客观标准是什么。这是两个不同的问题，不能把它们混在一起。现在的问题是：无产阶级的英雄人物为什么就是美的，资产阶级法西斯的反动人物为什么就是丑的？这种区分有何客观的标准、根据？解决这样的问题，能不能假定有一个不以人们的社会实践为转移的客观的美存在，以它为根据、标准来判定事物的美呢？不能。因为这样一种客观的美并不存在。美只能是人的社会实践的产物，人们的社会实践不同，那对他们具有美的意义，被他们称为"美"的事物也就不同。在这个意义上，休谟认为"每个人有每个人的美"，这种说法并不是完全错误的。但从科学认识来说，就不能说真理是人们的社会实践创造出来的，每个人有每个人的真理。在事实上，对于事物的科学认识，特别是对于自然事物的科学认识，如果是错误的，那么经过实验和逻辑证明了它确实是错误的之后，人们就会放弃自己的看法，即使口头上不认错，心里也不得不认错。而对于美的看法却不是这样，我们无法用实验或逻辑的证明来迫使人们放弃他的看法。因为他所认为是美的东西是他所参与的社会实践的产物，是同他的生存和发展不可分地联系在一起的东西。我们要改变他的看法，从根本上说，只有改变他的社会实践，改变他的生活。这样说来，区分美、丑的客观标准不是没有了吗？还是有的。这种客观标准就包含在美的本质之中，弄清了什么是美，也就弄清了什么是美的客观标准。我们说过，美是人的自由的表现。尽管每个人有每个人的美，每个人都认为他的美是人的自由的表现（即使在理论上并没有明确认识到），但有的自由是同人类历史发展的客观必然规律相一致的，它作为人类实践的成果具有不可磨灭的价值，这是真正的自由，也是真正的美；有的自由是违背人类历史发展的必然规律的，它是人类历史发展中的一种假象，不具有客观的历史的价值，这是虚假的自由，也是虚假的美，常常就是美的反面——丑。用什么东西来检验人们所谓的自由是真实的还是虚假的呢？用实践。美是人类实践的产物，它也只有用人类实践这个社会历史的尺度去检验。美所表现的如果是违背人类历史发展必然规律的虚假的自由，那么不论它在一个时期内为多少人所欣赏，随着历史的发展，终究要暴露出它的空虚无物，暴露出它并不是对人的真正的自由的肯定，从而被人类的实践所否定，被人们普遍地唾弃。例如，现代西方资本主义国家的某些艺术家，由于看不到人类历史发展的前途，于是就到反理性、反道德的极端个人主义的感官享乐中去追求人的自由，把表现这种自由的作品称为是美的，或者干脆声称他们根本不需要什么美，但他们的作品仍然是最有价值的艺术品，等等。但他们的这种作品，现在就有人反对，将来更不会留存在历史上,成为人们永远欣赏的作品。历史上曾经红极一时,被许多人认为是了不得的作品,到后来灰飞烟灭,再也无人过问,这种情况多得很。人类历史的发展总是要无情地淘汰掉那些虚假的美,那些貌似美而实则丑的东西。历史的尺度是最客观、最公正的尺度。真正能在人类历史上留存下来,被人们永远珍视的美,只能是符合历史发展要求,真正体现了人的自由的美。这种美,是人类在改造世界的艰苦斗争中所取得的成果,它虽然随着历史的发展而成了过去的东西,但由于它是人类在一定历史发展阶段上所取得的自由的结晶,对后世仍然有着启示、教育、鼓舞的重要意义,所以不论时间过去了多久,它们仍然具有马克思所说的"永久的魅力",为人们所欣赏。这也就是所谓美的永恒性。但我们要注意,这种永恒性不是柏拉图所说的那种超历史、越时空的永恒性;相反,它之所以具有永恒性,恰恰因为它是在人类发展的一个已经一去不复返,但又是必然的阶段上产生出来的。这个特定的、必然的历史阶段使得这种美充分地显示出人的自由的本质,因而永远为我们所叹赏。永恒性同历史性绝不是不能相容的。真正的永恒性,是暂时中的永久,有限中的无限,相对中的绝对。超历史的永恒性,不过是唯心主义者的幻想。总而言之,只有人类的实践才是判别美、丑的最后的终极的客观尺度。康德曾经说过,审美判断的普遍性是一种"主观的普遍性",不同于科学认识判断的"客观的普遍性"。它企图把这两者区分开来,这个看法是深刻的,但康德并没有真正解决问题。在我看来,所谓"主观的普遍性",其实就是人类实践的普遍性,它不同于那不以人类实践为转移的自然规律的普遍性。美是人类实践的产物,因而它的普遍性来源于人类实践的普遍性,而不是来源于与人类实践无关、单纯由自然本身所决定的自然规律的普遍性,也不是来源于康德所说的"先天的共同感"。虽然心理上的共同感不可忽视，但只有从人类实践出发才能得到科学的说明。

第三，我们说美是客观的，这同说美是主客观的统一，两者是一致的。而且，只有在唯物主义的基础上把握两者的一致性，才能真正弄清美的客观性，才不至于把客观性理解为机械唯物主义所说的那种排除了主体能动作用的客观性，也不至于因为强调主体的能动作用而导致唯心主义。我们认为美是人的自由的表现，这就已经肯定了美是主客观的统一。因为，没有主客观的统一，哪里还有什么自由呢？但我们所说的主客观的统一，是在实践基础上的统一，不是由精神活动所造成的统一。这是理解美的客观性的关键所在。首先，由于这种统一是在实践基础上的统一，所以这种统一永远是受着一定历史条件制约的。如马克思早已指出的那样，人的历史虽然是人自己创造出来的，但人是在自己所面临的既定的条件下去创造历史的，他创造历史的活动绝不是随心所欲的活动。"人们每次都不是在他们关于人的理想所决定和所容许的范围之内，而是在现有的生产力所决定和所容许的范围之内取得自由的。"[①]所以，每一个时代都有自己的美，而这种美是怎样的，归根结底决定于一定的历史条件，而不是决定于人们的主观意识。虽然主观意识也起着不可忽视的作用，但不是最后的决定的作用。其次，这种统一是对客观世界的实际改造的结果，因而是一个物质性的、客观的活动过程，而不是精神性的、主观意识的活动过程。仅凭精神的活动，绝对不可能改造客观世界，达到主客观的统一（实践中的统一，而非认识中的统一）。"思想根本不能实现什么东西。为了实现思想，就要有

---

① 《马克思恩格斯全集》第3卷，人民出版社1960年版，第507页。

使用实践力量的人。"①认为凭着精神的活动就可以达到主客观的统一,这是历来一切唯心主义者的幻想。再次,既然主客观统一的活动是物质的、客观的活动,那么这种统一所得到的结果,也就是物质的、客观的,不是仅仅存在于观念中的东西。例如,一张桌子,就是我们制造桌子的主观目的同木材这种自然物质材料两者通过实践(制作桌子、改造木材的实际活动)而达到的统一,这个统一的结果是一个使我们的主观目的获得了对象化的物质存在,绝不是观念的东西。基于上述种种理由,我认为美既是主客观的统一,又是客观的,两者不但不是非此即彼地互相矛盾的,而且是完全一致的。但是,只有在实践的基础上,才能使这两者一致起来,如果以精神的活动为基础,那情况就不一样。客观唯心论(如黑格尔的唯心论)以"绝对精神"为主客观统一的基础,由于这"绝对精神"是独立于任何人的精神而存在的,所以客观唯心论也可以承认美是客观的,但它所谓的"客观"实质上是一种幻想中的"客观",并不是真正作为物质存在的客观。这种幻想,是从客观唯心论者设想有一种独立于人类、在人类之前就存在,并且产生万事万物的精神实体而来的。主观唯心论者把个体的主观精神(情感、欲望、意志、想象、直觉、幻觉等)看作是主客观统一的基础,实际上是把客观的东西看作是由主观精神决定的,因而所谓统一也只是存在于观念中的东西。这一类的主客观统一说,是根本不承认美的客观性的。他们所说的主客观统一,并非主观精神同在主观精神之外的物质世界的统一。在他们那里,即使承认有客观的东西存在,也只是一种假定性的存在,是一种由

---

① 马克思、恩格斯:《神圣家族》,人民出版社1958年版,第152页。

个体的精神产生但又同个体有别的存在物①。

总起来看，我认为说美是客观的，不外是说：第一，美是社会实践的产物，不是精神的产物；第二，各个时代的美都是由该时代的社会实践所决定的，有什么样的社会实践就会有什么样的美；第三，判定美、丑的最终的客观标准是社会实践，只有同人类历史发展的必然规律相一致的美才是真正的美。而这种建立在实践基础上的客观说并不排斥在唯物的意义下了解的主客观统一说，因为实践本身即是一种变主观的东西为客观的东西，使主观同客观达到统一的活动（参见毛泽东同志的《实践论》）。

我对于美的本质问题的一些想法，就讲到这里为止。回顾我们的探讨所走过的道路，我想引用马克思的一段含义极为深刻的话来作为结束：

"共产主义是私有财产即人的自我异化的积极的扬弃，因而也是通过人并且为了人而对人的本质的真正占有；因此，它是人向作为社会的人即合乎人的本性的人的自身的复归，这种复归是彻底的、自觉的、保存了以往发展的全部丰富成果的。这种共产主义，作为完成了的自然主义，等于人本主义，而作为完成了的人本主义，等于自然主义：它是人和自然界之间、人和人之间的矛盾的真正解决，是存在和本质、对象化和自我确立、自由和必然、个体和类之间的抗争的真正解决。它是历史之谜的解答，而且它知道它就是这种解答。"②

美作为人的自由的表现，不正是马克思所说的人和自然、存在

---

① 我这里对主客观统一说的评述，是就历史上的情况而言的。至于我们过去的美学讨论中的主客观统一说，情况并不完全相同，当另行讨论。

② 马克思：《1844年经济学—哲学手稿》，人民出版社1979年版，第73页。

和本质、对象化和自我确立、自由和必然、个体和类（社会）这个"历史之谜"在不同历史阶段上的解决的表现吗？"美之谜"之所以难解，难道不正是因为它是同这个"历史之谜"直接联系在一起的吗？历史上的一切美学家之所以还猜不透它，难道不是因为在私有制社会中这个"历史之谜"是很难看清的吗？如何解决这个"历史之谜"，从而解决"美之谜"呢？只有通过实践。从哲学上看，"美之谜"的秘密最终包含在人类实践之中。但为了更为具体地而非抽象地解决这个"谜"，我们还需要从美的哲学走向美的心理学和社会学。当这三者内在地、有机地融合在一起的时候，"什么是美"这个古老的问题就会变得清晰起来，失去它的"谜"一样的神秘性。但是，对美的本质的探讨永远只能达到相对的真理，因为人类社会的实践是不断发展着的，美也是不断发展着的。就当代的中国而论，千百万人民群众正在进行着的四化建设这一中国历史上前所未见的改造自然和社会的伟大实践，一定会在中国大地上画出最新、最美的画图，最终创造出在共产主义思想基础上把东西方文化的精华融为一体的美。在这个过程中，既有悠久历史传统，又有马克思主义为指导的中国现代美学必将有重大的发展，必将对世界美学做出应有的贡献。

（本文是作者1981年8月在全国第二期高校美学教师进修班所做报告。原载《美学与艺术讲演录》，上海人民出版社1983年版）

美学十讲

第一讲 什么是美学

美学是一门年轻的科学。它是在1750年，德国哲学家鲍姆加登所著《美学》(*Aesthetica*) 一书出版之后，才开始被看作是一门独立的科学，并在18世纪后半期迅速发展起来。但美学是怎样的一门科学？它是研究什么的？这在历史上一直有不同的理解，到今天也还在争论中，没有公认的结论。不过，就美学已经研究和正在研究的范围来看，不出下述三个方面。

第一，美学是一门研究美的本质的科学。美是我们在生活中每天都可以感受到的，但美之为美的普遍的共同的本质是什么呢？为什么极不相同的许多事物都能引起我们的美感？使各种不同事物成为美的原因是什么？美是事物客观具有的一种特殊的属性呢，还是我们的主观意识的产物？这些问题，古代的哲学家就已经提出来加以探讨了。美学开始成为一门独立的科学之后，德国古典美学家从哲学的角度集中地研究了美的本质问题。马克思批判继承了德国古典美学，在他的《1844年经济学—哲学手稿》一书中，第一次从哲学的根本原则上给了美的本质问题以科学的解决。美的本质问题在美学中带有极大的重要性。为了帮助人们树立正确的审美观，区分什么是美、什么是丑；

为了解决艺术创造和欣赏中一系列根本性的问题，今天我们对于美的本质问题，还需要在马克思主义的指导下，继续进行深入的研究。

第二，美学是一门研究审美意识的科学。所谓审美意识，首先指的是美感，其次还包含审美理想、审美趣味、审美标准等一系列问题，总之是一切同我们对美的主观感受相关的问题。美只有通过人们的主观感受才能为人们所感知，而人们对美的主观感受有它的特殊的规律性，有不同于科学认识或日常功利、伦理道德认识的显著特征。例如，你在解答一个数学难题的时候，你的心理活动，同你在欣赏音乐、绘画或看电影、读小说时的心理活动就很不一样。当你考虑把一棵树砍下来可以做什么家具的时候，你的心理活动同你在欣赏这棵树的美的时候也大不相同。对一个人的行为，我们从道德上评价它和从审美上感受它，两者也有区别。美学对审美意识的研究，能够从认识论和心理学上为我们找出审美活动的特殊规律，对于提高人们的审美能力，培养健康高尚的审美理想、审美趣味，树立正确的审美标准，都有重要作用。

第三，美学是一门研究艺术的普遍本质，特别是研究艺术的审美特征的科学。艺术是一种意识形态，它和其他意识形态（哲学、科学、政治理论，等等）相比，有许多不同的特征，但最为重要的本质的特征，在于艺术能引起人的审美感受。所以，尽管有一些美学家认为艺术不在美学研究的范围之内，但相当多的美学家还是认为美学的研究不能脱离艺术，另有一些美学家则认为美学的研究对象就是艺术。在我们看来，艺术是对现实美的一种带有很大能动性的集中反映，同时也是一定历史时代的审美意识的集中表现。这种反映和表现又是物质形态化了的。艺术作品都是用一定的物质材料（如语言、声音、人体动作、色彩、线条、大理石等）造成的可供欣赏的审美对象，并且具有重要的社会功能。所以，美学研究虽不能局限在艺术的范围内，但也不能脱离艺术这个十分重要的对象。我们的美学研究应该更加紧密和深入地同艺术的创造、欣赏和批评结合起来，努力促进我们的社会主义文艺发展。

美学同社会的精神文明有着直接的密切的关系。任何一个社会的精神文明都和真、善、美分不开。这三个方面既有区别，又是不可分地统一在一起的。一个社会的审美理想、审美趣味是高尚还是卑下，丰富还是单调；审美能力是锐敏还是迟钝，精细还是粗陋，是衡量社会精神文明发展高度的一个重要标尺。高尚的道德风尚同高尚的审美观念是不能分离的。为了建设社会主义精神文明，我们需要学习、研究美学，并使美学普及到广大群众中去。我们的美学研究，应该同人民的生活相结合（但要防止简单化、庸俗化），在建设社会主义精神文明中发挥它应有的作用。

第二讲　什么是美

为了建设社会主义精神文明，我们需要树立正确、高尚、进步的审美观。而要树立这样的审美观，就需要从理论上搞清楚什么是美。但这个问题恰好是美学中一个极为复杂困难的问题，很早就被人比作是一个"谜"。为了解答这个"美之谜"，不知有多少美学家绞尽了脑汁。但直至目前为止，仍然众说纷纭，莫衷一是。这篇短文所讲的，只是笔者个人的一些供参考的意见。

凡是我们称之为美的东西，都是在我们的意识之外存在着的一个对象，而且是一个感性具体的对象，具有鲜明的形象性和个性。我们对它的美感就是由它所具有的各种生动、具体、形象的属性所引起的。例如我们对一朵花的美感，就是由花的形状、颜色、姿态以至香味等所引起的，花的美不能脱离它客观具有的各种属性而存在。美只能存在于感性具体的现实世界之中,这应该是唯物主义在美学上的一个基本的出发点。那么,客观事物所具有的属性何以能够引起我们的美感呢?历史上有一派美学家很早就企图通过经验的观察,从物所具有的各种属性中去把美找出来,把美规定为某些能够引起美感的特殊属性。但这种做法碰到了一个很大的困难,那就是所找出的美的属性无法说明千变万化的事物的美。例如18世纪英国经验派美学家柏克找出了美的事物所必须具备的七种属性,但这些属性并不能普遍地说明一切事物的美。如他认为"光滑"是美的事物所必须具备的一种很重要的属性,但事实上并不是所有光滑的东西都美。这种企图从物的属性中去找寻美的做法遭到了另一派美学家的尖锐批评。他们从根本上否定了这种做法,转而从精神、意识中去找美。他们或者认为美是某种神秘的"绝对理念"的表现,或者认为美是审美主体的直觉、幻觉、下意识的欲望、情感……的表现。如主张"感情移入说"的德国美学家里普士认为,一朵花之所以产生了美,是由于我们把自己的感情移入或投射到了花的上面,使花成了我们的感情的生动体现。这一类美学家对于美的具体说法虽各有不同,但他们都认为美不是单纯的物理事实,而是某种精神性的东西的表现。这种看法,把美说成是精神、观念、意识的产物,否认美是现实生活中的客观存在,我认为是违背事实的,因而是不正确的。但他们认为美同人的主观方面的精神、意识有关,美是某种精神性的东西的表现,这却是一个深刻的思想。例如,拿红色来说,当我们把它作为物理学研究的对象来看的时候,它同我们主观方面的思想感情没有什么关系,只是一种单纯的物理现象。但当我们把红色作为审美的对象来看的时候,它立刻就同我们主观方面的思想感情不可分地联系在一起,具有了某种精神上的意义。作为审美对象来看的红色,经常表现某种热烈、奋发、昂扬的感情,在许多情况下还成为革命的象征。如我们欣赏五星红旗的美,这红旗所具有的红色就已不是一种单纯的物理现象,它同时还具有一种同我们的革命斗争相联系的情感内容和精神意义。

这样看来,一个美的对象,既是在我们意识之外客观存在着的感性具体的对象,同时又是一个表现了人的主观方面的某种情感,具有某种精神意义的对象。我认为这样说比较符合实际。问题在于:第一,客观的事物何以能成为人的情感的表现,具有精神上的意义?第二,一个美的对象所体现的情感、精神是什么样的一种情感、精神?因为并不是任何一种情感、精神的体现都能成为美的。回答了上述两个问题,我认为美是什么这个问题也许就大致可以解决了。

客观的对象怎么能够表现人的思想感情,具有精神意义呢?这是由于人在长期的历史的实践中改造了周围世界,使各种事物同人的物质生活和精神生活发生了密切联系的结果。例如,红色之所以常常表现出一种热烈兴奋的感情,这和人们在生活中对火焰、太阳等红的色彩的感受有关,也和远古以来人们在战斗中的流血牺牲分不开。红色之所以常常成为革命的象征,一个重要的原因,就在于革命的进行和取得胜利需要有不怕抛头颅、洒热血的勇敢牺牲的精神。当然,红色所表现的感情并不是在任何情况下都是美的,更不是在任何情况下都是革命的象征。同样是红色,在某些情况下它所表现的情感是美的,在另一些情况下却只能给我们以恐怖、肮脏、丑恶的感觉。这一方面是由于生活中各种具有红色的事物在不同的情况下同人的生活的联系是不同的;另一方面还由于一个美的对象虽然表现着某种情感,但并不是任何情感的表现都能成为美的。英国美学家罗斯金说过一句很有意义的话:一个少女能够为她失去的爱情而歌唱,但一个守财奴却不能为他失去的金钱而歌唱。从古至今，没有哪一个守财奴能把他失去金钱的痛苦感情写成一首美丽动人的诗。

在一个美的对象上所表现出来的感情究竟是怎样的一种感情？审美的和非审美的感情的区别何在？这是美学家至今还没有完全解决的问题。我的初步见解是：审美的感情是人们看到了自己的自由或理想获得了实现而产生出来的一种精神上的愉快感情。这里所谓的自由，绝不是任意胡来、为所欲为的意思，而是人们在实践中认识、掌握和支配了客观世界的必然性的结果。具有自觉能动性的人类，从来不愿做客观必然性的奴隶，总是力求通过自己的实践去掌握和支配客观必然性，使各种和人类的生存、进步、发展相关的目的获得实现，从客观世界取得自由。然而自由的实现却不是一件轻而易举的事，它要求人们必须发挥出他所具有的创造的智慧、才能和力量去克服种种困难，有时还要付出巨大的牺牲。正因为这样，当人类支配了客观的必然性而取得自由的时候，他不仅达到了自己的某个目的，满足了某种实际需要，而且还会产生一种精神上的愉快——由于见到人通过自己的创造性活动支配了客观必然性而产生出来的愉快。德国美学家康德曾经把美的愉快称之为"自由的愉快"，这是把握住了表现在一切美的对象上情感所具有的本质特征的，虽然康德对自由与必然的关系还缺乏正确的认识。守财奴失去金钱的痛苦感情的表现之所以不能成为美的，就在于它是一种动物式的自私的感情，从中我们看不到人的自由，因此这种情感的表现不能成为美的艺术。

审美的经验告诉我们，在我们感受到美的时候，经常觉得无拘无束，入迷而出神，好像同我们所欣赏的美的对象融为一体，合而为一了。这是人的自由同客观外界的必然性两者的高度统一在人的情感心理上的反映。而这种统一的达到，是人的创造性的实践活动的产物。

从最高的哲学概括来看，美是人类改造世界的历史成果，是人在实践创造中取得的自由的感性具体表现。

第三讲 形式美

美的现象虽然无限多样，但经过分析，可以划分为若干基本形态。美学史上早就有一些美学家进行过这种划分。我认为从相对于艺术美的现实美来说，美大致上可以划分为形式美、精神美、自然美三种基本形态。我们现在从文明礼貌的角度提出来的"四美"，都同美的这三种基本形态密切相关。

形式美指的是客观世界的自然物理属性所具有的美。它又可以划分为两大类，一类是诉之于听觉的声音的美。如歌唱家的歌声，乐曲的节奏，诗歌的韵律，人的语声、笑声以至大自然中的各种音响，听起来是否悦耳，都属于听觉的形式美问题。另一类是诉之于视觉的形状、颜色、线条、空间等的美。如一种花卉，一个贝壳，一种动物，一件家具，它的形状色彩看起来是否悦目，这都属于视觉的形式美问题。形式美是我们在生活中最为直接和大量经常地感受到的。

形式美来源于人改造世界的实践。人要改造客观世界，使之符合于人的愿望、要求、理想，他就必须利用和改造事物的各种自然物理属性，找到或赋予它以一种合乎人的目的的形式。例如，在原始社会，要制造一把石斧，就必须从各种石头中找到一种质地坚硬的石头，并使它具有一种合乎使用目的的形状，把它的表面打磨光滑，并造成一个锋利的刃口，等等。由于这石斧是人类劳动的成果，因此我们今天在历史博物馆中看到它的时候，它那坚硬的质地，光滑的表面、合乎规律的平衡对称的形状等自然物理属性就引起了我们一种精神上的愉快———一种由于见到远古劳动人民创造的智慧和才能,见到人类支配自然的力量而产生出来的愉快。这种愉快从本质上看就是美感,而我们称之为美的石斧所具有的各种自然物理属性,就是人支配自然的力量,也就是人的自由在石斧上的感性物质的表现。还有不少事物,人类虽然没有从形态上直接改变它们,但由于人类在生活中对它们的占有和利用,同样是人类征服自然,从自然取得自由的结果,因此它们所具有的某些自然物理属性也对我们产生了美的意义。如老虎这种猛兽的形状、色彩以及它所显示出来的勇猛的力量之所以使我们感到美,是从远古以来,人类依靠自己的勇敢和力量征服了老虎,使它不再对人的生命造成威胁的结果。因此,我们可以说人类对老虎的美的欣赏,其实就是人类对自己支配自然的力量的欣赏。诉之于听觉的形式美同样来源于人改造世界的实践,它是同人的生产劳动以及其他生活活动相联系的人的自由的情感在声音上的表现。如劳动中有节奏的号子的美,就是同劳动中的协调动作以及人在劳动中战胜自然的欢乐、自豪的情感分不开的。许多音乐美学家都指出过音乐是情感的语言,而音乐所表现的情感是人在改造世界的实践中所体验到的自由的情感,并且经常是同人体的合规律的自由的动作联系在一起的。一切我们今天称之为美的形式最初都起源于生产劳动,但在漫长的历史过程中,这些形式逐步地摆脱了它同个别、具体的生产劳动的联系,越来越获得了广泛的、普遍的意义,成为肯定人的自由的一般形式,并通过审美与艺术创造、欣赏的活动而普遍地为人们所认知。因此,我们今天在感受到形式美时,完全可以不去想它最初同某一具体生产劳动的联系。

由于形式美是自然物理属性所具有的美,而自然物理属性的状态又经常同人的生理上的愉快或不愉快密切相关,所以形式美同人的生理上的快感有很为直接的联系。但我们对形式美的美感又不是单纯的生理快感，它已经超出单纯生理快感而具有精神上的意义。越是高级的形式美，越是渗透着社会的人所具有的高尚情操。人们都希望自己周围的一切事物具有赏心悦目的形式美，这种愿望是完全合理的。但要取得形式美，既要有高尚的情操，又要懂得形式美的一些基本规律（如单纯一致、平衡对称、多样统一等）。把形式美混同于动物生理的快感，一味追求生理官能的刺激，或喜好破坏形式美规律的"新奇"，这都不利于提高我们对形式美的美感。至于形式美同人的精神美的关系，我们将在第四讲再说明。

第四讲　精神美

精神美是人的自由在人的精神品质上的感性具体表现，它同人与人的社会关系密切相关。

人是一定的社会关系的总和，人的自由只有在他同别人的社会关系中才能实现，但社会却又是不以任何个人的主观意愿为转移的。特别是剥削阶级统治的旧社会，它常常无情地拒绝个人的自由发展的要求，甚至把个人投入毁灭的深渊。因此，生活于一定社会关系中的个人为了求得自由发展，就必须联合起来去改造那压制着人的自由发展的社会，使社会的发展同个人的自由发展统一起来，从社会取得自由。然而，社会的改造经常要遭到各种反动、腐朽、落后、保守的社会势力的强烈抵抗，这就要求一切进步的、革命的人们必须充分发挥出自己的聪明才智去战胜各种困难，同阻碍社会发展的各种势力进行坚忍不拔的，甚至是殊死的斗争。正是在这种斗争里，我们看到了人改造社会、从社会取得自由的强大的力量，同时也就看到了人的精神美。人在改造社会的斗争中感性具体地表现出来的卓越的智慧、崇高的感情、坚强的意志，就是人的精神美的三个基本方面。而构成人的精神美的本质的东西，又在于个人把他的自由的实现同某种进步的、革命的、崇高的社会理想的实现不可分地联系在一起，把实现这种理想看作是自己全部生命价值的所在，在任何巨大的困难面前都决不屈服后退。例如，雷锋的不朽的精神美就在于他自觉地把为实现共产主义的理想而斗争看作是他的全部生活一刻也不能离开的目标，并且不顾一切地去追求实现这个目标。个人的自由的实现同社会的进步发展这两者之间的不可分的统一，是人的精神美的核心所在。

社会的改造是多方面的，人的精神美也是多方面的。它既表现在破坏一个旧社会的血与火的斗争中，也表现在建设一个新社会的艰巨的、看来又常常是平凡的工作中；既表现在对一切腐朽反动势力的烈火般的仇恨中，也表现在进步、革命的人们之间无私的爱之中。马克思在讲到工人阶级的精神品质时说过："人与人之间的兄弟情谊在他们那里不是空话，而是真情，并且他们那由劳动而变得结实的形象向我们放射出人类崇高精神之光。"这正是工人阶级在团结战斗中所表现出来的精神美。

人的精神美在从古至今许多伟大的文学作品中得到了最为充分的表现，读来使人赞叹不已。所有这些作品对不同历史时代的先进人物、英雄人物的成功描绘，就是人类在改造社会的漫长斗争中表现出来的精神美的一幅连续不断的、宏伟的历史画卷。中国文艺历来高度重视对人格精神美的表现，这是中国美学和文艺的光辉传统。

精神美高于形式美，这是古希腊哲学家和美学家柏拉图在他对美的等级排列中明确提出来了的。比柏拉图更早，自孔子以来中国美学也把精神美摆在最高地位，并且很少有柏拉图那种唯心神秘色彩。

精神美之所以高于形式美，在于它比形式美具有更重大、更深刻的内容，更能充分显示人之所以为人的自由的本质。人的精神美同外部形体的形式美有时是统一的，有时又是不一致的。在精神美而形式丑的情况下，精神美能够压倒形式丑而放射出自己的光辉，有时甚至使我们觉得它克服和战胜了形式的丑。在形式美而精神丑的情况下，形式美会因为精神丑的暴露而丧失它的价值。所以孟子说："西子蒙不洁，人皆掩鼻而过之"。鲁迅说："我诅咒美而有毒的曼陀罗华。"

第五讲 自然美

自然美指的是自然界的美，包括单个的自然物（如花、鸟、虫、鱼之类）和人类所生活的整个自然环境的美。这种美是人改造了自然的产物，是人从自然取得的自由在自然界各种事物上的感性物质的表现。当自然还是一种不可制服的力量威胁着人的时候，自然对于人是不会有什么美的。夜晚住在树上，被周围成群的野兽威胁着的原始人，决不会感受到王维所描写的"明月松间照"的美。只有当人类把自然逐步改造成了人类可以自由地活动和安居的家，自然在一定的范围和程度上与人达到了和谐统一，自然对于人才产生了美。

我们说自然美是人改造了自然的产物，这里所说的人对自然的改造应当广义地理解为人对整个自然的征服、支配、占有，而不应狭隘地理解为人对自然界中的每一种事物都要直接从形态上去加以改造。如对于太阳，我们不可能从形态上去直接改造它，但只要我们认识了太阳同人类生活的关系（最初是直接同农业生产相联系的），能够利用它有益于人类生活的方面，避免它有害于人类生活的方面，我们也就初步支配了太阳这种自然物。而这种支配，就逐步使太阳对人产生了美。在我国古代神话"后羿射日"中，那带来了大旱，晒焦了大地的草木，威胁着人类生存的太阳并没有什么美。但到了战国时期，在《楚辞》的《东君》中，太阳却成了被赞美的对象，它被想象为一个每天勤劳地驾着车子在天上行走，不断给人类带来光明和幸福的和悦可爱的神。这种对于太阳的美的感受，无疑同我国古代农业生产的发展，人对自然的支配力量的提高分不开。

所谓人对自然的改造，还要作为一个历史的过程来了解。人们常常以为人的自然形体的美完全是天生的，实际上人体是在漫长的劳动过程中得到改造而逐步成为美的，又经过生理遗传一代一代传了下来。如皮肤的光滑常常被看作是人体美的一个条件，但在从猿到人的过程中，人体开始并不像现在这样光滑，而是长着许多毛。再如人手的美同它的灵巧分不开，而人手的灵巧正是人类进化过程中长期劳动的产物。只要我们去追溯考察各种事物的美同人类改造自然的实践的关系，就会看出自然美是人类改造了自然的产物。可是，由于单个的人常常意识不到他所生活的自然是人类在漫长的历史中改造了的自然，因此某些美学家就把自然的美看作是天生的，同人的实践活动没有关系。这是一种缺乏历史观点的错误看法。

人类对自然美的独立的欣赏比对形式美、精神美的欣赏要晚得多。自然美不同于形式美和精神美，但它又把形式美和精神美包含到了自身之中。如一棵松树，就它的形状色彩的美来说是形式美，就它象征着某种坚强不屈的人格来说又体现了精神美。而自然物之所以能成为某种精神道德的象征，那原因是在历史的过程中，自然不但同人的物质生活发生了关系，而且还同人的精神生活发生了关系。人不但按照物质生活的要求去改造自然，而且还力求要使周围的自然物同人的精神生活协调起来。如我国苏州等地的园林建筑，建筑师们在设计时都十分注意使园林的自然环境同人的精神生活的理想相协调。一般说来，在自然美中，形式美的因素占着重要地位，大自然中一切使我们感到心旷神怡的东西都同形式美有关。但对于自然美的较高级的欣赏，并不停留在感官愉快上，而能够从中体验到某种和人生相关的较深刻的精神内容。

自然美的欣赏能够在无形中培养人们的高尚情操，唤起和增强人们对自己的家乡和祖国自然山水的爱，以及保护自然环境的意识。例如，一个懂得欣赏和热爱自然美的人，是决不会去干最近新闻报道中说的那种开枪射杀白天鹅的蠢事的。所以，在美育中，自然美的欣赏有着不可忽视的意义。

第六讲　美的客观性

美是主观的还是客观的？这是美学史上一直在争论的问题。

我认为美是客观的。这首先是因为美不是人的主观意识活动的产物，也不是什么在人类之前就存在着的所谓"绝对精神"的产物，而是人改造世界的实践活动的产物。拿花的美来说，如果脱离人类改造世界的实践去孤立地加以观察，就会以为花的美是欣赏者的情趣、心境、爱好、联想的产物。而实际上，离开了人改造世界的实践，花对于人就不会有什么美。原始艺术史的研究告诉我们，完全不懂得农业，只知以狩猎为生的原始氏族，即使住在花草繁茂的地区，他们对于花也毫无兴趣，感受不到什么花的美。在他们的器物装饰画和洞窟壁画中找不到植物的形象，而只有动物的形象。人类从花的身上感受到了美，是人类学会了农业，整个植物界同人类的生活直接发生了密切关系以后的事。在这之后，不同的人对于花的美之所以有不同的感受，归根到底仍然是为人们的生活实践所决定的。不同的生活实践使人们的生活同自然发生了不同的关系，因而使包括花在内的各种自然物对于人们产生了不同的美的意义。我们只要仔细地加以分析，就会看到任何一个人所感受到的花的美或其他自然物的美，都不是他的意识创造出来的，而是他参与其中的一定的社会实践创造出来的。不论意识在审美中的作用有多么大，它都不能直接创造客观现实的美，而只能反映人们在实践中创造出来的美。但这里所说的反映，当然不是简单的摹写。

其次，美之所以是客观的，还在于美是人的自由的实现，而真正的自由，只能是人按照对客观规律的认识去改造世界，支配了客观必然性的结果。因此，真正的美是同人类历史发展的必然规律相一致的，它经常同进步的、革命的阶级或社会集团的理想联系在一起。相反，一切腐朽反动的阶级或社会集团所追求的自由是违背历史发展的客观必然的，并不是真正的自由，因此他们所谓的美从人类历史的发展来看，或者是十足的丑，或者具有某种外在的美的形式，而内容却是空虚腐朽的。虽然在一定的条件下，这种所谓的美也可能得到一些人的欣赏，但它终究要为历史的发展所否定，被绝大多数人所抛弃。只有合乎历史发展必然的人的自由的实现，才是人类历史上永存的美。因为这种美是人类在前进的道路上所取得的历史成果，它凝结着人类的智慧、力量和理想，不但能给我们真正美的愉悦，而且能够启示和鼓舞我们去为推动历史的前进，创造更加美好的生活而斗争。人类改造世界的实践是判定美丑的最后的标准。古往今来人们所说的一切美，都不可避免地要受到人类历史实践的检验而决定它们是否真正的美，是否在人类历史上有其长远存在的价值。

有些美学家认为美既不是客观的也不是主观的，而是主客观的统一。对于这种说法，应作具体分析。如果所谓主客观的统一是由实践所达到的统一，是人改造了客观世界的结果，那么这种说法同我们所主张的美是客观的说法并没有什么矛盾，而是一致的。因为实践就是毛泽东同志曾经指出过的"变主观的东西为客观的东西"，使主观与客观达到统一的活动。然而，主观的东西一旦通过实践变成了客观的东西，它就是在人的意识之外的客观存在了。所以，美作为实践的产物，既是主观与客观的统一，同时又是客观的。相反，如果离开实践去讲主客观的统一，把这种统一看成是精神意识活动的结果，那就同唯心主义者认为美是主观的说法在本质上没有什么区别。

第七讲 真善美的联系与区别

真同美和善是互相区别而又不可分地联系在一起的。我们要透彻地了解美的本质，不可不研究真善美的联系和区别。

什么是真？我认为从客观世界来说，真指的是客观事物的存在及其发展的必然性、规律性。美不能脱离真，因为美是人改造世界的产物，是人的自由的实现，而自由的实现一点也离不开人对客观事物的必然规律的掌握。就拿一张桌子来说，如果人不认识木材的性能，不懂得如何通过劳动改变木材的形态使之符合于人的使用目的，那就不可能把一堆木材变成一张具有形式美的桌子。马克思说过："劳动是活的、塑造形象的火。"而这种塑造是以对客观事物的必然规律的掌握为前提的。但是，客观事物的规律本身，当它还没有在实践中为人掌握和运用的时候，它并无美丑可言。例如，平衡对称是数学上研究的自然规律，它本身并无美丑可言，我们也不能说一切符合这一自然规律的事物统统都是美的。但当这一规律为人所掌握，并运用到劳动工具、日用器皿、房屋舟车的制造上，使之巧妙地适应于人的某种目的，这时它就因为体现了人的智慧和才能，成为人的自由的感性现实的肯定,而具有美的意义了。所以,一切美的东西都是合乎规律的,但单纯的合规律性还不是美。美是客观规律与人的目的,合规律性与合目的性的高度统一。在一个美的对象上,规律与目的不是互相对抗,而是融为一体,不可分离的。合规律的运动自身即是目的的实现,目的成了规律内在的灵魂。我们常用"自然天成"、"不露斧凿痕"来称赞一件艺术品的美,这就是说它虽然是人工制造出来的,却又好像是天然生成的,达到了合目的与合规律的高度统一。

什么是善?历来有种种不同的理解。我认为从马克思主义的观点来看,真正的善(也就是合乎道德)是个人的特殊利益同社会的普遍利益两者的统一。如果个人的特殊利益的满足违背了社会的普遍利益,那就是恶,不是善。反过来说,如果社会的普遍利益是脱离个人利益,在根本上同个人利益相敌对的东西,那么这种普遍利益就是虚假的,它同样是恶而不是善。由于个人的发展一刻也离不开社会,所以善作为个人的特殊利益与社会的普遍利益的统一来看,其本质也就是自由。正因为这样,美始终离不开善。不论在中国或西方古代的美学中,善常被用做美的同义语,善即是美,美即是善。但美究竟又不同于善。善所注意的是个人的行为是否符合社会的普遍利益,它是通过冷静的理性分析来判定的。而美所注意的却是个人如何通过他的创造性的活动和努力使善得以实现,它是通过充满感情的观照、欣赏来把握的。善的实现过程也就是社会的改造和建设的过程,它要求个人必须用坚强的意志去克服摆在自己面前的种种困难,有时甚至要献出自己的生命。当善的实现感性具体地显示出人改造和建设社会的智慧和力量时,人们的行为就不仅会引起我们的敬重,而且会引起我们的赞叹,于是善的同时也就成为美的。最高的善的本质在于自由,而自由的实现又不能脱离对客观必然规律的掌握，换句话说，不能脱离真。从这个意义上，我们又可以说美是真与善的统一。而这个统一之所以成为美，完全在于它是人的创造性的实践的结果。美是在这种创造性的实践活动中感性具体地表现出来的人的自由，善则是这种活动同社会的普遍利益的一致。

在现实生活中，美同真和善是不可分离的，是同一事物的三个不同方面。例如，葛洲坝水电站的建设，从它符合自然界的客观规律来说是真，从它符合广大人民的利益来说是善，从它是千百万人民忘我的创造性劳动的结果来说是美。脱离真和善去追求美，这种美将是徒具形式的空虚的东西，甚至是庸俗丑恶的东西。我们的文艺作品应当力求做到美与真和善的完满统一，防止脱离真和善去孤立地追求美。

第八讲　美感的特征

美虽然是客观的存在，但它要为人所感知，却一刻也离不开人的审美感受（美感）。所以，研究人对客观世界的审美感受的规律性，是美学的一个重要课题，并且是一个涉及不少科学部门的复杂课题。这里我们只简略地说一说美感的几个显著特征。

美感的第一个显著特征，在于它带有突出的直观性，经常表现为一种不加思索的直接感受。我们判定一个东西是美的或丑的，不需要按照某些既定的概念进行一番复杂的分析证明之后再作结论。英国美学家柏克说过："美的出现引起我们一定程度的爱，就像冰块和烈火之产生冷或热的观念一样灵验。"但是，美感的直观性并不意味着在审美的时候概念、思维、理论统统不起作用。相反，在我们对美的直观里潜伏着各种复杂的理性认识，只不过在长期的生活实践中，它已经渗透到了我们对各种事物的情感态度里，因而审美的直观，就显得好像是不加思索的了。例如，当我们不加思索地直感到五星红旗的美时，其中就有我们在长期中对中国人民革命的理性认识在起作用，而且这种认识越深刻，我们对五星红旗的美的感受也就越深刻。否定美感具有直观性是错误的，因为它取消了美感的特点，把美感等同于一般的科学认识。相反，否认美感中有理性认识在起作用，把美感说成是非理性的欲望冲动或神秘的直觉的产物，同样是错误的，并且不利于审美与艺术的健全发展。

美感的第二个显著特征，在于它交织着情感和想象。中国古代美学中所谓的"神与物游"，"登山则情满于山，观海则意溢于海"，就是对这一特征的生动描述。情感和想象在科学认识中固然也起着不可忽视的作用，但它只是导向抽象的理论认识的一种辅助手段；而在美感中，情感和想象却是在它们交互作用和活跃的展开中导向对客观的美的欣赏和体验，从而使我们的性情得到陶冶。当然，在美的欣赏中我们也能够获得对客观真理的认识，但这种认识就内容来说，只限于同人的自由的实现相联系的生活的真理，而不是任何一种真理，如物理学中的某个定理；就认识的方式来说，又是感性具体的而不是抽象的，并且同我们主观的情感态度不能分离。从对于真理的认识来看，审美不但使我们在生动具体的形态中认识生活的真理，而且还能够激起我们对真理的热爱，推动我们去为真理而斗争。例如，我们在看了《白毛女》之后，不但生动具体地认识了中国人民只有在共产党领导下，同反动派进行坚决斗争，才能获得自由解放这条真理，而且还会被这真理深深感动，激起我们向一切反动势力做斗争的强烈感情。审美所产生的这种认识作用是一般的科学认识所不能代替的。

美感的第三个显著特征，在于它不是功利欲望的直接满足。我们所欣赏的不少美的东西，例如各种各样的花，我们欣赏它的美，并不是因为它有什么实际用途，能带给我们什么功利欲望上的满足。有些美的东西，例如一座宏伟的铁桥，虽然具有功利实用的价值，但当我们把它作为美的对象来欣赏的时候，它之所以美决不仅仅在于它所具有的功利上的价值，而在于从这种功利价值的创造中所显示出来的人的智慧、才能和力量。所以，我们在欣赏一座宏伟的铁桥的美时，并不去考虑它有多少经济价值、造价有多高这类问题。如果我们对一切事物都仅仅从功利实用的观点去看，那就没有美的欣赏。但是，人类之所以珍视欣赏一切美的东西，又无不是因为它们对于人类的进步发展有利、有益。从这个方面看，审美不是超功利的。但所谓有利、有益，并不是说审美能直接给我们带来什么功利欲望的满足，而是说它能够激发人对生活的热爱，唤起人对理想的追求，丰富人的智慧，使人摆脱各种卑微的个人私利欲望的束缚而变得心胸开阔、情操高尚起来，从而有利于整个社会的进步发展。借用我国古代杰出的哲学家和美学家庄子的话来说，审美的功用是一种"无用之用"，但却有着不可忽视的"大用"。狭隘的功利主义者对美采取蔑视、否定的态度，是完全错误的。

第九讲　审美理想和审美趣味

和人们对客观世界的审美感受（美感）紧密相联，有两个重要的东西：一个是审美理想，一个是审美趣味。

人们的审美感受总是受着一定的审美理想支配的，不可能越出人们在一定的时间条件下所具有的审美理想。例如，由于审美理想的不同，对于梅花的美，今天一个革命者的感受就和古代的隐逸之士的感受很不相同（虽然在对梅花的自然属性的美的感受上会有某些共同的东西)。一个人的审美理想如果是庸俗腐朽的,那么在他看来是很美的东西,实际上却是很丑的东西。

审美理想同人们的世界观不能分离,它归根到底决定于一定时代、民族、阶级、国家、社会的物质生活状况,人与自然和人与社会的关系,以及人们在一定社会关系中所处的地位。但审美理想又不同于一般的世界观,它是人们所追求着的某种完满的美的境界,具有诉之于情感和想象的生动的形象性和无穷的多样性。它不是仅靠几条抽象的原则所能规定的,也不是某种固定的模式。如古希腊人崇尚健美的理想,表现在他们许许多多风格各异的雕塑中,并不存在一个关于健美的人体的简单模式。历史上有一些美学家曾经企图把某种美的理想确立为一个固定不变的模式,这种做法是错误的、有害的。

审美理想是人们在长期生活实践中逐渐形成的,并且同人们的文化教养有密切关系。培养人们健康高尚的审美理想,是审美教育的一个很重要的方面。但决定人们审美理想的最重要的东西,是人们的生活实践。例如,一个人如果在生活实践中从未感受过或根本感受不到无产阶级和劳动人民的生活和斗争的美,那么再高明的审美教育也很难使他具有革命的审美理想。革命的审美理想的形成是同人们的生活实践分不开的。

审美趣味是人们在审美中的个人爱好差异的表现。和科学认识不一样,人们对客观世界的美的感受经常表现出个人爱好的差异,而且这种差异的存在被认为是完全合理的,所以西方有"谈到趣味无争辩"这样的谚语。例如,在科学上,人们对梅花的生长规律的正确认识,决不会因人们的爱好不同而不同,但对于梅花的美的感受却经常是因人而异的。其所以如此,是由于美作为人的自由的实现,丝毫不排除人们千差万别的个性。因为否定了人的个性,也就否定了人的自由。所以，不论美的欣赏和创造，处处都同人们的个性分不开。由于种种社会原因以及天赋的气质、性别、年龄、经历而具有不同个性的人，他们在美的欣赏上必然要表现出个人爱好的差异。可是，美的欣赏虽然同个性分不开，却不能认为任何一种个性都是合理的、正当的。唯一正当合理的个性，是同社会的前进发展相一致的个性。同这种个性相联系的审美趣味越多样越好，它们各有其存在的价值，的确是用不着争论的。但对于那种同不正当、不合理的个性相联系的审美趣味，却完全需要而且应该进行争论。实际上，从古至今这种争论就不断地在进行着，进步高尚的审美趣味同庸俗腐朽的审美趣味之间的斗争从来就没有停止过。这是因为人们在审美上的个人爱好不同于生活上的某些个人爱好（如喜欢吃什么口味的菜之类），它在个人爱好的形式中包含有普遍必然的社会内容，同整个社会的精神风尚密切相关，而不是仅仅同个人相关。

审美趣味的高下，从个人来说，是判定一个人的审美修养如何的准确标志；从社会来说，是判定一个社会的精神风尚如何的重要标志。所以，培养人们高尚的审美趣味，是审美教育不可忽视的一个重要方面，它同建设社会主义精神文明密切相关。

第十讲　评几种不正确的审美观

在日常生活中，有一些常见的不正确的审美观。试举几例如下。

"看起来使我感到舒服的就是美。"这种看法把感觉上的舒服作为美的标志，会导致把美感混同于快感。虽然生理的快感常常是美感的必要条件，但不能说美感就是快感。如抓痒可以引起快感，但不能说引起了美感。又如用一种下流的眼光去看一个健美的女性的身体或一幅画女人体的名画，所得到的就是一种动物生理的性的快感,不是美感。一切低级趣味的审美观的一个重要特点,就是把生理的快感视为美感,把肉欲的满足视为美的享受。我们不否认美感常常伴随着生理的快感,但美感已超出了生理的快感,具有了社会精神的意义。把美感降低为单纯的生理快感,并且在"美"的名义下去竭力追求这种快感,那结果只能导致生活的腐化。

"凡是新奇的就美。"新奇的东西的确可以有美。如一种别出心裁的时装设计,只要它是符合美的规律的新创造,那就是美的。认为我们的服装、家具、建筑等必须永远因袭一种既定的形式,千年万代不许改变,这是毫无道理的,荒谬的。就是自然界的美,有的也同新奇有关。如石林,岩洞中的钟乳石的美就是这样。问题在于真正有价值的新奇之美是符合于美的规律的新发现、新创造,不是破坏美的规律的倒行逆施,胡搞一气。所以,不加分析地把美等同于新奇是不对的。更何况有许多并无新奇之感的东西同样可以很美,而且真正的新奇之美并不是但求引人注目而矫揉造作的。

"生活阔气就是美"或"有钱就是美"。讲美要有一定的物质条件,这是不能否认的。从马克思主义的观点来看,人的全面自由的发展也必须以生产力的高度发展,社会财富的不断增长为根本条件。但美就其本质而言是人的自由的实现,所以美又并不是处处都同物质生活的富裕成正比。因为在不少情况下,例如在剥削阶级占统治地位的旧社会,物质生活的富裕常常是以牺牲人的自由和尊严为代价取得的,它不是人的自由的肯定,而恰恰是人的自由的否定。物质上富裕的生活,只有当它同勤奋的劳动、高尚的精神、合理的社会结合在一起的时候,才可能真正成为美的。如果物质生活的富裕带来了精神生活的空虚,使人成了金钱所支配的奴隶,这时个人即使在最奢侈豪华的生活中也感受不到生活的美,甚至会走上悲观厌世的道路。这在西方资本主义世界早已是众所周知的事实。从我们今天来说,我们既要努力使广大人民过上富裕的生活,又要努力使物质生活水平的不断提高和马克思主义所说人的全面自由发展统一起来。充分意识到这一统一的重要性并努力去实现它,这正是我们的社会主义社会的优越性所在。

美是人的自由实现,但只有在进入共产主义社会之后,人类才能在充分的意义上实现人的自由。正如恩格斯所说的,到那时,"人终于成为自己的社会结合的主人,从而也就成为自然界的主人,成为自己本身的主人——自由的人"。因此,只有共产主义社会才是人类历史上最美好的社会。不论达到这个社会的路程是如何的遥远和艰难,人类终将不断朝着这个伟大的目标前进。我国新民主主义革命和社会主义革命的辉煌胜利以及当前正在胜利进行的"四化"建设,都是在为最终实现这个伟大的目标创造条件。在这个过程中,我国人民已经和正在不断地创造出一切剥削阶级统治下的社会所不可能有的美,就像毛泽东同志曾经指出过的那样,正在描绘着最新最美的画图。

(本文系作者为《湖北日报》"美学讲座"所写,于1981年4月6日起在该报连载)

马克思主义实践观与当代美学问题

审美与艺术历来是人类精神文化的一个重要方面，同时也渗透在人类物质文化生活之中。20世纪以来，美与艺术发生了重大变化，美学也相应地发生了重大变化。特别是在我们即将进入21世纪之际，如何来看待美与艺术在当代社会生活中的地位与作用，怎样来建设当代的美学，是一个很值得认真思考的问题。

我国美学界从20世纪50年代初期开始，到"文革"前及"文革"后的80年代，围绕着美的本质问题展开了一场持续不断的大讨论。讨论的结果，在较多的人当中形成了一个基本的看法，即认为马克思主义哲学的实践观点应当是解决美学中各种问题的哲学前提或基础，并对实践与美和艺术的关系作了不少重要的探讨与阐发。我认为这是这次讨论取得的最重要的成果，从世界范围内马克思主义美学的发展来看，也是中国学者所作出的一个贡献。20世纪90年代以来，一些同志一方面肯定了实践美学的贡献，另一方面又对它提出了各种质疑和批评，形成了被称为后实践美学的种种观点。与此同时，还有一些同志提出了审美文化问题，并进行了许多研究。这样，就在美学界形成了实践美学、后实践美学、审美文化研究多元发展的百家争鸣局面。

我个人一向是主张实践美学的，但我并不认为包含在这一概念下的各种观点都是完全正确的，也不认为实践美学已经很好地解决了美学中的各种问题。实际上，实践美学的主要成就在于它把马克思主义的实践观作为美学的哲学前提确立了下来，它为了完善自身还需要进行大量的研究工作。特别是面对时代日新月异的发展，实践美学必须有新的大的发展。后实践美学对实践美学的批评，有些触及了它的弱点，但我又不同意美学的新的发展需要放弃马克思主义的实践观点这个哲学前提。在我看来，正是马克思主义实践观点的提出才使传统的美学宣告终结，为一种真正新的美学的产生开辟了广阔的道路。

后实践美学对实践美学的一个带有共同性的、重要的批评，是认为它把审美活动与实践活动混淆或等同起来了。从马克思主义本身来看，从来只认为实践活动是美与艺术产生的根基、源泉，并没有认为实践活动即是审美活动。毫无疑问，实践活动不是审美活动，但审美活动却又是从非审美的实践活动中产生出来的。历来许多美学家长期陷入的一大迷误，就是只看到和只强调审美活动与实践活动的差别，因而只从审美活动本身去说明审美活动，竭力要"从审美的活动中排除实践的活动"（克罗齐）。他们不知道也不承认，正如每一个人不是自己生出自己，而是由他人（父母）生出来的一样，审美活动也不是自己生出自己，而是由非审美的实践活动生出来的。劳动不是审美活动，但其中无疑存在着美。抗洪抢险也不是审美活动，但其中却存在着令人惊心动魄的悲壮之美。实践之所以产生了美，就因为人类的实践活动（首先是劳动）是不同于动物活动的有意识、有目的的活动，因而是能够支配客观必然性的、创造性的、自由的活动。正是基于人类劳动与动物活动的本质区别，马克思、恩格斯都曾多次指出人是"自由的存在物"，他的活动是"自由的活动"。美就是人的自由在人创造他的生活的实践活动的对象、过程和结果上的感性表现。人类掌握必然而取得自由的活动是艰巨、复杂、曲折的，在一些情况下表现为困苦、艰辛的活动，有时甚至表现为受难与牺牲，但只要它是对人的自由的肯定，就会有美（广义的美，包含崇高、悲剧等形态）的存在。许多自然物的美看起来同人的实践创造活动没有关系，实际上仍然是人在长期实践活动中改造了自然，使整个自然界与人类发生了亲密的关系，成为人的自由生活实现的条件和对象的结果。由于人类的实践活动不是孤立的个人的活动，而是结成一定社会关系的人们共同进行的活动，人只有在集体、社会中才能取得自由，因此美作为人的自由的感性表现同时也是人的社会的本质的实现。人的实践活动具有社会性，人只有在与他人的社会关系中才能实现自己的自由，这是美的极深刻的基础。抽象地讲，我们还可以说美是在人类实践基础上个体与"类"（人类）的统一。个体的存在是短暂的、有限的，"类"的存在是永恒的、无限的。个体的自由的实现不能脱离整个人类社会的发展，而且个体既然同时又是"类存在物"，就不能只考虑个人短暂的生存，还要考虑子孙后代以至整个人类的生存。所以，奉献是美的，是人的社会性的伟大表现，特别是在人类处于艰难的时代。在西方，被血淋淋地钉在十字架上的耶稣之所以成为许多画家反复描绘的题材，原因就在于此。总而言之，人类为了争取自由而不断进行的实践活动是美的真正的、终极的、最后的根源。但在漫长的人类历史中，由于剥削阶级的统治而造成的劳动的异化，掩盖了劳动是人类生存的根基和劳动在本质上是人的自由的活动这一基本事实，从而堵死了从人类实践出发去认识美的根源的道路，使美成了一个"谜"。德国古典美学自康德开始已经从自由与必然的统一来探讨美的本质，但只有马克思在黑格尔和费尔巴哈的启发下,第一次把这种统一放到了人类感性现实的实践活动的基础之上。如果我们承认实践是美与艺术的根源,那么当代的美学将怎样发展,什么是我们的时代所需要的新美学,就必须从当代人类社会实践(首先是物质生产实践)的新的发展中去找到说明。我只想简略指出,当代美学的发展不仅不会脱离实践的基础,使审美活动与实践活动日益分离开来,反而会使两者日益接近和相互交融。就中国当代而论,美学的发展不可能脱离建设中国特色社会主义的伟大实践。中国美学界,包括主张后实践美学的同志们,实际都在对此进行思考。我深信,从这种思考中,最终将会产生一种有世界意义的新美学。

后实践美学对实践美学的另一个重要的批评,是认为实践美学以之作为哲学前提的马克思主义的实践观还是一种理性主义的哲学,没有解决主客二元对立问题。因此,实践美学残留着或有极明显的理性主义印记,不懂得美的本质就是超越,美是超理性、超现实的。这里明显存在着两个问题,一个是对马克思主义哲学的理解,另一个是美与超越的关系。认为马克思主义哲学是一种"理性主义"的哲学,这是一种很大的误解。仔细研究一下马克思、恩格斯的哲学论著,就会看到感性物质的自然界和作为自然界一部分的人的感性自然的存在是马克思主义哲学的根本出发点。在这一点上,马克思主义哲学与在它之前的唯物主义哲学没有什么差别。马克思主义哲学的划时代的重大贡献,是在指出人所生活的自然界以及作为自然存在物的人成为与动物不同的自然存在物,是人类实践在长时期中改变了自然和人自身的结果。所以,马克思说他的"新唯物主义"是"把感性理解为实践活动的唯物主义"。这就是马克思主义哲学的精髓所在。"感性"在马克思主义哲学中占有优先的地位,同时马克思主义哲学所说的实践活动既是有意识、有目的的活动,又是实际改变世界的感性物质的活动，而不是仅仅在观念、精神中发生的活动。这样一种活动，是变主观的东西为客观的东西、变观念的东西为物质的东西的活动，因此它正是哲学史上长期存在的主客二元对立的真正消解。这个主客二元对立的消解问题是20世纪西方哲学中讲得很多的热门话题，实际上马克思、恩格斯在19世纪40年代就已提出和解决了这个问题（详见马克思的《1844年经济学—哲学手稿》和恩格斯的《英国状况·十八世纪》）。这种解决不是如西方现代某些哲学家所说的那样，回到主客不分的原始混沌的状态。如果真的回到这种状态，人就成了动物或与动物差不多了。人之所以区别于动物，正因为他能把自己作为主体与客体区分开来，所以他的活动才是有意识、有目的的活动，从而才可能是自由的活动。所谓主客二元对立的消解决不意味着消灭主客的区分，而是要消灭主客的对立，使之达到统一。如马克思所指出，"思维与存在虽有区别，但同时彼此又处于统一之中"。这个统一的基础、中介、桥梁就是实践。马克思主义哲学认为从哲学认识论的意义上说，"理性"就是对客观世界的规律的理论认识；从伦理、道德、法律的意义上说，就是人的行为的社会规范。二者都来源于和决定于人的感性物质的实践活动的发展。如果"理性"脱离和阻碍了人的感性物质的实践活动的发展，从而脱离和阻碍了人类历史的发展，那么这种"理性"最后必然要被否定而产生出新的"理性"。因此，在感性与理性的关系问题上，马克思主义哲学既不是用某种抽象的"理性"来规定、说明人的存在和人的历史的"理性主义"，更不是西方现代哲学中流行的非理性主义、反理性主义，而是主张在人类实践基础上不断推进感性与理性统一的历史唯物主义。审美与艺术即是这种统一的一个重要方面。它的特征是人的自由的理性直接呈现为人的感性，人的社会本质的实现直接成为人的个性、生命和情感的内在要求。但这又不是如有的学者所主张的那样,是存在于感性之外的理性不断"积淀"到感性中去的结果。在我看来,人的存在本身就包含了感性与理性两个方面,两者始终处在相互作用、相互渗透之中,但感性(人的肉体的生存和发展)又居于优先的、基础的地位。如果要讲审美的超越性,那么这种超越是指超越动物性的感性,超越理性与感性的外在对立(即理性成为感性的内在要求),超越单纯的实用功利要求的满足和纯粹物质性的消费与享受。这种超越在根本上又是为人类的实践活动,首先是由物质生产的发展所决定的。我们对美的追求也就是对自由、幸福、理想的追求,但这种追求不是虚幻的超越,也不是进入某种和理性绝缘的领域。虚幻的超越得到的只是虚幻,不是美。最离奇的想象也只有在它成为现实的人的自由理想的表现时才会有美。完全脱离理性,或所谓"超理性"的领域是一个神秘的宗教的领域,但就是宗教的艺术也是因为它在虚幻的形式下展现了人对自身的自由本质的追求才成为美的。非理性或反理性在西方19世纪以来的艺术中十分时髦,但这种非理性或反理性的主张只有在它包含了对西方资本主义社会下人的异化的揭露或抗议时才会具有某些价值。在我看来,这种非理性或反理性是西方资本主义社会下感性与理性发生了尖锐的矛盾冲突而无法得到解决的表现。它对这种矛盾的强烈的揭露有助于矛盾的解决,但矛盾的解决不是否定、取消理性,或去寻求所谓"超理性",而是在人类社会实践发展的基础上,重建理性与感性的统一与和谐。

在后实践美学中还有一种产生了一定影响的观点,就是主张从生命的秘密中去找寻美的秘密。它也把马克思主义的实践观当作理性主义哲学来批判,并且认为实践原则是抽象的原则,只有生命原则才是具体的原则,美就是"超越性的生命"。生命与美的关系很重要,十分值得深入研究。马克思、恩格斯也曾多次论述过生命问题，并深刻指出，人正是通过劳动、实践而使人的生命与动物的生命区分开来的。脱离劳动、实践，就不会有人的生命，当然也不会有人的生命的美，而只能有动物性的官能快感。马克思说："吃、喝、性行为等等，固然也是真正的人的机能。但是，如果使这些机能脱离了人的其他的活动，并使它们成为最后的和唯一的终极目的，那么，在这种抽象中，它们就是动物的机能。"（《1844年经济学—哲学手稿》）所以，实践原则不是抽象原则，相反，倒是脱离了实践的生命原则才是抽象原则。只要把人作为人来看，人的生命是通过人的实践活动而表现出来的。当实践的活动呈现为生命的自由活动，生命就成为美的。当然，植物、动物的生命也有美，但这美是对人而言的，并且是因为它成为人的自由的生命活动的条件和对象才是美的。

（原载1998年10月23日《光明日报》）

马克思主义美学研究与阐释的三种基本形态

从19世纪末到20世纪,对马克思主义美学的研究与阐释形成了三种基本形态:苏联马克思主义美学、西方马克思主义美学、中国马克思主义美学。

一、苏联马克思主义美学

苏联马克思主义美学的形成和发展是一个复杂的问题,我曾在《略论19世纪末至20世纪马克思主义美学》一文中作过简略的叙述。本文所说的苏联马克思主义美学,指的是1922年底苏联(苏维埃社会主义共和国联盟)成立后,从1934年开始得到斯大林认可和支持的"社会主义现实主义"美学。此后,西方各国学者谈到苏联的美学时,都认为就是"社会主义现实主义"的美学,甚至把它等同于唯一的、正统的马克思主义美学。实际上,它确实也是最能代表苏联美学的一种马克思主义的美学。

苏联马克思主义美学可以称为本质主义的反映论、认识论美学。它认为艺术是对社会生活本质的反映,但不是通过抽象概念的方式来反映,而是通过对社会现象具体生动的描绘来揭示社会生活的本质。在"社会主义现实主义"这一基本原则下,文艺对社会生活本质的揭示还必须同以社会主义精神教育人民结合起来。

这种美学在以下三点上是正确的：第一，它肯定了艺术是社会生活的反映；第二，它肯定了这种反映能够而且必须揭示隐藏在社会生活现象之后的本质的东西；第三，它肯定了社会主义社会下的艺术需要用社会主义的精神教育人民。

这种美学存在着下述缺陷：第一，它不能从根本上把艺术对现实的反映和哲学认识论所讲的反映区分开来，认为两者的区别仅仅在对社会生活本质的反映采取了不同的方式；第二，它把社会生活的本质看作是凌驾于感性个体之上，并预先决定着所有个体生存和命运的东西，看不到社会生活的本质其实不过是人类创造自身历史的客观必然过程的理论抽象，不能脱离构成人类总体的无数个体自身生活的创造；第三，它看不到艺术对社会生活本质的反映，是把人不同于动物的自由本质的感性的实现和确证，作为既是社会的又是个体的人在实践中创造自身生活的过程和结果来反映，因此是一种审美的反映，不是对社会本质的概念认识的形象图解。

上述本质主义反映论、认识论美学在哲学上的真正系统的阐明者和论证者不是苏联的美学家，而是1933—1945年侨居苏联的匈牙利美学家卢卡奇。卢卡奇虽然在1923年出版了《历史和阶级意识》一书，被认为是后来西方马克思主义的始作俑者，但他多次公开作了检讨，指出此书的观点是错误的，声明他已抛弃这些观点。因此，卢卡奇不同于一般所说的西方马克思主义者；相反，他倒是西方马克思主义者所说的"正统马克思主义者"。直至晚年写作《审美特性》一书时，卢卡奇仍然坚持本质主义的反映论、认识论美学。

二、西方马克思主义美学

西方马克思主义是第一次世界大战后欧洲先进资本主义国家的无产阶级革命遭到普遍失败,并无法再次崛起这一历史条件下的产物。现实的巨大变化使西方一些知识分子不知该如何来对待他们过去所信仰和认同的马克思主义。这时卢卡奇的《历史和阶级意识》一书出现了,它认为马克思主义的本质只在方法上,至于马克思主义的各个观点,即使历史证明了它全都是错误的,马克思主义者毫不迟疑地放弃了它,也仍然无碍于做一个正统的马克思主义者。此说一出,西方一些原来认同马克思主义,但在新的形势下又不知如何是好的知识分子就觉得可以放开手脚来"重建"马克思主义了。因此,西方马克思主义的出现伴随着对马克思主义一系列基本原理的质疑、批评、修正、反对和否定。这种马克思主义实际是马克思主义和西方现代唯心主义某些流派的混合物。这种混合物又因为它的组成成分各有不同,而形成各种不同的理论。

在对资本主义社会进行马克思早就说过的"武器的批判"已经不可能的情况下,西方马克思主义所能做的就只有理论的批判了。但这种批判又是在马克思主义的唯物主义反映论、物质生产决定社会历史发展、经济基础决定上层建筑等基本观点遭到质疑和否定的情况下进行的,因此批判就成了一种以文化、意识形态、政治为中心的批判。至于资本主义下物质生产的发展,西方马克思主义者认为它只能造成对人的奴役和统治。他们不理解或放弃了马克思关于资本主义下物质生产发展具有历史二重性的深刻论述,不再相信社会主义的实现正是建立在资本主义生产力高度发展基础之上的。在他们看来,历史的动力不再是物质生产的发展,而是意识、思想、理论的批判。

由于西方马克思主义对资本主义的批判是以文化、意识形态、政治批判为中心的，美学与艺术问题就占据了一个特别重要的位置。和苏联的本质主义的反映论、认识论美学不同，西方马克思主义美学是一种和文化、意识形态、政治批判直接联系在一起的美学，可以称之为文化、意识形态、政治批判美学。

这种美学的中心是强调艺术（含审美）对资本主义现实具有巨大的"否定"、"颠覆"、"超越"的功能。它认为这种功能的实现的关键，就是要使艺术自身与现实相"疏离"，成为与现实不同的"异在"，通过审美与艺术的"幻象"来彻底地"超越"和"否定"现实。因此，它认为主张艺术是现实的反映，那就是使艺术与现实相调和，成为对现实的粉饰和肯定。但使人觉得奇怪的是：为什么对现实的"否定"注定是和艺术对现实的"反映"绝对不能相容的？难道艺术家就不能以一种"否定"的形式去"反映"现实吗？然而，提出这样的问题对西方马克思主义美学来说是毫无意义的。因为它所说的"否定""超越"就是要用审美与艺术的"幻象"宣告现实是虚假的，应该被"否定"和"颠覆"的。它不是站在现实的基础上来否定现实，而是在主观的"幻象"中否定现实，所以它就必定要排除一切对现实的反映。此外，由于它不理解资本主义发展的历史二重性，就停留在"否定""颠覆""大拒绝"上，不承认在资本主义现实中也有应当予以历史地肯定的方面，看不到资本主义下生产力的高度发展最终将导致社会主义的实现。因此，这种"否定的美学"还有一种悲观主义的思想，认为人类永远是不自由的，不相信马克思主义所说人类能从"必然王国"跃进到"自由王国"，所以艺术就永远只能是人类对自身苦难的回忆，是不可能具有任何肯定性的苦难的语言。

这种美学还深受弗洛伊德主义的影响，把艺术看作消除一切被压抑的"爱欲"的解放,同时也就是弗洛伊德所说的"快乐原则"的真正实现。它把这种思想和马克思所讲的"劳动"的本质和"劳动"的异化的消除联系起来,称之为建立"新感性",而这种建立最后又取决于所谓深层次的"本能革命"(这和中国"文革"时期所说的"灵魂深处闹革命"有某种类似之处)。这是对马克思关于"劳动"的本质的一种很大的误读、曲解,但很能迎合法国1968年"五月风暴"中不少青年学生的要求。

这种美学把艺术看作是一种"审美意识形态",它的作用或者是解放"爱欲",或者是揭穿"虚假的意识形态",或者是对现实社会矛盾的一种意识形态化的解决方式。但绝大多数人都认为它与经济基础无关,不是经济基础的反映。他们对马克思所讲的经济基础与上层建筑的关系存在着种种误读和曲解,并以此为理由来反对马克思的看法。

这种美学把艺术对资本主义现实的"否定""大拒绝"看作是艺术的政治功能的实现,但它强调这是一种"审美的颠覆",其结果又走到了非政治的唯美主义。它认为艺术的审美特性越强,其政治功能就越强;相反,其政治特性越强,政治功能就越弱,不承认政治特性极强的作品同时也可以是审美特性极强的作品。不过,这种看法在强调艺术的政治功能的实现不能脱离艺术的审美特性这一点上是正确的。

这种美学相当集中和详细地考察了"大众文化""文化产业""艺术生产"等问题。它正确地看到了艺术已成为日常社会文化的组成部分,并且直接受到现代科技的影响,发展为精神生产的一个部门。但它不理解资本主义发展的历史二重性,因此它只看到这将导致艺术的商品化,使艺术遭到消解,而看不到它同时又会有力地推动社会大众对艺术的创造与欣赏的积极参与,并将以过去所不能设想的速度与规模，推动艺术在世界范围内的传播与交流，打破民族的与地域的局限性和封闭性。

这种美学高度关注审美与艺术在现当代资本主义社会下发生的种种新变化，因此可以看作是一种现当代形态的马克思主义美学。但它对马克思主义的一系列基本原理采取了否定或保留的态度，渗入了不少非马克思主义的、历史唯心主义的思想。因此，在这种美学中，符合或基本符合马克思主义的正确思想和显然违背马克思主义的错误思想经常是杂然并陈、相互交织在一起的。尽管如此，它仍然推动了马克思主义美学的发展，对我们创造性地思考马克思主义美学的问题有若干借鉴作用。

三、中国马克思主义美学

"马克思主义的普遍真理与中国革命的具体实践相结合"（毛泽东）是中国马克思主义者对待马克思主义的基本态度。这里说的"普遍真理"指的是马克思主义的基本原理，不是指个别结论。意思是说这些基本原理不仅适用于欧洲、俄国，也适用于中国和其他任何国家的革命。这使中国的马克思主义者对马克思主义采取了一种严肃认真的学习研究的态度，要求全面准确地理解马克思主义，反对主观任意地妄加解释。[①]但马克思主义的普遍真理又必须与中国革命的具体实践相结合，反对脱离中国的具体实践，将马克思主义看作是万古不变的教条，从而确立了"实事求是"这一根本原

[①] 这也和中国的思想传统有关，中国古代的学者历来不把理论仅仅看作是一种"知识"，而看作是必须身体力行的理想、信念。

则。①从中国马克思主义的观点来看,西方马克思主义对马克思主义基本原理的质疑、批评、否定是轻率、主观、任意、没有根据的;而苏联对马克思主义的理解则在许多情况下带有僵硬、武断、教条的特征。这两者都是中国的马克思主义所不取的。

中国的马克思主义美学是马克思主义的普遍真理(当然包括马克思主义的美学思想)与中国革命文艺发展的具体实践相结合的产物。中国从20世纪30年代开始,就在鲁迅、瞿秋白的大力支持下,从俄国、苏联系统地输入马克思主义美学,并取得了重要的成绩。但中国是一个有着自己悠久的思想文化传统(包括美学、艺术传统)的大国,在国情上又与西欧、俄国有很大的差异。因此,在中国从苏联输入马克思主义美学的过程中,虽然曾产生过教条主义的错误,有时还很严重,但不能据此认为中国马克思主义美学就是苏联马克思主义美学的翻版。1942年,毛泽东《在延安文艺座谈会上的讲话》(以下简称《讲话》)的发表,标志着中国马克思主义美学的诞生与建立,并实现了中国革命文艺工作者的大团结,找到了共同的理想、方向和目标。

从时间上看,毛泽东的《讲话》的发表晚于卢卡奇、本雅明(W. Benjamin),而早于后来的阿多诺(T. W. Adorno)、马尔库塞(M. Marcuse)等人的美学著作的发表。毛泽东既不否认苏联马克思主义美学所强调的艺术的反映、认识功能,也不否认西方马克思主义美学所强调的批判功能,但他把两者都放到了以人民大众为本位的马克思主义实践论的基础之上。毛泽东在《讲话》中说过:"作

---

① 这同样与中国思想传统中的求实精神、审时度势、知权变的思想相关,但不能简单地称之为所谓"实用理性",因为它仍然与理想、信念的坚持、贯彻、实现相关。

为意识形态的文艺作品,都是一定的社会生活在人类头脑中的反映的产物。革命的文艺,则是人民生活在革命作家头脑中的反映的产物。"因此,人们常常以为毛泽东的《讲话》中的美学思想与苏联的反映论、认识论美学是一样的。这是一种很大的误解。因为依据毛泽东的《实践论》以及他的《讲话》,毛泽东所说的"社会生活"、"人民生活"在根本上都是和人类改造世界的实践斗争不能分离的。文艺是对这种实践斗争的反映,而不是对卢卡奇所说的社会生活的抽象的"本质"的反映。文艺能帮助人民认识社会生活的本质,但又不停留在单纯的认识上,更重要的是"使人民群众惊醒起来,感奋起来",走向改造世界的斗争。除认识功能之外,毛泽东十分强调艺术所唤起的与世界的实践改造相关的情感、意志的功能。毛泽东充分重视艺术对旧世界的批判功能,但又不同于西方马克思主义美学所说的"否定"与"超越",而是实际地改造客观世界,并明确指出"不赞成把文艺的重要性过分强调到错误的程度"。此外,艺术在批判、暴露旧世界的同时,还要歌颂人民大众的生活斗争及世界的光明前途,因此艺术就绝不是阿多诺所说的"否定的认识"。讲到"反映"的问题,身为艺术家的毛泽东充分理解艺术对生活的反映的能动性与复杂性,确立了艺术源于生活又高于生活这一根本性的观点,深化和丰富了马克思主义美学的审美反映论。

  以毛泽东的《讲话》为代表的中国的马克思主义美学是以人民大众为本位的马克思主义实践论的美学,同时也是毛泽东在《新民主主义论》中所说的"能动的革命的反映论"美学。把人民群众改造世界的实践活动看作是美与艺术的唯一源泉,从而也是马克思主义美学的根本,这是中国马克思主义美学与苏联马克思主义美学、西方马克思主义美学的重大区别所在,也是它对马克思主义美学的研究与阐释的重大贡献所在。由此出发,毛泽东对在他之后西方马克思主义美学所关注的"大众文艺"、艺术与政治的关系等问题提出了有重要理论意义的深刻见解。毛泽东在《新民主主义论》中提出的建立以马克思主义为基础的"民族的科学的大众的文化"的思想，至今仍然是马克思主义在文化问题上的重要方针，需要在新的历史条件下继续坚持与发展。毛泽东对包含艺术在内的文化问题的根本看法，在总体上比西方马克思主义美学中的"文化唯物主义"及其他有关文化的理论要正确和深刻得多，是马克思主义文化理论在中国的发展。

中国马克思主义美学的建立既是以马克思主义为指导的，同时又明显受到马克思曾给以高度评价的俄国革命民主主义者车尔尼雪夫斯基的影响。车尔尼雪夫斯基的美学在20世纪30年代"左联"时期已被介绍到中国。到了延安时期，周扬又以毛泽东的《实践论》为指导深入地研究、介绍、评论了车尔尼雪夫斯基的美学，并翻译了他的《艺术与现实的美学关系》（即《生活与美学》）一书。周扬在马克思主义实践观点的基础上吸取了车尔尼雪夫斯基的"美是生活"，艺术是生活的再现，生活的美比艺术的美更丰富、更生动的思想，同时又批评了它脱离实践的直观唯物主义的缺陷。在1937年所写《我们需要新美学》一文中，周扬依据马克思的《1844年经济学—哲学手稿》指出："无论是客观的艺术品，或是主观的审美能力，都不是本来就有的，而是从人类的实践的过程中所产生。"① 毛泽东的《讲话》采纳和大大深化了周扬对车尔尼雪夫斯基美学的介绍研究取得的成果。并非马克思主义者的车尔尼雪夫斯基的美学之所以会对中国的马克思主义美学产生重

---

① 《周扬文集》第1卷，人民文学出版社1984年版，第217页。

要影响,一方面是因为它在艺术与现实的关系的理解上包含有鲜明的唯物主义思想,另一方面是因为它以"生活"为美学的中心概念,这和中国美学传统一向高度重视审美、艺术与人生的关系能够相通,所以周扬曾用"人生即美"来解释它。①

1949年中华人民共和国成立后,从20世纪50年代末开始,中国美学界对美的本质问题进行了一场大规模的、持续了很长时间的讨论。"文革"的发生打断了这场讨论,但"文革"之后又很快恢复,并和对马克思《1844年经济学—哲学手稿》的深入研究密切结合起来。在西方美学界普遍认为美的本质问题已是一个过时、陈腐的问题的情况下,中国美学界不为所动,锲而不舍地钻研讨论了这一问题,这是值得载入当代美学史册的。讨论的结果,在较多的人当中达成了一个基本的共识:美既不是观念、意识的产物,也不是物质所具有的某种与人无关的属性,而是人类实践改造了客观世界的产物。美、美感、艺术产生的根源应当到人类实践及其不同于动物活动的特征中去寻求。这一基本观点的确立,是这次美学大讨论取得的最重要的成果,同时也是对马克思主义美学的一大贡献。因为在此之前,普列汉诺夫、卢卡奇的美学都还没有认识到实践是马克思主义美学的根本,美是人类实践改造了世界的产物,只承认实践与审美意识的产生、艺术对生活的反映有关。至于西方马克思主义美学,则明显是用思想文化观念的所谓"批判"意识来说明美与艺术的。

中国以人民大众为本位的马克思主义实践观美学的发展曾经走过曲折的道路,发生过像"文革"那样对文艺与美学的发展产生了

---

① 《周扬文集》第1卷,人民文学出版社1984年版,第224页。

灾难性后果的严重失误。[①]惨痛的教训需要记取，但我们又不能永远生活在"文革"的阴影之中，或因此而否定中国的马克思主义美学。下面，我们大略考察一下上述三种对马克思主义美学的研究与阐释的基本形态在当代的发展问题。

四、马克思主义美学在当代

以卢卡奇为理论代表的本质主义的反映论、认识论美学由于它本身在理论上存在重大缺陷，加上苏联式社会主义在实践中遭到了失败，所以这种形态的美学不可能再有新的重要的发展，尽管还会有少数人坚持它。但我们对这种美学在历史上曾经做出过的贡献必须给予应有的肯定评价，不能简单地加以抹煞。在马克思、恩格斯去世之后，苏联在坚持发展马克思主义美学上曾做出了重要贡献，使马克思主义美学产生了世界性的影响，并创造了一批至今看来仍有重要价值的优秀的文艺作品。

西方马克思主义的"批判"美学将会继续存在下去。由于西方现代资本主义的发展必然要在文化、意识形态、政治上不断提出各种问题，这就使这种美学有了存在和发展的空间，它将会在文化、意识形态、政治的批判上不断地做文章。但只要它否认马克思主义所主张的物质生产决定社会历史发展，经济基础决定上层建筑的理论，不承认资本主义发展的历史二重性，不把它的批判建立在对现代资本主义经济发展的科学分析的基础之上，那么这种批判就将是

[①] 值得注意的是，不少西方马克思主义者对"文革"采取了十分肯定、赞扬的态度，这是因为"文革"和他们从历史唯心主义出发来"否定"资本主义社会的思想有共同之处。

琐屑的、抽象的、空幻的，当然也很难形成足以和西方各种非马克思主义的思想流派相抗衡的，有严整思想系统的流派。它顶多只能对西方资本主义发展提出的文化、意识形态、政治等问题作一些多少有启发性的研究与评论，难以在全局性、根本性的问题上有重大突破。从目前我所了解的有限的情况来看，西方马克思主义美学仍然在文化、意识形态、政治、爱欲、快感、无意识、幻觉这些话题上打圈子。它所利用的思想资源主要来自弗洛伊德主义、结构主义、后结构主义以及后现代主义。它反复在这些流行思潮中穿梭，找寻某些"话语"或概念作为论述某一问题的支点。虽然可以产生某些新意或新鲜感，但真有重要理论意义的实质性的建树是非常罕见的。

　　崛起于中国的马克思主义实践论美学，目前看来还在为清理和牢固地建设它的哲学基地而辛苦地工作着。它需要通过对马克思主义经典文本实事求是的、深入的解读而消除长期存在的对马克思主义哲学的种种误解和曲解（如怎样理解马克思主义哲学所说的"反映"、马克思主义哲学如何解决决定论与非决定论的对立、物质生产对人类历史发展的决定作用如何具体地实现和表现出来，等等）。在外部，它还要直面各种非马克思主义、反马克思主义的观点，对这些观点做出有充分学理根据的分析与反驳。在内部，它又要面对马克思主义的哲学和美学的不同理解之间的争论。但不论如何艰巨，这个清理和建设马克思主义美学的哲学基地的工作正是马克思主义的哲学和美学在当代的发展所必需的。只要坚持不懈地进行下去，就一定会有收获。

　　因为忙于清理和建设马克思主义美学的哲学基地，由此就产生了中国当代马克思主义实践论美学的两个明显缺陷。首先，它对许多问题的探讨还停留在哲学思考的层面，和文学艺术的具体现象的研究结合很不够，这就使它难以获得较普遍的关注和产生较广泛的影响。和卢卡奇相比，卢卡奇美学之所以能产生广泛影响，是同他对欧洲和俄国一系列现实主义作家的具体、深入的研究分不开的。和西方马克思主义美学相比，西方马克思主义美学常常就是文学批评的理论，或者是和西方某一时期文学发展的具体研究结合在一起的，因此它能引起西方文学界较普遍的关注，产生影响。而中国研究美学的人，很少关心某一门类文学艺术的批评和历史的具体研究，这种情况亟须改变。其次，我国对西方马克思主义从20世纪80年代才开始进行比较系统的研究，到现在为止我们对它的了解也还不够具体、细致和深入，因此中国马克思主义美学和西方马克思主义美学之间还没展开充分的、实质性的对话和讨论。大部分对西方马克思主义美学的研究，基本上是一种引进和介绍，就一些根本性的理论问题展开充分讨论的情况还不多见。因此，我们要继续努力更具体、更细致、更深入地研究西方马克思主义美学，下大决心，花大力气，对卢卡奇《历史和阶级意识》一书及其后西方马克思主义美学的各种理论，逐一进行切实的研究与评论。既肯定它的可取的地方，同时也对在我们看来是错误或有问题的地方做出独立的分析批判。中国的马克思主义实践论的美学如果不与西方马克思主义美学进行认真深入的对话，只是关起门来自言自语，就会脱离19世纪30年代以来世界马克思主义美学思潮的演变与发展，既难以把自己的研究提到当代的高度和做出理论的创新，而且还会被讥为东方第三世界的"农民马克思主义"。[1]

---

[1] 这是颇有名气的西方马克思主义学者詹姆逊在他的《马克思主义与形式》（1974年）一书序言中提出的看法，它恰好说明西方对中国的马克思主义缺乏深入的研究，同时也自觉或不自觉地表现了西方对东方一向具有的优越感。

我们既要深入研究西方马克思主义的美学，同时又要看到中国的马克思主义美学是在与西方极不相同的历史文化背景下产生出来的。西方马克思主义美学谈起来津津有味的话题不一定就是我们感兴趣的话题，而且从当代马克思主义美学的发展来看，也不一定就是有重要理论和实践意义的话题。它所谈论的某些话题（如大众文化问题）也是我们要重视研究的，但我们还必须找到自己的中心话题。这个中心话题，我认为就是马克思主义美学与建设中国特色社会主义文化的关系。我们知道，西方马克思主义美学经常是与文化研究直接结合在一起的，但由于西方所处的特定历史条件，西方马克思主义者中的大多数人（不是所有的人）对于社会主义的实现已经不感兴趣或持怀疑、保留以至否定的态度。因此，他们所说的与美学密切相关的文化研究基本上与社会主义不沾边，或社会主义文化不是他们关注的中心问题。而对中国来说，这却是一个直接的、现实的问题。从马克思主义美学来说，这又是一个不能不加以研究的重大问题，而绝不是仅仅同中国有关的问题。我们从中国当代社会主义文化的建设出发来研究美学问题，完全能够开辟出一条与西方马克思主义美学不同的新道路，并且可以使中国的马克思主义美学同中国古代悠久而光辉的美学传统联结起来，摆脱西方自古希腊以来的美学传统的限制，做出新的创造。

西方马克思主义美学所关注的中心问题是局限于意识、文化领域"批判"，但它对其"批判"的哲学、美学前提却缺乏系统深入的思考和严整的逻辑论证。我们试把海德格尔（M. Heiddger）的《艺术作品的本源》一文同阿多诺的《美学理论》一书作一比较：前者是非马克思主义的，但它对其所主张的美学思想作了系统严整的逻辑论证；后者被看作是马克思主义的，篇幅也比前者大很多，但却只能说是作者对他关注的若干美学问题的零散思考的记录，没有形成一个严整的逻辑系统，各个问题的论证在逻辑上也常常是欠严密的。西方马克思主义美学在表述方式上一般都比较活泼、机智，但在逻辑上却常常经不起推敲。之所以如此，原因就在于西方马克思主义美学对根本性的哲学问题的思考缺乏兴趣。反观马克思的著作，即使像《关于费尔巴哈的提纲》这样极简略的提纲、草稿，也是有内在的严整的逻辑的。如前所说，中国的马克思主义实践论美学正在为清理和建立它的哲学基地而努力，这个哲学基地的建立不能停留在认识论的层面，而必须进入到本体论或存在论的层面。现代美学的发展表明，一切美学问题的解决最终都不可能脱离对人的存在问题的思考。西方马克思主义美学所关注的文化、意识形态、政治的"批判"，也只有当它深入到对人的存在的批判的思考时，才可能是深刻的。在这方面，马尔库塞做得比较好，但他的哲学前提是唯心主义的，而且他对美学的哲学前提也缺乏系统深入的思考。曾受到新康德主义哲学很深影响的俄国巴赫金（M.M.Bakhtin）的美学倒是有较为深刻的哲学思考，但西方马克思主义美学对他的研究只注意他关于"对话"和"狂欢"的理论。

对于马克思主义美学，过去、现在以至将来都会存在各种不同的理解。从哲学上看，我认为马克思主义美学可以称为实践批判的存在论美学。[①]"实践批判"是马克思在《关于费尔巴哈的提纲》（以下简称《提纲》）中使用过的一个重要的词组、概念。他在《提纲》的第1条中指出费尔巴哈哲学的唯物主义的重大缺陷就在于"不了解'革命的'、'实践批判的'活动的意义"。这里所说的"实践"，依据

[①] 这和我过去主张的实践本体论在根本上是一致的，但又有些不同。关于我对实践本体论的论述，见拙著《实践本体论》（1988年）、《马克思主义哲学的本体论》（1991年）、《批评与答复——再谈我对马克思主义哲学的理解》（1996年），均收入《传统文化、哲学与美学》一书，广西师范大学出版社1997年版。

马克思在他的《提纲》及《提纲》写作前后的全部著作（指马克思脱离青年黑格尔派之后的著作）来看，是针对费尔巴哈反对黑格尔把"抽象思维"看作是人的本质，而把"感性"看作是人的本质，即确认人是感性的存在这一根本观点提出来的。马克思赞同费尔巴哈对黑格尔的这一批判，同时又指出费尔巴哈的根本错误在于"他把感性不是看作实践的、人的感性活动"。这就是说，在马克思看来，"感性"作为人的本质是人的"实践"即"人的感性活动"，与单纯的思维活动不同的、人改变世界的实际活动的产物。从广泛的意义上说，马克思所讲的"实践"，就是人类在社会生活一切领域中使人的感性的本质得以生成和实现的活动，也就是人的感性的本质的自我实现、自我创造的活动。但马克思又指出决定这一切活动的最根本的活动，是人类为了满足物质生活需要而进行的物质生产活动。这不只指产品的生产，同时还指和产品的生产不能分离的分工、科学技术的发展与应用、产品的交换、分配与消费等。简言之，它指马克思在他的经济学中作了深入探讨的物质生产过程的诸方面的总和。它是人类全部生活，同时也是人类历史存在与发展的物质基础。"批判"是指从上述意义的"实践"出发对现实社会的批判，它不仅指理论的批判，同时也指马克思在《黑格尔法哲学批判导言》一文中讲过的"武器的批判"，即对现实社会进行实际的、革命的改造。"实践批判"是马克思主义哲学所具有的根本性特征，只讲"实践"而不讲与"实践"直接相连的"批判"，不能清楚地表达马克思主义哲学不只是"解释世界"，而且要能动地"改变世界"，以及唯物辩证法在本质上是批判的和革命的这一根本特征。我所说的"实践批判的存在论"中的"存在论"一词相当于我过去所说的"实践本体论"中的"本体论"一词，但这里使用"存在论"一词而不再使用"本体论"一词，有几个方面的考虑。首先是为了避免"本体论"一词容易引起一种神秘的感觉和无谓的争论,其次是为了说明马克思所说的"存在"最根本的是指以物质的自然界为前提、作为自然界一部分的人的"社会存在"。但我在过去的文章中已经指出,"本体"一词从"本原"的意义上理解,并不是卢卡奇所说的"社会存在",而是人类的物质生产实践。因为人的"社会存在"产生于和决定于人类的物质生产实践,并且是随物质生产实践的发展变化而发展变化的。最后,使用"存在论"一词,在美学上可以更清楚、明确地把审美与艺术问题和人的存在问题联系起来。

关于人类实践和美、美感(审美)、艺术的内在联系,我在过去的文章、著作中已作过多次说明,这里不再重复。现在我所要说明的是马克思主义实践论美学在当代发生的、需要引起我们注意的一些新变化。第一,马克思主义把物质生产看作是社会的经济基础,这在今天仍然是正确的,并没有过时。但我们又要看到,随着科学技术的发展,物质生产本身越来越带有和审美相关的文化的性质,经济与文化的关系越来越密切,物质的消费也越来越成为文化的消费。因此,不能停留在把物质生产仅仅看成是审美与艺术产生的物质基础或前提上,而必须同时把物质生产和文化联系起来研究,探讨和马克思主义经济学相关的各种美学问题。第二,在当代条件下,美或审美的主要形式已转变为个体和人类从实现人的自由而永不停息的实践创造中所获得的一种崇高感(成就感、尊严感、自由感)和幸福感,并且常常是和社会政治伦理密切结合在一起的。传统意义上的那种给人以凝神静观的感性愉快的"美",从原先极高尚神圣的地位下降为生活中的一种感官的快乐和享受。在西方资本主义社会下,则成了弗洛伊德的"快乐原则"的实现或后现代主义所说的无任何意义与目的可言的"嬉戏"。我们只有在面对历史上的古典作品时才保持上述对"美"凝神静观的态度,而我们保持这种态度又只是因为我们意识到它是历史上的作品。如果从人类现代生产的实践创造的发展来看，它已不再是至高无上的了。所以，我们既欣赏它，但又不再低头膜拜了。[①]在现当代的条件下，审美活动已与人类生活的没有止境的实践创造合为一体，不再是脱离或超越这种实践创造的一个自在自足的天地。因此，看起来美和美的本质问题已消失、死亡了，实际上它仍然存在，就存在于人类生活的实践创造之中。美和社会的个体的生活的实践创造直接相连，它就是从生活的实践创造中取得的自由感、幸福感的表现，不是脱离生活的实践创造而存在于某个子虚乌有的地方。这是当代的美的最重要的特征，也是对马克思主义实践论美学的正确性的一个有力的确证。第三，以实践为基础的人的本质对象化这种最广义上了解的美就是艺术的本质。艺术产生的一个重要原因，就是由于日常生活中对现实美的欣赏存在着一个难以消除的局限，即无法把人的自由的本质力量的实现作为克服各种困难、挫折、灾难、痛苦的实践创造的过程和结果来加以感性的直观，即作为广义的美的对象来加以欣赏。如上所述，在现当代条件下，审美活动和人类生活的实践创造直接相连，因此现当代艺术已成为艺术家对生活的实践创造的感受与体验的表现，而且它的形式也是由这种表现的需要决定的。但是，从马克思主义的唯物主义观点来看，不论这种表现采取如何古怪、离奇、虚幻、神秘的形式，它仍然是一定社会生活或社会存在（作为人类生活的实践创造的过程和结果）在艺术家头脑中的反映。这里的"反映"当然不是指对某一事物的如实摹写，而是指艺术家在他的作品中表现出来的东西仍然有它产生的现实根源，是一定社会存在作用于艺

[①] 黑格尔对此有深刻的论述，马克思将古希腊艺术的魅力和人类的童年时代相连，直接受到黑格尔的影响。

家头脑的产物,并且在本质上是与这种社会存在相适应的。此外,正是由于在现当代条件下,艺术直接成为个人从生活的实践创造中产生的感受与体验的表现,而且其形式是由这种表现的需要所决定的,于是艺术与非艺术的界限看起来已消灭了。实际上,界限仍然存在。这界限就在于只有当表现成为人的社会的自由本质的创造性表现,表现才会具有艺术的意义与价值。所谓"行为艺术",只有在符合上述根本条件的情况下才可能有某种艺术的意义。而且,由于它难以摆脱行为的局限和固定下来供人长期欣赏,它不能取代使用物质媒介的各门艺术的创造。与其说它是艺术,不如说它是一种艺术游戏更恰当。第四,在现当代条件下,美学不再是一门孤立自在的科学,而是与物质生产的工艺学(高科技的应用)、政治经济学、文化研究(与政治、意识形态密切相关)紧密结合在一起的科学。它的主题也将不再是脱离人类生活的实践创造去对美、审美、艺术作纯粹抽象的形而上学的思考,而是对美、审美、艺术与人类生活的实践创造、社会的人的本质的全面自由发展的关系做出丰富、具体而有成效的实证科学的考察。这种考察将会分化为对各种具体问题的专题研究,而作为所有这些研究的哲学基础的东西,按我的理解,就是马克思主义的实践批判的存在论。

环顾当代世界范围内的马克思主义美学,西方马克思主义的"批判"美学在西方的条件下实际处于边缘地位,但它对中国的影响正在增长。而产生于中国的、以人民大众为本位的马克思主义实践论美学也正在邓小平开创的建设有中国特色社会主义的新的时代条件下发展着,并且有了越来越好的发展条件。这种实践论美学的最高主题就是社会的同时又是个体感性的人的本质的全面自由发展,它是以马克思、恩格斯在《共产党宣言》中所说"每个人的自由发展是一切人的自由发展的条件"的共产主义社会的实现为终极目标的。困扰着西方的所谓找寻精神家园问题或所谓"终极关怀"、"人文理想"的实现问题,实际上都只能在走向共产主义社会的漫长历程中有条件地、逐步地获得实现。但我们又不能坐等这一社会的实现,从目前来说,我们可以而且应当去努力做到的是:第一,在现有生产力发展的条件下,尽可能把个体的自由发展和社会整体的自由发展协调起来,同时又把后者置于比前者更高的地位,提倡个体为社会整体的发展而献身。这是一种道德的精神,同时也是与人的自由本质不能分离的人的社会本质的实现,是一种崇高的美。第二,随着高科技的发展与运用,努力使劳动从单调的、沉重的、为谋生而进行的活动变为创造性的、自由的、越来越具有审美意义的活动,这是真正的劳动解放,同时也是审美的解放。第三,随着生产发展而来的"必要劳动时间"(为满足物质生活需要而进行劳动的时间)的缩短和"自由时间"的增加,努力使审美与艺术活动成为占领"自由时间",培养有高尚情操、全面发展人的本质力量的主要活动。这种通过审美与艺术活动得到培养和塑造的人又会反过来作用于物质生产,转化为强大的生产力。这里我们看到邓小平提出的物质文明建设与精神文明建设两手抓、两手都要硬的思想是具有深刻意义、符合新的历史时代特征的。中国的马克思主义实践论美学既要了解、借鉴西方马克思主义美学,同时又要坚持自己不同于西方马克思主义美学的发展方向,并在实践中不断地发展、创新,密切关注当代美学的变化和中心问题,并做出与当代先进生产力、先进文化发展方向及广大人民群众审美需要的新变化相一致的回答。这种回答需要充分考虑到西方马克思主义美学及其他美学流派的各种观点,并在理论上做出尽可能周密的论证。

(原载《文艺研究》2001年第1期)

第三部分 中国美学与艺术研究

中国哲学与中国美学

在中国古代美学史上，美学与哲学是联为一体，不可分离的。这一方面固然是由于中国古代各门科学尚未充分分化，另一方面还因为中国哲学较之于西方哲学更富于美学的意味，同美学有着很直接的联系。这是我们在研究中国美学时需要充分注意的一个问题。限于篇幅，本文只打算对这个问题作一点概略的说明。

在考察中国古代哲学时，我认为非常需要注意的是，中国古代哲学的产生同中国原始氏族社会自发产生的意识、观念有着极为直接密切的关系。一般而言，古代奴隶社会产生之后，原始氏族社会的意识不会一下子消失。恩格斯在谈到雅典奴隶制国家产生时曾经指出："旧氏族时代的道德影响、因袭的观点和思想方式，还保存很久，只是逐渐才消亡下去。"① 在中国，由于如范文澜所指出的那样，"因为商朝生产力并不很高，不能促使生产关系起剧烈变化，对旧传公社制度，破坏是有限度的，奴隶制度并不能冲破原始公社的外壳"②，因而恩格斯所说的"旧氏族时代的道德影响、因袭的观点和思想方式"更是大量长期地保持着。这种情况，使得中国古代哲学一

---

① 《马克思恩格斯选集》第4卷，人民出版社1927年版，第114页。
② 范文澜：《中国通史简编》（修订本）第一编，人民出版社1958年版，第123页。

方面是在奴隶制文明的成果的基础上建立起来的，并且打上了阶级社会的烙印；另一方面又受着氏族社会意识的强大影响，大量吸取和继承了无阶级的原始社会自发产生的许多高尚的思想观念，即恩格斯在《家庭、私有制和国家的起源》一书中多次赞美过的那种互爱、平等、自由的纯朴道德精神。[①]这是我们民族古代文化优秀传统的一个不可忽视的重要历史来源。

由于氏族社会的观念、传统、风习的大量存留，中国古代奴隶社会一方面产生了阶级的区分和对立，另一方面这种区分和对立又是和以氏族血缘为基础的上下尊卑的伦理道德关系不可分地结合在一起的。维护和加强这种上下尊卑的伦理道德关系，即是维护和加强奴隶主所推行的严格的等级制度和奴隶主阶级的根本利益。这就使得伦理道德问题成了中国哲学所注视的头等重要的问题，从而又使人的本质问题，特别是人性的善恶问题在中国哲学中占有极为重要的地位。这样，中国哲学和中国美学就在根本上自然而然地联结到一起了。因为美与艺术的问题在根本上是同人的本质问题分不开的。

中国古代哲学关于伦理道德问题有各种不同的学说。但由于在中国古代人与人之间的伦理道德关系和氏族社会以来自然发生的氏族血缘关系不可分，再加上中国古代奴隶社会商品交换很不发达，个人与社会之间的分裂和对立远不如古希腊奴隶社会那么尖锐和严重，因而中国古代哲学差不多完全一致地认为伦理道德是出于人的自然本性，个人与社会的和谐统一是伦理道德的基础。在我国古代哲学家看来，这种统一的实现，主要不是依靠政治法律，而是依靠

[①] 参见《马克思恩格斯选集》第4卷，人民出版社1972年版，第92~93页。

人与人之间天然发生的一种社会性的伦理道德感情。这一点最为清楚地表现在儒家的"仁"的思想:"爱人""泛爱众"[①]。和对"群"的观念的强调中。道家看来对儒家提倡的仁义之道采取了强烈的批判的态度,但这又是由于它看到了儒家所说的仁义之道的实行并未带来真正的仁义,相反却产生了种种虚伪、欺诈、掠夺和不平的现象。道家虽有出世、愤世的一面,但它并不否定个人与社会的和谐统一,仁爱同样是它的根本思想。只不过在它看来,唯有在一个实行自然无为之道的社会里,也就是在它所向往赞美的原始氏族社会里,才会有真正的"孝慈"和"大仁"。[②]

中国哲学始终不倦地在探求着如何达到一种高度完善的道德境界。而这种道德境界,当它感性现实地表现出来,成为直观和情感体验对象的时候,在中国哲学看来也就是一种审美的境界。孔子所谓"里仁为美"[③],孟子所谓"充实之谓美"[④],荀子所谓"不全不粹之不足以为美"[⑤],都把美看作是高度完善的道德境界的表现。道家以自然无为的实现为美的最高境界,这是一种绝对自由的境界,但同时也仍然是一种道德精神的境界。因为如上所说,对于道家来说,自然无为之道的实现,同时也是一种最高的道德精神的实现。在中国美学中,道德境界与审美境界是合为一体的,审美境界即是高度完善地实现了的道德境界。这是由于中国哲学把道德原则的实

[①] 见《论语·颜渊》和《论语·学而》。
[②] 见《老子》第十九章和《庄子·齐物论》。道家赞扬氏族社会,但一点不否认奴隶社会的绝对合理性,而是幻想用氏族社会的方式建立奴隶主阶级的统治。
[③] 《论语·里仁》。
[④] 《孟子·尽心下》。
[⑤] 《荀子·劝学》。

现看作是基于个体内在的社会性心理欲求的,道德原则的实现同时也就是个人与社会的和谐统一的实现。在最高的道德境界中,道德原则转化成了个体内在的社会性心理欲求,它的实现不是出于任何外在的强制,被个体看作是他的全部生命的意义和价值的所在,因而这种境界也就是个体摆脱了动物性的生存欲望和个人私利束缚的一种高度自由的境界,即审美的境界。尽管我们今天对于道德的了解和古人已经有了根本的不同,但革命人民所追求的最高的道德境界,当它以感性直观的形式呈现在我们眼前的时候,它不就同时也是一种审美的境界吗?在不少描写先进人物的优秀的小说、电影中,我们经常在感受着这种与高度的道德境界合而为一的审美境界。

最高的道德境界与审美境界的合一,是中国美学与西方美学很为不同的地方。在西方哲学中,宗教境界经常被看作是比道德境界更高一层的境界。在中国哲学中,最高境界即是最完善的道德境界,同时也就是审美的境界,此外再无更高的境界。[①]因之,中国美学从来不把美同人世的生活分离开来,不认为最高的美是什么上帝的万能和完善的表现,而总是通过对现世人生的最高道德境界的追求,去达到最高的美的境界。这是中国美学的一大特点,也是一大优点。

由于在中国美学中,审美境界与道德境界是合为一体的,所以又派生出中国美学的一些很值得注意的特点。

第一,理与情的统一。中国哲学把道德原则的实现建立在个体内在的社会性心理欲求上,因此它十分注意审美与艺术活动对

[①] 参见李泽厚:《中国美学及其他——美国通信》,见刘纲纪主编《美学述林》第一辑,武汉大学出版社1983年版。

人的情感的感化、陶冶和塑造的作用，要求审美与艺术中的情感必须是一种合乎伦理道德的情感。孔子所谓"思无邪""乐而不淫，哀而不伤"①，《乐记》所谓"反情以和其志"，《毛诗序》所谓"发乎情，止乎礼义"，都强调了理与情的统一。这是一个重要的观点，因为审美与艺术中的感情，的确不是一种非理性的、动物性的情感，而是一种渗透着深刻理性内容的社会性情感。

第二，理智与直觉的统一。中国哲学高度重视伦理道德问题，但它的目的又不仅仅在于建立一种抽象的道德理论系统，更重要的是在日常的实践行为中，找到一条通向最高人生境界的道路和进行道德修养的具体方法。因之，中国哲学在认识的方法上，既不忽视理智的思考，又很重视个人内在的直觉和体验。因为最高人生境界的达到不能单凭抽象的理智思考，而必须有情感的体验和直观。这种情况，深刻地影响到强调审美境界与道德境界合一的中国美学，使它在审美与艺术创造的问题上始终坚持着理智与直觉的统一，不像近现代西方美学那样，常常用理智去否定直觉（如18世纪法国古典主义美学），或者用直觉去否定理智（如19世纪末叶以来克罗齐等标榜直觉的各种流派）。

第三，外在的感性形式的美与内在的高尚的道德情感的统一。这也就是最先由孔子提出的"文"与"质"的统一。由于中国美学认为美的境界是道德境界的完满实现，所以它认为外在的感性形式的美，只有当它体现着内在的高尚的道德情感时，才是真正有意义、有价值的。这一点，非常鲜明地表现在中国历代成功的艺术作品上。以古代南方楚国的文艺来说，刘勰曾用"惊彩绝艳，难与并能"

---

① 见《论语·为政》和《论语·八佾》。

来形容它的美①。这不仅对楚骚文学，而且对楚国的漆器、丝绸等艺术也是非常之贴切的。但这种艳丽之极的美又渗透着深刻的理性内容和高尚的道德情感，完全不是那种空虚无物的，仅仅给人一些肤浅的感官刺激的美。一般而言，中国艺术的美富于一种深邃的人生哲理，既不脱离现实的丰富生动的感性世界，同时又内在地超越了它，上升到了远比日常的现实世界更高的精神境界。这常常是西方艺术所不能及的。

伦理道德问题是中国哲学最为重视的问题，但这又不是说中国哲学对于自然界的问题毫不关心。在中国古代漫长的奴隶社会中，物质生产以及人民的社会斗争的发展打破了远古氏族社会所存在的神秘的自然崇拜和对人格神的信仰，同时却又保持着氏族社会中那种对人与自然的素朴统一的意识，由此逐步产生和形成了中国哲学的一个根本思想：天人合一。虽然其中还有着不少神秘唯心的东西，各家的说法也不一样，但它终究又非常明白地肯定了人与自然之间并没有一条不可超越的鸿沟，两者是息息相通、和谐一致的。从不把人与自然互相分裂和对立起来这一点来看，中国哲学的这一思想是深刻、伟大的。另一方面，由于中国古代奴隶社会较之于古希腊奴隶社会，商品生产很不发达，从而自然科学也没有得到如古希腊那样充分的发展；反映在哲学上，使得中国哲学对西方哲学极为重视的本体论和认识论问题较少注意研究。即使注意到了和有所研究，最终又常常归结到伦理道德问题上去，目的是为了给解决伦理道德问题作一种自然哲学的论证，社会伦理道德规律常常被说成是以自然规律为根据的。这在儒家的经典《周易》中表现得最为明

---

① 《文心雕龙·辨骚》。

显。道家提出"道"这个宇宙的本体，其最终目的也仍然是为了解决社会人生的问题。这里无疑存在着中国哲学对自然界的规律和人类认识规律研究不够的缺点，而且把社会伦理道德规律看作是同自然规律相通和以自然规律为根据的东西，也显得是一种牵强附会的说法。可是，如果我们从另一角度来看，这些说法表明中国哲学充分地注意到了自然与人的社会精神生活的关系，不是仅仅从自然科学的观点去看人与自然的关系，这又是中国哲学在解决人与自然的关系问题上的一个重大优点。在西方哲学中，人与自然经常被看作是截然不同以至互相对立的东西；在中国哲学中，人与自然却经常被看作是相通的，它不仅与人类的物质生产发生关系，而且还与人类的道德生活、精神生活发生关系。因此，中国哲学所追求的最高的道德境界，同时就是一种人与无限、永恒的自然合为一体的境界。不论我们今天可以指责中国古代哲学对人与自然关系的认识有多少唯心神秘、牵强附会的东西，但恐怕无法否认中国哲学充分肯定了人与自然的统一，而且在说明这种统一时又充分地重视自然与人类社会精神生活的联系，不把自然看作是同人类社会精神生活毫无关系的东西。从这一点来看，我们可以说中国哲学对于马克思所说的"自然的人化"的思想已有了一种素朴的猜测和幼稚的意识。而这，又恰好使中国哲学和中国美学有着一种内在的息息相通的关系。因为美与艺术问题本来是同"自然的人化"的问题不能分离的，自然对人成为美是人在改造自然的漫长的实践中使自然"人化"，同时也使自身的感官、需要、欲望"人化"的结果。①虽然中国古代哲学还根本不可能基于人类的实践，从理论上清楚明确地认识到这些，但它

---

① 参阅拙著《略论"自然的人化"的美学意义》。

又已在对自然的直观感受中意识到了自然具有人的精神的意义和价值。孔子的"智者乐水，仁者乐山"①的说法第一次清楚地指明了这一点。道家更进一步发展了这一点，把"天地与我并生，万物与我为一""静而与阴同德，动而与阳同波"②看作是人生的最高境界，同时也就是得"天地之大美"的境界。中国美学以最高的道德境界为最高的美的境界，而这种境界，既是人与社会高度统一的境界，又是人与自然高度统一的境界，两者是完全一致的。对于中国哲学和中国美学来说，自然既不是神秘崇拜的对象，也不是仅仅满足感官欲望的对象，而是在时间和空间上极为悠远，充满永不衰竭的生命运动，无比壮丽伟大的对象。但人在它的面前又绝不是渺小的，相反，人和它处在和谐统一之中。中国哲学和中国美学从来不像西方哲学和美学那样，或拜倒在自然的面前，或主张到超自然的彼岸世界中去寻求永恒和无限。它认为自然本身就是永恒和无限的，而人类生活的永恒和无限就在于与自然达到高度的和谐统一。这常常被中国古代哲学家夸大地说成是所谓"上下与天地同流"③，"赞天地之化育"④等等。而这种说法，又常常被一些论者简单地指斥为唯心主义的梦呓。其实，在这种说法里，是包含有高扬人的能动性，认为人可以干预支配自然的变化这样一种深刻的思想的。⑤从中国艺术的理论来说，所谓"外师造化，中得心源"⑥"思与境偕"⑦。情景

---

① 《论语·雍也》。
② 见《庄子·齐物论》和《庄子·天道》。
③ 《孟子·尽心上》。
④ 《中庸》。
⑤ 现代科学技术的发展越来越证明了这一点。
⑥ 见张彦远：《历代名画记》卷10。
⑦ 见《司空表圣文集》卷3。

交融，始终被认为是艺术创造的重要法则，而其中所包含的根本思想，正是要求自然与人的精神相统一，认为只有在这种统一中才会有美。在表现人与自然的和谐统一上，中国艺术所达到的细腻、深刻、微妙的程度，是世界艺术史上罕见的。

西方哲学，自古希腊以来就一天天陷入人与自然、个体与社会的不可解决的矛盾中。直到近代，这个矛盾依然未能得到解决。恩格斯曾经指出："18世纪并没有克服那种自古以来就有并和历史一同发展起来的巨大对立，即实体和主体、自然和精神、必然性和自由的对立；而是使这两个对立面发展到顶点并达到十分尖锐的程度，以致消灭这种对立成为必不可免的事。"①但是，直到现在，西方资产阶级哲学仍然深陷在这种对立中而找不到出路。如存在主义把个体和社会、决定论和自由看作是绝对不能相容的东西，就是一个明显的例证。由于西方哲学在长时期内陷入这种对立之中，因而西方美学在解决美与艺术的问题时，经常把人与自然、个体与社会、主观与客观、必然与自由、理性与情感、思维与直觉对立起来。尽管德国古典哲学和美学曾经一度企图努力解决这些对立，但并未真正解决问题。中国哲学和中国美学则不同，虽然它的理论思辨不足，但从古代开始就素朴而明确地肯定了人与自然、个体与社会的统一，因而避免了西方看来是不能解决的种种对立的纠缠，始终认为各种对立的因素是能够而且应当统一起来的，和谐是宇宙的本性。这是中国哲学和中国美学伟大的地方。我们现在已经可以看到，在陷入上述种种对立不能自拔的西方现代哲学和美学企图谋求解决这些对立的过程中，中国哲学和中国美学将会一天天为世界所注意，

---

① 《马克思恩格斯全集》第1卷，人民出版社1956年版，第658页。

产生它的重要影响。当然,高度和谐的建立是离不开对立双方的矛盾斗争的展开的。在面对这种斗争,充分承认和重视它的不可避免性和合理性这个方面,中国哲学和中国美学无疑存在重大的弱点。但是,斗争是为了达到和建立和谐,如果脱离和谐去片面地强调斗争,那同样是错误的。和谐虽然离不开斗争,但对和谐的否定同时也就是对美的否定。真正的美,即使在最残酷的斗争中,也仍然一点不放弃对和谐的追求和肯定。脱离和否定和谐的斗争,不过是一种反理性的单纯的破坏,不会有美之可言。中国哲学和中国美学历来以"和"为美,即以个体与社会、人与自然的和谐统一为美。但由于历史的局限,这种"和"是建立在人与自然、个体与社会的一种相当狭隘有限的关系之上的,因而常常带有一种虚幻的超现实的色彩。今天,在现代科学技术高度发展的基础上,在消灭了人对人的剥削和依赖从属关系的社会主义制度基础上,在迈向四个现代化建设社会主义强国的伟大斗争的基础上,我国人与自然、个体与社会的关系都将发生重大变化,在历史发展的过程中实现我们祖先所不能设想的一种更高的真正的"和",创造出一种把最深广、自觉和高尚的社会内容同现代最丰富多彩的感性形式结合起来的美,对世界文化的发展做出自己的贡献。

(原载《武汉大学学报》1983年第5期)

中国古典美学概观

一、中国古典美学产生的历史条件及其根本出发点

中国古典美学基本上是在春秋战国时期产生形成的。战国以后至近代以前,中国美学虽然又有了多方面的发展,但基本的思想或理论基础仍然是春秋战国时期所奠定,在根本上并没有超出春秋战国时期的美学,即我们一般所说的先秦美学。本文所谓中国古典美学,首先是指先秦美学,其次是指中国进入近代社会之前,先秦美学在漫长的封建社会中的延续和发展。这两者都属于中国美学的古典形态,而明显地区别于中国近代美学。

根据马克思主义社会存在决定社会意识的科学原理,我们要了解中国古典美学,首先要了解它是在怎样的历史条件下产生和发展起来的。这是认识和揭开中国古典美学的实质及其特征的关键。

在我看来,产生中国古典美学的春秋战国时期仍然浓厚地保持了中国原始氏族社会的意识、传统、风尚。一般而言,一个新的社会形态产生之后,那已经过去的旧的社会形态的意识、传统、风尚等等不会一下子完全消失,它往往要存在一个很长的时期才能逐步归于消亡。恩格斯在谈到雅典奴隶制国家的产生时就曾经指出:"旧氏族时代的道德影响、因袭的观点和思想方式,还保存很久,只是

逐渐才消亡下去。"①这种情形，在中国原始氏族社会转变为奴隶社会的过程中更是表现得尤为突出，对于了解中国古代社会及其思想的发展，有着十分重要的意义。

我国商朝已明显进入了奴隶制社会，但由于生产力不够发达，商品交换极为有限，因而使得原始氏族社会的意识、传统、风尚大量普遍地存在着。范文澜曾经指出："因为商朝生产力并不很高，不能促使生产关系起剧烈的变化，对旧传公社制度，破坏是有限度的，奴隶制度并不能冲破原始公社的外壳。"②这一点，最为明显地表现在西周推行的宗法制度上。这种宗法制度以血缘关系为依据，按血缘关系的远近来区分亲疏贵贱，分配土地，组成国家。它同最后完全打破了氏族血缘关系的雅典奴隶制国家形成了一个鲜明强烈的对比。在雅典，国家的组成，政治权利的分享，公民的权利和义务的确定，是按照每一个公民占有的财产多少来决定的，根本同氏族血缘关系无关，由此产生了希腊古代典型的奴隶制民主社会。在中国古代却很为不同，政治权利的取得处处离不开血缘关系。社会虽然已经变成了奴隶制社会，出现了阶级剥削和压迫，但社会的组织，人们的道德观念等，却依然受着氏族血缘关系的强大影响，奴隶主的国家看来是建立在氏族血缘关系基础之上的一个联合体。人与人之间的关系，不是雅典奴隶制国家那种由财产占有的多少来决定的明白确定的政治法律关系，即国家公民之间的关系，而是一种以血缘关系为基础的上下尊卑的伦理道德关系。政治法律关系同这种伦理道德关系完全合为一体，不可分离。黑格尔站在西方社会的

---

① 《马克思恩格斯选集》第4卷，人民出版社1972年版，第114页。
② 范文澜：《中国通史简编》（修订本）第一编，人民出版社1958年版，第125页。

观点上，曾经敏锐地指出了这一点。他说："道德在中国人看来，是一种很高的修养。但在我们这里，法律的制定以及公民法律的体系即包含有道德的本质的规定，所以道德即表现并发挥在法律的领域里，道德并不是单纯地独立自存的东西，但在中国人那里，道德义务的本身就是法律、规律、命令的规定。"①在中国古代，"犯上"与"作乱"经常被看作是一回事，违背上下尊卑的伦理道德关系即是违背法律，而且常常是比违背法律还要严重的大逆不道。

再从物质生产方面来看，中国进入奴隶社会之后，商品交换和雅典奴隶制国家比较起来还很不发达。生产基本上仍然是分散在原来各个氏族居住的地区孤立地进行，主要是为了自身的消费而不是为了交换。由国家最高统治者管理的手工业也主要是为了满足统治者的消费需要，不以交换为目的。这种情形使得自然对于人来说还没有成为用以生产商品，谋取金钱财富的物质手段，主要是生产使用价值的源泉，而不是生产交换价值的源泉。这又使得中国古代自然科学的发展受到了很大限制，自然界还没有像在古希腊那样成为科学所系统研究考察的对象，人与自然的关系处处表现为与人类社会的生存合为一体的情感关系，而不仅仅是一种外在的实用功利关系或理智认识的关系。

上述种种情况，从各个方面极为深刻地影响到包括美学思想在内的整个中国古代思想的发展。

第一，随着奴隶制社会的产生，中国古代思想家都认为阶级的划分、统治与被统治的关系的存在是必然的、合理的，但另一方面他们又都素朴地肯定了个体与社会、人与自然是能够而且应当统一

---

① 黑格尔：《哲学史讲演录》第1卷，商务印书馆1978年版，第125页。

起来的,从不把两者互相分裂和对立起来。这是整个中国古代思想的一个根本的出发点,同时也是中国古典美学的一个根本的出发点。下面我们可以看到,这对于认识中国古典美学的实质和特征是非常重要的。

第二,中国古代思想,包括美学思想在内,从根本上说是奴隶主阶级的意识形态,但它又同氏族社会的意识形态密切地联系在一起,鲜明地吸收和保存了氏族社会自发产生的原始人道主义精神。恩格斯在谈到氏族社会的时候曾经指出:"……这种十分单纯质朴的氏族制度是一种多么美妙的制度啊!没有军队、宪兵和警察,没有贵族、国王、总督、地方官和法官,没有监狱,没有诉讼,而一切都是有条有理的。一切争端和纠纷,都由当事人的全体即氏族或部落来解决,或者由各个氏族相互解决;血族复仇仅仅当作一种极端的、很少应用的手段……虽然当时的公共事务比今日更多,——家庭经济都是由若干家庭按照共产制共同经营的,土地乃是全部落的财产,仅有小小的园圃归家庭经济暂时使用,——可是,丝毫没有今日这样臃肿复杂的管理机关,一切问题,都由当事人自己解决,在大多数情况下,历来的习俗就把一切调整好了。不会有贫穷困苦的人,因为共产制的家庭经济和氏族都知道它们对于老年人、病人和战争残废者所负的义务。大家都是平等、自由的,包括妇女在内。他们还不曾有奴隶;奴役异族部落的事情,照例也是没有的。当易洛魁人在1651年前征服伊利部落和'中立民族'的时候,他们曾建议这两个部落作为完全平等的成员加入他们的联盟;只是在被征服者拒绝了这个建议之后,才被驱逐出自己所居住的地区。凡与未被腐化的印第安人接触过的白种人,都称赞这种野蛮人的自尊心、公正、刚强和勇敢,这些称赞证明了,这样的社会能够产生怎样的男子,怎样的妇女。"①

对于恩格斯所赞美的这个大家都是平等、自由的,处处表现了原始的人道精神的氏族社会,中国古代儒家和道家都明显地保留着对它的向往赞美之情。如儒家的《礼记·礼运篇》所描绘的"大同"社会,正是恩格斯所指出的没有贫穷困苦的人,大家都是平等、自由的氏族社会在人们头脑中的留存和反映。在道家的著作中,更是充满着对原始氏族社会的歌颂。例如《庄子》的《盗跖》一篇中,把"民知其母,不知其父"的社会,即母系社会看作是"至德之隆"的社会,赞美在这个社会中,人民"耕而食,织而衣,无有相害之心"。儒家的"爱人"的思想,道家的"重生"和批判进入阶级社会后的各种罪恶现象的思想,都明显地具有尊重肯定人的生命的意义和价值的特征,渗透着古代人道主义的精神。这种精神的产生显然同对氏族社会的思想传统的继承分不开。这对于我们了解中国古代思想的民主性精华的来源,是一个很为重要的问题。表现在美学上,中国古典美学思想始终是同对人的本质的认识不可分地联系在一起的。对人的生命的意义和价值的充分肯定,是中国古典美学思想的根本出发点,也是它的主流。

第三,由于在中国早期奴隶社会中,以血缘关系为基础的上下尊卑伦理道德关系在社会生活中有着极为重要的意义,因而使得整个中国古代的思想把伦理道德问题放在最重要的位置。中国哲学差不多可以说就是道德哲学,没有任何问题的探讨不是同伦理道德问题联系在一起的。像西方哲学中那种完全同伦理道德问题明确区分开来的本体论、认识论问题的探讨,在中国哲学中几乎没有。对于中国哲学来

---

① 《马克思恩格斯选集》第4卷,人民出版社1972年版,第92~93页。

说，本体论、认识论问题的探讨，归根结底还是为了解决伦理道德问题。而所谓解决伦理道德问题，最重要的又是找到一种实践修养的道路或方法，使人们日常的各种思想行为处处符合伦理道德的要求，最后达到一种崇高的人生境界。因之，人性的善恶问题、道德理想的实现问题成了中国哲学中不断在讨论着的重要问题。这又使得中国哲学和中国美学经常极其自然地融合在一起，并且使得中国美学高度重视审美与艺术的社会性问题，重视情感在审美与艺术中的作用问题。因为审美与艺术对于培养陶冶人的伦理道德感情有着非常明显的重要作用，中国古代思想既然高度重视伦理道德问题，并且把伦理道德原则的实现置于个体的情感心理欲求和实践修养的基础之上，所以中国古代哲学很自然地给了审美与艺术以高度的重视，并且把它同人性的陶冶和发展的问题不可分地联系起来了。这在儒家美学中表现得最为清楚。道家虽然反对儒家所讲的仁义道德，但它所追求的个体生命的绝对自由的境界在实质上也仍然是一种道德精神的境界，并且是同人性问题不能分离的。道家也有自己的道德论和人性论，只不过和儒家很为不同罢了。下面我们还可以看到，道家与儒家的思想，既是对立的，又是互相补充的。

总起来看，中国古典美学产生的历史条件是多方面的，但其中最为重要的是中国古代社会的特征问题。只有抓住这一特征，我们才能真正从本质上抓住中国古典美学的特征。这个特征是什么？就是我们前面所说的中国古代在进入奴隶社会之后仍然大量保存着氏族社会的传统风习，这和彻底打破了氏族社会传统的雅典奴隶制国家是很不相同的。由于氏族社会传统的大量保存，加上商品交换没有充分的发展，一方面固然阻碍了中国古代社会的发展，另一方面又使得中国古代文化浓厚地保存了氏族社会自发产生的人道主义精神，在个体与社会、人与自然之间还没有由商品交换的发展所引起的那种尖锐的分裂和对立。重视人的价值,要求个体与社会、人与自然达到和谐统一,始终是中国全部哲学和美学的根本出发点。所谓"中和"的思想,贯穿在中国全部的哲学和美学思想之中。下面我们可以看到,其中包含着中国古典美学的重大优点,同时也包含着它的缺点。

在中国早期奴隶社会形成的中国古典美学,进入封建社会后又有许多发展变化。但由于上下尊卑的伦理道德关系、自给自足的自然经济仍然在社会生活中占着极为重要的地位,因而中国封建社会的美学同奴隶社会的美学没有根本性的差异,其基本思想是一致的。虽然到了后期封建社会,特别是资本主义萌芽产生之后,中国古典美学在某些方面有所变化,但终究未能完全产生出近代新的美学思想。

下面,我们来概略地分析一下中国古典美学的发展。

二、中国古典美学的第一个基本派别——儒家

以孔子为代表的儒家美学,是中国古典美学的第一个基本派别。在孔子之前,史伯、邵缺、单穆公、伶州鸠、医和、伍举、吴公子札、子产、晏婴等人曾经对诉之于人们感官的美("五味""五色""五声"的美),以及美与"和"、美与善的关系发表过一些重要见解,但都是片段零散的,未能集中明确地提出一种对审美与艺术问题的根本看法,形成一种有高度概括性的美学观。孔子在继承前人成就的基础上,从他的"仁学"出发,第一次集中明确地提出了自己对审美与艺术问题的根本看法,指出了审美与艺术在整个社会生活中的地位和作用,从而奠定了儒家美学的理论基础,创立了中国历史上第一个重要的美学派别。

孔子的美学同他的"仁学"不能分离，要认识孔子的美学就必须分析他的"仁学"。

孔子的"仁学"是建立在亲子之爱的基础之上的。这种基于氏族血缘关系的亲子之爱在孔子看来是每一个人都具有的内在要求，只要启发这种要求，使每一个人都自觉实行"仁"——"爱人"的原则，把亲子之爱推广到整个社会，"泛爱众而亲仁"[①]，那就不会有"犯上""作乱"的事发生，个体与社会就能得到和谐的发展。孔子的这种思想自然是为巩固奴隶主阶级的统治服务的，但同时又具有长远的历史价值。首先，孔子"爱人"的思想鲜明地肯定了人类的相互依存的社会性，肯定了个体与社会的统一。其次，孔子的这一思想还肯定了道德原则的实行是同个体内在的情感要求不能分离的，并且肯定了个体生命的意义和价值，主张个体应当在与他人的协调统一中去满足自己的各种心理欲求，不同于那种把道德原则的实行同个体的情感和心理欲求互不相容地对立起来的宗教禁欲主义。孔子的这种本来是为巩固奴隶主的统治服务的思想，包含着氏族社会所产生的原始的人道主义和博爱精神，对我们民族的思想产生了深远的影响。

既然实行"仁"是每一个人都具有的基于氏族血缘关系的内在要求，那么怎样去启发这种要求，把实行"仁"变为人们内在的心理要求，使人们以实行"仁"为人生最大的快乐呢？正是在解决这个问题的时候，孔子看到了那本来是与维护氏族统治的典章、制度、仪式（即所谓"周礼"）混而为一的文艺，有着启发、陶冶人们的情感，使人们乐于行"仁"的内在功能。这样，孔子就把他的"仁学"和美

[①]《论语·学而》。

学自然而然地联结起来了,并且在中国美学史上第一次指出了审美与艺术在社会生活中所具有的重大价值,它与培养和陶冶社会性的人有不可分的联系。这就是孔子美学的深刻之处,也是它在中国历史上能够产生持续不断的影响的根本原因。

立足于"仁学",孔子一方面充分肯定个体生命的发展,包括感官的审美愉悦的合理性和价值,另一方面又要求这种审美的愉悦应当符合以"爱人"为其核心的社会伦理道德要求。而且这种社会伦理道德要求不应当是外在于个体的心理欲求的东西,而应当成为个体内在的心理欲求。《论语》所谓"知之者不如好之者,好之者不如乐之者"[1]"说(悦)之不以道,不说(悦)也"[2]"吾未见好德如好色者也"[3]等等说法,都是要求人们把实行"仁"变成内在的心理欲求,变为人生所追求的最大的快乐。这种不论在任何艰难困苦的情况下都以行"仁"为乐的境界,在孔子看来即是人生的最高境界,同时也就是一种审美的境界。在孔子那里,"仁"与"乐"(音乐,在古代也包含了诗歌和舞蹈)是不能分离的,他说:"人而不仁,如乐何。"[4]这就是说,只有自觉地行"仁"才可能有真正的"乐",而所谓行"仁"对于孔子来说又绝不是否定个体生命的正常健康的发展,而恰恰是为了使个体生命得到正常健康的发展。孔子主张的"丧致乎哀而止"[5]"乐而不淫,哀而不伤"[6]都鲜明地表现了他对个体生

---

[1]《论语·雍也》。
[2]《论语·子路》。
[3]《论语·子罕》。
[4]《论语·八佾》。
[5]《论语·子张》。
[6]《论语·八佾》。

命的健康发展的高度重视。在让他的学生子路、曾皙、冉有、公西华"各言其志"的时候,孔子又独倾心于曾点所追求的理想:"暮春者,春服既成,冠者五六人,童子六七人,浴乎沂,风乎舞雩,咏而归。"①这种理想的境界正是人我之间达到了高度的和谐统一,社会生活充满了自由愉悦的诗意和美的境界,同时也就是"仁"的原则得到了完满实现的境界。

对于孔子来说,美不是别的东西,它就是"仁"在人类日常现实生活中的完满实现。《论语》所谓"礼之用,和为贵;先王之道,斯为美"②"里仁为美"③等说法都明显地说明了这一点。而"仁"是以"爱人"为其根本的,所以"仁"的实现也就是个体与社会的和谐统一的实现。孔子的这一思想,从内容上抓住了美的实质特征。因为美作为人的本质力量的对象化,即作为人的自由的实现,只能存在于个体与社会的统一中。在个体与社会互相分裂对抗的情况下就不可能有美的存在。如果说这时也可以有美,那不是来自个体与社会的分裂对抗,而是来自对这种分裂对抗的克服和斗争。孔子以"仁"即"爱人"为美的内容实质,也就是以个体与社会的统一为美的内容实质。在事实上,一切审美的感情都超出了个人的自私打算,我们从中所体验到的正是一种自我与他人、社会和谐一致的感情,一种洋溢着对他人、社会、人生、国家、民族的爱的感情。由此可见,孔子的"仁学"是深刻地通向美学,和美学直接地融为一体的。

美是"仁"的完满的实现,而这种实现不是抽象的精神、观念的活动,必然要感性具体地表现在人的行为和生活的各个方面,具

---

① 《论语·先进》。
② 《论语·学而》。
③ 《论语·里仁》。

有可以直观到的感性具体的形式。这种感性具体的形式作为"仁"的完满的表现形式，就是美的形式，也就是孔子所说和"质"（仁义）相统一的"文"。这种"文"在古代包含着各种文物典章、诗乐歌舞，以及礼仪中使用的器物、服饰和应对进退中的容色姿态等等的美。孔子盛赞周代"郁郁乎文哉"[1]，又盛赞尧的时代"焕乎，其有文章"[2]。他对于"文"所具有的美的价值是充分地肯定着的。但他认为"文"只有在它是"质"的表现的时候才能具有真正的价值，而不致成为虚华无实的东西。反过来说，如果"质"不表现在"文"之中，有"质"而无"文"，那就是粗野无教养的表现，与做一个具有礼乐教化的"仁人"、"君子"不相称。孔子的"文质彬彬"[3]的思想，即要求文质相统一的思想，看到了美是高尚的道德精神表现在与人类的尊严、文明相称的形式之中，高尚的道德精神应当具有与人类的尊严、文明相称的形式。孔子既反对脱离高尚的道德精神去追求外在的空虚的形式，又反对蔑视人类文明的成果，退回到无文化的粗野状态，否定和取消外在形式的美。在这一点上，孔子同西方19世纪席勒的看法有很为类似之处。席勒曾经有力地驳斥了这样一种人的意见："他们不喜欢外部浮华的虚饰往往模糊真正的美德（按：这就是有文无质），但是他们竟然同样不乐意人们也向美德要求外观，他们竟然对于人们主张赋予内在的内容以令人愉快的形式也感到不快（按：这就是只要质不要文，也就是《论语·颜渊》中孔子弟子子贡批评过的棘子成"君子质而已矣，何以文为"的思

---

[1]《论语·八佾》。
[2]《论语·雍也》。
[3]《论语·泰伯》。

想)。"① 从形式与内容的关系来看,孔子的文质统一的思想还明显地包括着这样的意思:美不仅仅在形式,也不仅仅在内容,而在内容与形式两者的完满统一。孔子的这些思想,在今天看来,也还是有积极意义的。文与质的统一问题永远是人类审美意识和美学思想发展中的一个根本问题,只不过在不同的历史时代人们对文与质有不同的理解和要求罢了。而且文与质的统一,从我们今天看来,是在社会实践基础上人类物质文明和精神文明的发展所取得的历史成果,也是衡量人类物质文明和精神文明发展高度的一个重要标尺。

除了美的问题之外,孔子对艺术问题也发表了重要的见解。他所提出的"诗可以兴,可以观,可以群,可以怨"②的思想,不仅第一次对艺术的作用作了简括而明确的分析,更重要的是强调了艺术诉之于个体感情,不同于抽象的说理教训的特征,并且贯穿着孔子所要求的个体的情感心理欲求和以"爱人"为根本的伦理道德精神相统一的原则。其中,以"引譬连类"(孔安国注)和"感发意志"(朱熹注)为特征的"兴",在中国美学史上第一次指出了艺术和单纯的说理教训的区别,包含有对艺术特征的深刻理解。"怨"明确地指出了艺术包含着个体对社会生活中各种事物的情感的表现。"观"和"群"也是同审美的情感相联系的,并且突出地表明了艺术所具有的重要的社会功能。总之,在孔子看来,艺术同个体的情感心理要求的表现分不开,但这种情感心理又应当是充满着社会性的伦理道德思想的,其根本的目的在于实现孔子的"爱人"的理想,使个体与社会和谐统一,从而使个体在这种和谐统一中得到健全

---

① 席勒:《美育书简》,中国文联出版公司1984年版,第138页。
②《论语·阳货》。

的、合理的发展。

孔子的美学是直接以他的"仁学"为理论基础的,孔子的"仁学"的杰出之处,同时也就是他的美学的杰出之处。这种杰出之处,就在于孔子始终不把个体的情感心理欲求和社会的伦理道德要求分裂开来,而且孔子所说的伦理道德要求又是以"爱人"为其核心的,充分地肯定着个体生命的意义和价值。因之,孔子一方面反对个体脱离群体、脱离社会,认为"鸟兽不可与同群"[①],坚定不渝地肯定了人只能生存于社会之中;另一方面,孔子又没有把社会的伦理道德要求同个体的情感心理欲求的满足对立起来,用社会的伦理道德要求去否定个体的情感心理欲求,而只是要求个体应当在与他人相亲相爱的协调的关系中去求得自己的发展,应当把履行自己的社会责任,实现一个人人相爱的社会看作是自己崇高的天职和最大的快乐。孔子的这种思想虽然是为奴隶主统治的长治久安服务的,并且在孔子生活的时代具有空想倒退的性质,但从它反对个体与社会相分裂,要求个体与社会和谐统一这一点来说,却是十分伟大的,具有永远不可磨灭的重大历史价值。问题在于孔子所说的与个人相统一的社会,是一个被他大为理想化了的,有着严格规定的上下尊卑的等级制奴隶社会,个人的发展绝对不能违背这种等级制。孔子明确声称:"非礼勿视,非礼勿听,非礼勿言,非礼勿动。"[②]由此可见,孔子一方面主张个人应当在与社会的统一中求得自己的发展,另一方面孔子所说的社会却又是限制和束缚着个人发展的。个人的一切发展,如果违背了"礼",那就是不能容忍的大逆不道。这是

---

① 《论语·微子》。
② 《论语·颜渊》。

由历史所决定的孔子思想中一个不可克服的矛盾，也是他的思想的重大的局限性所在。由于这种局限性，孔子的思想有严重地束缚中国人民个性发展的一面，在美学上也相应地有着束缚中国艺术发展的一面。审美与艺术上的一切追求，其意义最后被归结为"迩之事父，远之事君"①这样一个极其狭隘的政治功利目的服务，并且必须把这个目的看作是至高无上的东西。因为孔子虽然高度重视人的社会性，但他心目中唯一绝对合理的社会只能是中国古代早期奴隶制社会。超出这个社会去求得个体的发展，去创造美与艺术，对于孔子来说是根本不可思议的。

在孔子之后，儒家美学在一个很长的时期内继续得到了发展，并且最后取得了主导地位。孔子以后的儒家美学，根据历史发展的顺序，包含孟子的美学、荀子及荀子学派的《乐记》的美学、《周易》的美学、汉儒的美学、宋儒的美学。儒家美学所有的这些后继的流派，当它肯定个体与社会的统一，并且较为重视个体生命的意义与价值的时候，它就能较好地发扬孔子美学中积极的东西。相反，当它把个体与社会对立起来，以实行神圣不可侵犯的伦理道德为理由去否定个体生命的意义和价值的时候，它就走向了反动的禁欲主义，从而也就否定了审美与艺术存在的意义和价值。例如大讲"存天理，灭人欲"的宋儒中的程颐就宣称作文害道，文与道不能相容。这是对孔子美学的否定，是迂儒的理论，同时也是中国后期封建社会统治者与人民利益的矛盾尖锐化的产物。②

---

① 《论语·阳货》。
② 这种说法现在看来有简单化的毛病，容后再论——作者补注。

三、中国古典美学的第二个基本派别——道家

道家美学是在春秋战国时期产生形成的另一个美学派别，并且是唯一足以同儒家美学相抗衡，在中国美学史上产生了巨大影响的派别。先秦墨家和法家也有自己的美学思想，但都不足以同儒家相抗衡，在中国美学史上也没有重要影响。

儒家美学是建立在"仁"学的基础上的，道家美学则是建立在"道"论的基础上的。因此，要认识道家美学，首先要弄清道家关于"道"的观念。为了弄清它，我们不得不暂时离开美学的领域，先来大略地考察一下道家思想的产生。

道家和儒家虽然在产生的时代上大致相差不远，但却表现出了很为不同的、互相对立的倾向。其所以如此，从根本上看，是由于儒道两家对于中国古代从无阶级的氏族社会进入奴隶制的阶级社会之后所产生的种种巨大的社会问题，采取了各不相同的看法。

恩格斯指出，人类从无阶级的原始氏族社会进入奴隶制社会，是生产力发展的必然结果，是一个重大的历史进步，但历史的进步经常带有二重性。一方面，无阶级的原始氏族社会不被打破，人类历史就不能从野蛮进入文明；另一方面，原始氏族社会又是被那种"在我们看来简直是一种堕落，一种离开古代氏族社会的纯朴道德高峰的堕落的势力所打破的。最卑下的利益——庸俗的贪欲、粗暴的情欲、卑下的物欲、对公共财产的自私自利的掠夺——揭开了新的、文明的阶级社会；最卑鄙的手段——偷窃、暴力、欺诈、背信——毁坏了古老的没有阶级的氏族制度，把它引向崩溃，而这一新社会自身，在其整整两千五百余年的存在期间，只不过是一幅区区少数人靠牺牲被剥削被压迫的绝大多数人的利益而求得发展的图

画罢了……"① 这个在人类历史上非常巨大深刻的变化，给中国古代思想家留下了强烈印象，在他们当中引起了不同的反响。特别是氏族社会残余在中国奴隶社会中大量存在，更使得这个历史上的巨大转变引起了中国古代思想家极大的注意，产生了激烈的争论。儒家对这一转变采取了肯定的态度，对奴隶社会所带来的文明是赞美的。当然，它也看到这一转变所带来的种种虚伪罪恶的现象，所以孔子提倡"爱人"，主张实行一种比较温和、开明和合乎人道的阶级统治。这是孔子伟大的地方，也是氏族社会高尚的道德精神在孔子思想中的留存和表现。但孔子所歌颂的是"郁郁乎文哉"的周代奴隶社会，他是新起的奴隶制社会的维护者，这鲜明地表现在他对那处处充满了奴隶制严格的等级观念和种种不得僭越的规定的"周礼"的维护上。道家则不同，虽然它也并不在根本上否定奴隶制度，但对于伴随奴隶制社会而来的种种罪恶现象采取了极为强烈的批判态度，对原始氏族社会的天下太平的景象充满向往赞美之情。它认为社会中的一切罪恶现象，都是由于实行儒家所谓的礼教、仁义所引起的。生产的发展和财富的增加又刺激了人们的贪欲，引起了社会的争夺和不安。《老子》书中说：

"大道废，有仁义；慧智出，有大伪。六亲不和有孝慈，国家昏乱有忠臣。"②

"失道而后德，失德而后仁，失仁而后义，失义而后礼。夫礼者，忠信之薄而乱之首也。"③

"天下多忌讳而民弥贫；民多利器，国家滋昏；人多伎巧，奇

---

① 《马克思恩格斯选集》第4卷，人民出版社1972年版，第94页。
② 《老子》第十八章。
③ 《老子》第三十八章。

物滋起；法令滋章，盗贼多有。"①

老子非常清楚地指出了奴隶制文明所带来的是种种无穷的祸害，庄子及其后学又进一步发展了老子的这种思想。他们一方面反复赞颂"民知其母，不知其父"的原始氏族社会是"至德"之世，另一方面又尖锐地指出仁义道德的实行不过是"假乎禽贪者器"②，也就是给了统治者一种营私利己、窃国称侯的工具。他们还声称"圣人不死，大盗不止"③，并且预言"千世之后必有人与人相食者也"④。其实，这个历史的预言不需千世之后，早已为历史所证实。此外，庄子及其后学还一再地指出，进入文明社会之后，人变成了物的奴隶，处处受到了物的统治。从我们今天看来，庄子及其后学对于人类进入阶级社会之后所出现的人的异化现象，已经有了一种直观、素朴的认识。《庄子·骈拇》中说："尝试论之，自三代以下者，天下莫不以物易其性矣。小人则以身殉利，大夫则以身殉家，圣人则以身殉天下。故此数子者，事业不同，名声异号，其于伤性以身为殉，一也。"

《庄子》书中其他许多类似的说法，如"丧己于物"⑤，"危生弃身以殉物"⑥等等，都包含着对人的异化现象的揭露。这是道家的一个极为深刻的思想。统观道家对于文明社会的批判，我们可以说道家已从种种社会现象上，看到了恩格斯所说人类进入文明社会是

---

① 《老子》第五十七章。
② 《庄子·徐无鬼》。
③ 《庄子·胠箧》。
④ 《庄子·庚桑楚》。
⑤ 《庄子·缮性》。
⑥ 《庄子·寓言》。

"一种离开古代氏族社会的纯朴道德高峰的堕落",虽然道家的这种认识在出发点、思想的实质和最后的结论上都不能同恩格斯相提并论。

怎样才能解决文明社会所产生的种种问题呢?道家的看法虽然并不否定阶级的存在的合理性,但它却幻想着回到它所赞颂的原始氏族社会的状态去,采用原始氏族社会的办法来治理阶级社会。道家把它所赞颂的氏族社会同文明社会加以比较,认为氏族社会最大的特点,也是最大的优点,就是"素朴""自然""无为"。这种看法既是一种感性的直观,同时又深刻地概括了氏族社会的重要特征。因为氏族社会确实是一个自然发生的社会,人与人之间还不存在分裂和对抗,一切社会问题看来都是自然而然地就得到了合理的解决。用恩格斯讲到氏族社会的话来说,在这个社会里,"一切问题,都由当事人自己解决,在大多数情况下,历来的习俗就把一切调整好了"①。此外,在氏族社会也的确还没有人为他的生产物所支配,成为物的奴隶的现象。因为如恩格斯所指出的,"生产是在极狭隘的范围内进行的,但生产品完全由生产者支配。这是野蛮时代的生产的巨大优越性,这一优越性随着文明的到来便丧失了"②。道家抓住他们所赞颂的原始氏族社会具有的"素朴""自然""无为"的特征,并且进一步提高到哲学上来加以论证,为阐明原始氏族社会的优越性提供理论根据,于是就产生了"道"的观念。因为道家所谓的"道",其根本的特征正是"素朴""自然""无为",它显然是道家所赞颂的原始氏族社会的特征在道家思想中的一种抽象化了的反映。

---

① 《马克思恩格斯选集》第4卷,人民出版社1972年版,第92~93页。
② 《马克思恩格斯选集》第4卷,人民出版社1972年版,第108页。

"道"被说成是产生和决定万物的本原,什么东西也离不开它,实际就是说原始氏族社会所具有的"素朴""自然""无为"的特征是完全合乎世界本性的,是宇宙的不可动摇的根本原则的表现。在我们的哲学史研究中,对"道"的观念的来源作过种种解释,但常常只看到它同古代思想家对自然的观察和宇宙起源的解释的关系,而没有看到它同道家对原始氏族社会的认识和看法密切相关。在我看来,"道"这一根本概念的提出,其根本目的首先是论证原始氏族社会绝对永恒的合理性和优越性。它看来似乎只是一个自然哲学的概念,实际上具有非常现实的社会历史内容。

在道家看来,"道"是产生天地万物的一种能动的但又是无形的实体,在空间和时间上都是无限的。它是宇宙万物的创造主,但它本身却不是其他任何东西创造出来的,它就是它自身产生和存在的终极原因。而且它产生创造万物的一切活动和作用都是无意识无目的的,不同于有意识有目的上帝或人格神。虽然道家也并不否认上帝鬼神的存在,但它认为这上帝鬼神也是"道"所产生创造出来的。这样一种"道"的观念,不同于客观唯心主义者柏拉图、黑格尔所说的"理式"或"绝对理念"。因为"道"是存在于天地产生之前的一种混沌不可名状的实体,道家是把它作为"混成"的"物"来看待的,也就是老子所谓的"有物混成,先天地生"。在中国古代语言中,"物"这一概念是不能用来指精神、观念的。因此,"道"不是柏拉图所说的"理式",即先于具体事物而存在普遍概念,也不是黑格尔所说的"绝对理念",即先于具体事物而存在的逻辑范畴。但是,在另一方面,"道"也不能看作是一般唯物论者所说的物质,因为它是一种无所不能的创造的力量,也可以说是宇宙的生命。所以,把"道"简单地说成唯心论或唯物论的观念看来都不太适合,实际上它接近西方哲学中的泛神论观念,即把无限的宇宙自然及其运动变化看作就是神。从思想史上看，一般而言，泛神论是从信仰人格神的观念向否定人格神的唯物论的观念过渡的中间环节。道家的"道"的观念大致上也是这样。它已经否定了世界是人格神的有意识的创造的结果，但又还没有达到完全明确的唯物论的观念。因而，后世既可以对道家的"道"作唯物论的解释（如韩非），也可以把它引向唯心主义（如道教）。不过，总的来看，道家泛神论的观念所包含的唯物论的内容虽不如西方斯宾诺莎的泛神论那么明确，但其主要方面还是倾向于唯物论的。泛神论在中国古代哲学中的表现及其与美学的关系，是一个很值得深入研究的问题。儒家思想中也有泛神论的观念存在。

在道家看来，"道"是万物产生和存在的根本，同时也是美产生和存在的根本。"道"的本质特征在于自然无为，因此美的本质特征也在于自然无为。得"道"才能得"美"，违背了"道"就无任何美之可言。《庄子》中说："素朴而天下莫与之争美。"[1]又说："澹然无极而众美从之。"[2]这里所谓的"素朴""澹然无极"都是自然无为的意思。《庄子》还说："天地有大美而不言，四时有明法而不议，万物有成理而不说。圣人者，原天地之美而达万物之理，是故圣人无为，大圣不作，观于天地之谓也。"[3]这里更为明确地指出了"无为"是美的本质所在。因此，要理解道家对美和与之相关的艺术的看法，关键在于分析道家所谓自然无为的实际含义。

讲到道家的自然无为的思想，一般都认为它是一种纯粹消极出世的思想，此外再没有别的了。这是一种非常简单肤浅的看法。

---

[1]《庄子·天道》。
[2]《庄子·刻意》。
[3]《庄子·知北游》。

实际上，道家所说的"无为"并不是完全消极地否定一切，抛弃一切，而恰好是要通过"无为"达到"无不为"，即达到一种绝对自由的境界。在"无为而无不为"的说法里，包含着道家对于规律、必然与自由的关系的深刻理解。"无为"是顺应自然规律，不用人为的活动去破坏自然规律；"无不为"则是由于顺应自然规律自然而然地获得了一切，实现了一切，也就是达到了高度的自由。在道家看来，自由是规律自身自然而然地发挥作用的结果，规律自身的发生作用即是自由的实现。相反，破坏和违背自然的规律，是不可能得到自由的。道家的这种思想固然常常忽视了人认识、掌握和应用规律的能动性，但它看到了规律与自由的统一性，看到了高度的自由是规律自然而然地发生作用的结果，这却是十分深刻的，并且从根本上把握住了美与艺术的特征。因为美与艺术的领域正是规律与自由达到了高度统一的领域，规律不是外在于人的自由、束缚和否定着人的自由的东西；相反，正是在规律不受任何干扰地发生作用的过程中，自由获得了完满的实现。这种规律与自由完全合为一体的境界，即是美的境界。道家虽然很少正面地谈到美，但《庄子》书中许多地方都讲到了这种以规律与自由的完全合一为特征的审美境界。以"无为而无不为"为其根本原则的道家哲学，特别是庄子哲学，是处处与美学相通的，和美学浑然一体，不可分离。因为道家哲学所不倦地追求着的是人生的一种自由的境界，这种自由境界也正是一种审美的境界。

我们先来考察一下道家对自然的看法。道家认为自然本身的运动变化正是他们所说的"无为而无不为"的"道"的最完满的体现。因为自然的一切变化完全是自发的、无意识的，但正是在这种自发的、无意识的变化中，自然又成就了一切目的。道家从自然的变化中观察到了合规律与合目的的高度统一，看到了自然生命不受任何外力干预的自由生活,并且以之作为人类生活所应当效法的理想。在中国古代思想家中,道家最热爱大自然,认为自然生命的不受拘束的自由表现是非常之美的。《庄子》书中多次描写了这种自然生命的美。例如,翩翩飞舞的蝴蝶①,"十步一啄,百步一饮"的"泽雉"②,"陆居则饮草食水,喜则交颈相靡,怒则分背相踶"的马③,"栖之深林,游之坛陆,浮之江湖,食之鳅鲦,随行列而止,委虵而处"的鸟④,"出游从容"的鱼⑤,等等,都因为显示了自然生命的自由自在而使人感到十分之美。如果人为地破坏它们的天然状态,那也就毁坏了它们的美。在道家看来,只有让事物纯任自然地表现出它们的本性,显示出它们的自由,才会有美的存在。

我们再来看看《庄子》书中许多关于"道"与"技"的寓言,同样是以规律与自由的高度统一为美。而这种统一,又是来自人对自然规律的顺应,使规律的作用与人的目的实现完全合而为一的结果。例如,《养生主》中所讲到的庖丁解牛,在庄子的笔下就像一场给人以美的感受的音乐舞蹈表演。而庖丁解牛之所以能恢恢乎游刃有余,表现出高度的自由,是因为他能"依乎天理,批大郤,导大窾,因其固然",即完全合乎牛的解剖结构的规律。再如《达生》中讲到吕梁丈夫之所以能在急流险滩中游泳自如,是因为他能够"与齐俱入,与汩偕出,从水之道而不为私",即完全符合于流水的规

---

① 见《庄子·齐物论》。
② 见《庄子·养生主》。
③ 见《庄子·马蹄》。
④ 见《庄子·至乐》。
⑤ 见《庄子·秋水》。

律。其余如"宋元君画图"①"梓庆削木为鐻"②"工倕旋而盖规矩"③等寓言，都说明了规律与自由的高度统一。也就是说只有实行"无为"，即纯任自然，才能取得高度的自由。后世经常引用《庄子》中的这些寓言来说明艺术创造的道理，其原因就在于规律与自由的高度统一正是一切成功的艺术创造的特征。

最后，我们再来看看道家对社会生活的美的认识，在根本上也是以纯任自然而达到高度的自由为美。如《庄子·缮性》中赞美古代的氏族社会说："古之人，在混芒之中，与一世而得澹漠焉。当是时也，阴阳和静，鬼神不扰，四时得节，万物不伤，群生不夭，人虽有知，无所用之，此之谓至一。当是时也，莫之为而常自然。"在庄子后学看来，这是一个极为美妙的社会，而它的特征就在"莫之为而常自然"。《天地》中对于这一点有更为具体的说明："端正而不知以为义，相爱而不知以为仁，实而不知以为忠，当而不知以为信，蠢动而相使，不以为赐。"总之，人们是相亲相爱，处处互相帮助的，但又是完全出于自然的，根本不是有意识地认为自己是在行仁义忠信之道。从社会的发展来看，这些说法并不是完全出于庄子后学的编造，而是恩格斯曾经指出过的氏族社会中人们"爱好自由，以及把一切公共的事情看作是自己的事情的民主本能"④在庄子后学头脑中的留存和反映。从美学上来看，它又说明了道家认为社会的美在于人与人之间的相爱与和谐相处不是外在的义务或道德命令，而完全成为每一个人的本能。一切都是自然而然地发生的，

---

① 见《庄子·田子方》。
② 见《庄子·达生》。
③ 见《庄子·达生》。
④ 《马克思恩格斯选集》第4卷，人民出版社1972年版，第152页。

但又是完全合乎社会性的人的要求的，个体与社会达到了高度的和谐，这就是社会生活中人的自由的完满实现，也就是美。

但是，在道家看来，社会的这种自然而然形成的理想状态，因为"圣人"的出现，统治者推行各种仁义道德、典章法律制度而遭到了破坏，实际上也就是因为伴随着阶级对立而来的文明社会的出现而遭到了破坏，产生了各种虚伪的罪恶的现象，人们相互无情地争夺，每一个人都成了物的奴隶。道家把这种现象说成是背离了自然无为的"道"的结果，而要重新使人得到自由，就必须恢复和实行自然无为的原则。但是，阶级社会的出现终究已经是一个既成的事实，道家作为阶级社会中的思想家在根本上也没有否认阶级划分的合理性。因之，所谓实行自然无为的原则，在道家特别是在庄子那里并不是消灭阶级的对立，而是对人世的生活采取一种纯任自然的态度。用我们现在的话来说，也就是超功利的态度，由此去达到人生的一种自由境界，亦即美的境界。在这点上，道家又发挥出了一种极为重要的美学观点。

历来都有不少人认为道家是厌弃和否定生命的，这是一种表面的看法。实际上，道家特别是庄子继承了古代氏族社会重视人的生命自由的观念。如果说老子的思想还带有寡欲和寡情的特点，那么庄子则是热爱生命的。如前所说，庄子看到了阶级社会出现后人的异化现象。对于这种使人成为物的奴隶的现象，庄子怀有极大的悲痛，这正是庄子热爱生命的表现。他说："一受其成形，不忘以待尽。与物相刃相靡，其行尽如驰，而莫之能止，不亦悲乎！终身役役而不见其成功，苶然疲役而不知其所归，可不哀耶！人谓之不死，奚益？"① 庄子的后学还哀叹，"今世俗之君子多危身弃生以殉

---

① 《庄子·齐物论》。

物,岂不悲哉!"这就像"以隋侯之珠弹千仞之雀"一样,完全是轻重倒置,不懂得人自身的生命的可贵①。"重生""养生""完身"始终是庄子及其后学的根本思想。但人要怎样才能使自己从外物的奴役下解放出来,保持生命的自由呢?庄子及其后学认为根本的方法就是要对人世的贵贱、祸福、得失、是非以至生死采取一种超然的态度,统统把它们看作是相对的东西,并且是人力所不能左右的,一切纯任自然,"不乐寿,不哀夭,不荣通,不丑穷"②,"安时而处顺,哀乐不能入"③。这样就可以保持生命的自由,不至于"与物相刃相靡",一生为外物所支配而劳神苦心了。在庄子及其后学看来,采取这样一种超然于人世得失的生活态度,亦即符合于"道"的自然无为的态度,就可以达到一种绝对自由的境界,得到真正的美。这就是我们在前面已经提到的"素朴而天下莫与之争美","澹然无极而众美从之"的真实含义。《庄子》书中所描写的"神人""至人""真人"的生活境界,就是一种超出了人世得失的绝对自由的生活境界,同时也就是一种最美的生活境界。《齐物论》中描写"至人"的生活说:"至人神矣!大泽焚而不能热,河汉冱而不能寒,疾雷破山〔飘〕风振海而不能惊。若然者,乘云气,骑日月而游乎四海之外。死生无变于己,而况利害之端乎!""至人"既然连生死都不放在心上,还有什么东西能够使他忧虑恐惧的呢?这样的"至人"也就超越和支配了整个天地,而获得了庄子常说的"天地之大美"了。在所有这些看来是虚幻的夸大的说法里,包含着美学上的一个深刻的真理,那就是把美同"素朴""无为""澹然无极"联系了起来,

---

① 《庄子·寓言》。
② 《庄子·天地》。
③ 《庄子·大宗师》。

也就是把美同超功利的生活态度联系了起来。这是道家美学的一个十分重要的贡献。因为美的产生虽然在根本上离不开功利,但美之为美却又是超越了狭隘有限的实用功利的。只有当人类超出了实用功利需要的满足,不以功利的满足为生存的最终目的,他才能把自身的生活当作人的自由创造的表现来加以观照,从中感受到美。而庄子恰恰是这种超功利的生活态度的热烈倡导者,而且庄子所说的超功利具有一种极为雄大的气魄,不但功名利禄是为他所蔑视的,就是生死在庄子看来也不过是不可避免的自然变化,完全用不着对死感到恐怖悲哀。但庄子又并不因此而否定人生的意义和价值;相反,他正是要人们通过这超功利的态度去摆脱人生的种种痛苦和不安,达到一种"不以物挫志"[1]而"与物为春"[2]的自适自得的生活境界。这样一种生活态度,正是一种超功利的审美态度,而它所达到的境界也正是一种审美的境界。在《庄子》全书中,我们随处都可看到庄子及其后学是以一种极为达观的审美态度去看待生活的。他们热爱自然生命的美,珍视"鱼处于陆,相呴以湿,相濡以沫"[3]的仁爱精神,赞美外形奇丑但却有高尚精神的人[4],憎恶统治者的虚伪、巧诈、顽冥和残暴,其基本的精神是乐观、明朗、向上的。历来都有人声称庄子是混世主义或滑头主义者,这其实是一种皮相的看法。从庄子所说的超功利实际上只能是精神上的自我解脱这一点来说,庄子的生活态度无疑带有虚幻的自我安慰,甚至是自我欺骗的性质,但庄子所要达到的却是一种纯洁高尚的、自由的生活境

---

[1]《庄子·天地》。
[2]《庄子·德充符》。
[3]《庄子·大宗师》。
[4] 见《庄子·德充符》。

界，这就决不可以同那些但求苟全性命，把追求个人渺小私利的满足看得高于一切的混世主义或滑头主义者相提并论。很显然，如果庄子真的是一个混世主义者或滑头主义者，他会赞赏宋元君的画史中那位在权贵的面前解衣般礴、旁若无人的画史吗？他会有那么纯真而丰富的审美感受，怡然欣赏"鯈鱼出游从容"之类的美吗？简单地论定庄子是混世主义者或滑头主义者，我认为是不正确的，是一种只看表面现象的轻率的论断。

四、儒家美学与道家美学的区别和联系

儒道两家美学是中国古典美学的两大基本派别。我们在下面将要谈到的楚骚美学和禅宗美学的产生都同这两大基本派别分不开。因此，在分述了儒道两家美学的基本思想之后，很有必要进一步来分析一下它们之间的区别和联系。通过这种分析，我们可以更加清楚地看出儒道两家美学的实质。

儒道两家美学的歧异，最根本的是由于它们站在不同的立足点上来看社会和人的本质。儒家站在维护和肯定奴隶制社会的立场上，高度重视维护奴隶制的上下尊卑的伦理道德关系。它虽然也十分重视个体生命的发展，但它认为个体只有在处处遵循奴隶制上下尊卑的伦理道德的情况下才可能得到发展。因之，对于儒家来说，美归根结底是伦理道德的善的表现形式，而且这种善又是一点也不能脱离奴隶制严格的等级制度的。美必须与这种善相统一，不能违背它。虽然孔子也不否认美自身具有给人以感官愉悦的相对独立的价值，但如果它脱离违背了善，那就是没有意义的。所以孔子说：

"人而不仁，如乐何？"[①]在儒家的思想里，美是必须从属和服从于善的。这种思想，极大地强调了审美和艺术的社会作用，高度重视审美和艺术的社会功能，形成了我国古典美学的一个良好的传统。但是，在另一方面，由于在儒家的思想中美处在从属于善的地位，只是善的表现形式，因而美与善的统一经常是一种外在的统一，它的发展处处都必须受善的规定和限制。在这种情况下，美失去了自身的不能为善所代替的价值，当善被片面地加以强调的时候，就会导致对美的否定。这经常出现在统治阶级和人民发生了尖锐矛盾，竭力要从伦理道德上加强它对人民的统治的时候。此外，由于统治阶级自身的腐化，也会引起美与善的分裂和矛盾。中国文学批评史上关于文与道、质与文、华与实的一次又一次的讨论，实际上就是美与善发生了分裂矛盾的表现。两者如何才能达到内在的统一呢？这个问题始终是中国的奴隶主阶级和封建阶级都无法彻底解决的。因为它们所说的善都有其阻碍社会发展，压制人民个性的一面（特别是在统治阶级衰落的时期更是如此），因而也就不可能从根本上同美保持长时期的统一。这种情况反映在儒家的美学思想上，使得儒家虽然要求美善统一，但却又无法消除美对于善的从属、附庸的地位，美自身不同于善的独立的价值始终未能得到充分承认，这就束缚了我们民族的审美意识和艺术的发展。由此也可以看到，儒家对于美学虽然作出了重要贡献，但儒家美学基本上还是一种伦理学的美学，美学还没有从伦理学中分化独立出来。着重从社会伦理道德的角度去观察美与艺术的问题，这是儒家美学的重大优点，但同时也包含着它的重大缺点。这种缺点直到现在还在产生影响。

---

①《论语·八佾》。

和儒家不同，道家对于那被奴隶制社会取代了的原始氏族社会充满向往之情，对新起的奴隶制社会的文明是否定的。他们站在肯定和赞美氏族社会的立场上来看各种社会问题和人的本质问题，认为奴隶制社会的维护者儒家所提倡的礼法和仁义道德恰好从根本上破坏了原始氏族社会那种素朴天然的状态，使人们变得虚伪、奸诈、自私、残忍，带来了各种前所未有的社会灾难，人完全成了他所追逐的各种物欲的满足的奴隶，在各个方面都被异化了。道家并不否定儒家所说的"爱人"，不否定社会的人所应有的仁义道德，但它认为在氏族社会中，人们并不知道什么是仁义道德，也没有意识到要行什么仁义道德，可是人们的行为却是处处合乎仁义道德的，真诚地相爱的。我们已经说过，道家的这种说法看到了在氏族社会的纯朴状态下，道德完全是人们的一种社会本能，不是迫于社会舆论而不得不实行的一种外在的行为规范。进入奴隶制社会之后，道德变成了维护统治阶级利益的工具，统治者采取各种方法强令人民必须处处实行它，实行的结果使人民失去了个性的自由，成了道德的牺牲品；而统治者自己却可以不顾道德为所欲为，把道德变成他们营私利己、奴役人民的手段。对于这种现象，道家曾作了许多十分大胆和深刻的批判。道家既然对建立在上下尊卑伦理道德等级制度之上的奴隶社会，对儒家大力宣扬的仁义道德采取了否定的态度，因而也就根本不承认美是儒家所说的仁义道德的表现，从来不像儒家那样处处联系着善去讲美，把美看作是必须从属和服从于善的东西。道家以自然无为为美，从社会历史的角度来看，就是以原始氏族社会中那种天然素朴的状态为美。道家对自然无为的赞美，实质上也就是对与奴隶制社会不同的、原始氏族社会天然素朴状态的赞美。恩格斯曾经称赞："这种十分单纯质朴的氏族制度是一种多么美妙的制度啊！"①尽管道家对氏族制度的本质的认识是绝对不能同恩格斯相提并论的，但道家确实对这种"十分单纯质朴的氏族制度"发出了一次又一次的赞美。这在《老子》和《庄子》中都可以找到大量的证明。总之，自然无为是道家对于美的根本观念，是道家哲学和美学的核心。而这种观念，如我们在上节中已经分析过的，是以顺应自然规律而取得高度的自由为美，也就是以自然规律和人的自由的高度统一为美。一切仁义道德的规范，在道家看来都不能损害人的生命的自由发展，都不应当是从外部来束缚和毁损人的生命的自由发展的东西。如果不是这样，那么仁义道德就是人的一种"桎梏"、枷锁，就应当抛弃它。同样，人的各种欲望的满足，包括功名利禄、富贵寿考的追求，如果是以人的生命的自由的牺牲为代价的，那也是极端有害而必须加以抛弃的。所以，庄子处处提倡一种超功利的生活态度，力求要使人从外物的统治下解放出来。从历史的渊源来看，我认为道家是充分地继承了恩格斯所指出过的"野蛮人"（即原始氏族社会成员）的"爱好自由"的观念的。这种观念，恩格斯认为是"氏族制度的果实"。②道家以自然无为为美，即是以人的自由的生活境界为美。这是道家美学特别杰出的地方。由于以自由的生活境界为美，由于在道家看来仁义道德不应破坏人的自由的发展而应与之相一致，所以，在道家的观念里，美是包含了善而又超越了善的，从而美也就获得了它自身的独立的崇高的价值，不是善的附庸。这在中国美学史上，是有着极为重要的意义的。如果说儒家的美学还是一种伦理学的美学，美学是处处依附于

---

① 《马克思恩格斯选集》第4卷，人民出版社1972年版，第92页。
② 《马克思恩格斯选集》第4卷，人民出版社1972年版，第152页。

伦理学的，那么道家的美学则是超出了伦理学的，它已经是纯粹意义上的美学，其地位高于伦理学。

由上述儒道两家美学的根本差异，又生出了儒道两家美学在许多方面所具有的鲜明的不同特征。概而言之，主要有下述几个方面。

第一，儒家视善为美的根本，它极其重视的核心问题是如何通过审美与艺术，用社会性的伦理道德思想去陶冶感化人们的感情。尽管这也包含着儒家对审美与艺术的特征的重要认识，但其基本思想是把审美与艺术当作一种进行道德教育的手段，非常强调伦理道德对情感的控制约束作用，对审美不同于道德教育的特征认识不足。道家则不同，它以自然无为为美，即以人的精神、情感的纯任自然的自由的表现为美，因而它对审美与艺术的特征有着远比儒家更为深刻的认识。道家从不像儒家那样处处主张用伦理道德去规范约束人们的情感，相反，它十分强调审美所特有的直觉性，以及下意识的活动和想象等等的作用。道家关于"言不尽意"的思想，关于"心斋"、"坐忘"等等的说法，实质上讲的是一种与科学认识不同的超功利的审美感受。我们的中国哲学史著作看不到这一点，用哲学认识论的观点去分析道家的这些说法，对道家大加指责，这是很不适当的。实际上，从审美感受的角度去看，道家的这些说法并不是荒谬的无稽之谈，而有着深刻的意义。如所谓"徇耳目内通而外于心知"[1]的说法，就指出了审美感受不是对外物的一种理智的科学的思考，而是对于人身的生活的一种超功利的自由的直观和体验。此外，《庄子》书中许多关于"道"与"技"的寓言，实际上指出了艺术

---

[1]《庄子·人间世》。

创造活动既是一种处处合规律的活动，同时又是一种高度自由的活动。在中国美学史上，如果说儒家美学在阐明审美与艺术的社会作用方面做出了突出的贡献，那么对审美与艺术创造的特征的深刻认识，则主要应归功于道家。后世关于审美与艺术创造的特征的种种说法，基本上是渊源于道家的。

第二，儒家视善为美的根本，因此它对于美与艺术主要是从个体与社会的关系这一角度去观察的，它所强调的是个体的道德精神的美，相对来说比较忽视从人与自然的关系的角度去观察，忽视自然美。即令是谈及自然美的时候，也是把自然作为道德精神的象征来看待的。道家则不同，它极为重视人与自然的关系，把人与自然的高度统一，人同永恒无限的自然的合一看作是最高的美。庄子的"逍遥游"的思想充分地表现了这一点。人与无限的宇宙、自然的合一，始终是道家的理想。但这又没有什么神秘的宗教崇拜，使人匍匐于自然之前的观念；相反，是要把人与自然的关系提高到一种绝对自由的境界，不受时间和空间的束缚，也不受任何有限的个别自然物的束缚。儒家与道家都有天人合一的思想，但前者主要是通过道德精神的完善而与天地合一，后者则是要从人与天地的合一中达到个体的绝对自由。前者伦理学的意义大于审美的意义，后者则可以说是纯粹审美的。天人合一同中国古典美学有着极为重要的关系，我们后面还要谈到。这里所要指出的是：道家比儒家更重视从人与自然的关系去观察美的问题，中国古典美学中关于自然美的理论大部分是由道家奠定的。中国艺术所特有的空间意识，即对无限广阔自由的空间的追求也同道家分不开。

第三，在审美的理想、趣味上，处处要求用伦理道德原则去规范个体感情的儒家，比较重视一种有严格程式的人工的美，其基调往往是严肃、刚正的；相反，处处要求任情适性，使个体的情感获得充分自由的表现的道家，则比较重视一种不假人工的，自然天成的美，而且不排斥对奇特丑怪的美的追求，其基调经常是奔放自由的。前者一般具有一种严谨的现实主义精神，后者则常常洋溢着浓烈的浪漫主义气息。这两种不同的理想、趣味，鲜明地表现在中国历代的艺术中。

第四，儒家在谈到诗的作用时肯定了诗"可以怨"，这里所说的"怨"包含了"刺上政"（孔安国注）的意思，汉儒曾经加以发挥。这说明儒家美学对不合理的社会政治是主张加以揭露批判的，但这种揭露批判最终仍然是为了更好地实行儒家提倡的仁义道德，巩固统治阶级的统治。所以，"怨而不怒"是儒家的基本思想。道家则不同，它有着远远超过儒家的批判性。因为它对于阶级社会的文明是持强烈的否定态度的，非常大胆而有力地揭露了它的虚伪和黑暗。这样的例子在《庄子》书中随处可见。如《外物》中讲的"儒以诗礼发冢"（即盗墓）即是对儒家的一个极为尖刻而巧妙的讽刺。儒家所谓"怨而不怒"的原则，道家是根本不遵守的。历来被人看作混世主义、滑头主义的道家，其实有着强烈的正义感和无所顾忌的批判精神。他们的某些看来是混世的说法，是为了逃脱黑暗势力的迫害，以免死于非命的"不得已"的手段。①实际上，在他们的内心里燃烧着对黑暗势力的怒火，并且常常情不自禁地表现出来。道家的这种大胆的批判精神对后世产生了深远的影响，成为打破儒家思想束缚的有力武器。特别是在明中叶资本主义萌芽出现之后，它就同当时在一定程度上主张个

---

① 参见《庄子·人间世》。

性解放的思想结合起来了。汤显祖、袁宏道以至曹雪芹这些人，无不受着庄子思想的深刻影响。

第五，儒家充分肯定了美给人以感官愉悦的形式——"文"，道家几乎不讲"文"这个概念，但并不否认感性形式的美。如庄子思想中的"神人"就具有"肌肤若冰雪，绰约若处子"[①]的美，《老子》书中所说的"小国寡民"的理想社会，也是一个"甘其食，美其服"[②]的社会，并不是不要美。但《老子》书中又说过"五色令人目盲，五音令人耳聋"[③]的话，《庄子》中进一步作了发挥（见《胠箧》及其他各章），并且多次讲了美丑是相对的，宣称"厉与西施，恢诡谲怪，道通为一"[④]，因此许多人认为道家是美的否定者。其实，把个体生命的保存和发展放在最高地位的道家并不是从根本上否定美，而只是否定在进入文明社会之后，统治阶级所追求的那种放肆的，有害于生命的感官享乐的"美"。例如，据《国语》记载，周王决心要铸一个"听之弗及，比之不度"，大而又大的钟，以此为"乐"，单穆公就曾经激烈地反对，认为"夫乐不过以听耳，而美不过以观目。若听乐而震，观美而眩，患莫甚焉"。这不就是老子所谓"五色令人目盲，五音令人耳聋"的意思吗？在奴隶社会初期，统治阶级以强烈的感官刺激为美的情况是很多的，老子所谓"令人目盲"、"令人耳聋"的说法就是对这种情况的批判。至于庄子强调美丑的相对性，也并非根本否定美丑的区别，而是要人们不要执着于这种区别，因得美而喜，失美而哀，为追求美而丧生失性。而且在庄

[①]《庄子·逍遥游》。
[②]《老子》第八十章。
[③]《老子》第十二章。
[④]《庄子·齐物论》。

子的这种说法里，还包含了美丑的条件性以及两者可以相互转化的辩证观念。总之，道家看来好像是否定了美，其实他所否定的仅仅是世俗所追求的各种有害于生命的美，反对把声色的美的追求看得比人自身的生命更重要。在道家看来，真正的最高的美在于人的生命的自由发展，一切声色之美的追求如果有害于它，那就是没有价值的、应当抛弃的。儒家认为感性形式的美在于它表现了伦理道德（"质"），道家虽不否定感性形式的美，但他认为真正的最高的美是超越感性形式美的一种自由的生活境界，因此形体上残缺丑陋的人在道家看来也可以是美的。这是比儒家更为深刻的看法，它开启了后世中国美学以"意境"为美的理论。

儒道两家的美学处处显得是互相对立的，但同时也有着共同的可以相通的地方。首先，它们都是在充分肯定人的生命的意义和价值的前提下来观察美与艺术的问题的，都要求人的生命应当得到正常合理的发展，既反对禁欲主义也反对纵欲主义。其次，道家虽然对文明社会进行了猛烈的批判，但如我们已指出过的，它并不否定阶级的划分的必要性和合理性，这又是同儒家的根本思想一致的。道家实际是希望奴隶社会的统治者像氏族社会的首领那样实行"无为而治"，这当然是一种十足的幻想。再次，儒家在推行仁义之道遭到失败、没有出路的时候，常常会倾向于道家思想，从道家思想中求得某种精神的解脱。孔子所谓"道不行，乘桴浮于海"的说法，以及孟子的"达则兼善天下，穷则独善其身"的说法，已经透露了此中的消息。由于以上所说的各个方面的原因，使得儒道两家既是互相对立的，但又不是不能并存的死敌。历史的记载曾有孔子问道于老子的说法，不论是否属实，都说明了儒道两家是可以共同讨论问题的，这和儒家与墨家、法家的关系很不一样。正因为如此，儒道两家的对立的观点经常是互相补充和互相转化的。[①]虽然在中国历史上儒家占着主导的地位,但儒家一般都不绝对地排斥道家,两者常常可以并行不悖。实际上,从战国后期开始,儒道两家的思想就已出现了相互融合渗透的情况。下面我们就来从美学的角度考察一下儒道两家美学的相互渗透。

五、儒道两家美学的相互渗透及楚骚美学的产生

儒道两家美学的相互渗透有种种表现。大致说来,《周易》的美学,以屈原为代表的楚骚美学,《吕氏春秋》的美学,《淮南鸿烈》的美学,扬雄的美学,以至魏晋玄学的美学,都明显地表现了儒道两家美学的相互渗透。但其中的情况又各有不同。《周易》的美学明显地吸取了道家关于自然的思想以及道家的辩证观念,大大丰富了儒家美学,但它又把道家的思想完全儒家化了。《吕氏春秋》和《淮南鸿烈》的美学,兼有儒道两家的思想,但还没有很好结合,基本上是并列杂存的。《吕氏春秋》儒家的成分较多,《淮南鸿烈》则道家的成分较多。扬雄的美学也吸取了道家思想,但儒家思想明显是主体。魏晋玄学的美学有儒家思想的成分,但道家思想明显是主体。因之,以上所说的这些美学思想虽然表现了儒道两家美学的相互渗透,但在根本点上或属于儒,或属于道,并未超出儒道两家的范围。只有以屈原为代表的楚骚美学融合儒道两家的美学而形成了一种既不完全同于儒家,也不完全同于道家的新的美学倾向,并在

---

① 在我国,"儒道互补"思想的提出,见于李泽厚著《孔子再评价》和《美的历程》。

中国美学史上和文艺史上产生了巨大影响。因此，我们研究儒道两家美学的相互渗透，主要应研究楚骚美学。自先秦以来，中国古典美学实际上可以划分为四大潮流，这就是儒家美学、道家美学、楚骚美学和我们下面即将讲到的禅宗美学。①其中，儒道两家是最基本的，楚骚美学是儒道两家美学融合的结果，禅宗美学则是道家思想与佛教唯心主义融合的结果，但也不同程度地含有儒家的思想。

楚骚美学对儒家思想是采取了明显肯定的态度的。从《离骚》就可以清楚地看出，屈原赞颂"尧、舜之耿介"，"依前圣以节中"，"就重华而诼"，认为"汤禹俨而祗敬兮，周论道而莫差。举贤才而授能兮，循绳墨而不颇。……夫孰非义而可用兮，孰非善而可服"。特别是荀子思想对屈原的影响最为明显，除社会历史的原因之外，这可能是荀子曾长期居楚，在楚国有很大影响的缘故。屈原的"为美政"、举贤授能、重法度的思想，同荀子的有关说法一加对照，相同之处非常清楚。《离骚》开头部分说的一句为人们所熟知的话："纷吾既有此内美兮，又重之以修能"，实际上也是荀子的重视后天学习修养的思想。这里的所谓"内美"指的是天生的资质之美，历来的注家无异议。"修能"则有人解释为美好的修饰，其实从《离骚》全文来看，指的是在天生的美好的资质之外又加之以后天的努力学习修养。戴震注："内美，生而质性容度之粹美。修能，好修而贤能。"胡文英注："内美，本质也。修能，学习也。"②这些说法我认为是合乎屈原的原义的。在美学上，屈原也明显地主张美是充满于内部的善表现于外部的结果，赞成儒家的文与质相统一的说法。《离骚》中

---

① 这一看法在我国的明确提出，见于李泽厚写的宗白华《美学散步》一书的序言。
② 见游国恩主编：《离骚纂义》，中华书局1980年版，第25页。

反对"虽信美而无礼","羌无实而容长";《怀沙》中说:"内厚质正兮,大人所盛","文质疏内兮,众不知余之异采"。《思美人》中说:"纷郁郁其远蒸兮,满内而外扬。"《橘颂》中说:"青黄杂糅,文章烂兮;精色内白,类任道兮。"这都明显是儒家文质统一的思想。

但是,在另一方面,屈原的思想中同样明显地有道家,特别是庄子的思想。庄、屈的相近相似之处,前人如王国维、刘师培等人早已有所论述。这种相似相近,我认为一方面是屈原所信仰的儒家思想的内在矛盾无法解决的结果,另一方面又同道家思想本来是以楚国为中心的南方历史条件下的产物分不开。屈原诚挚地奉行儒家的"为美政"、忠君爱国爱民的思想,但结果却遭到了小人的打击陷害、君主的疏远放逐,陷入了极大的痛苦和不平之中。这种痛苦和不平把他推向了道家思想一边,对儒家的仁义道德是否真能实现发生怀疑,产生了《庄子·骈拇》中所说"意仁义其非人情乎!彼仁人何其多忧也"的想法,并且企图像道家那样遨游宇宙,求得精神的解脱。如《涉江》中说:"忠不必用兮贤不必以,伍子逢殃兮比干菹醢。与前世而皆然兮,吾又何怨乎今之人。"这使我们想起《庄子》书中所说的"人主莫不欲其臣之忠,而忠未必信,故伍员流于江,苌弘死于蜀,藏其血三年而化为碧"①。《涉江》中还说:"世溷浊而莫余知兮,吾方高驰而不顾。驾青虬兮骖白螭,吾与重华游兮瑶之圃。登昆仑兮食玉英,与天地兮同寿,与日月兮齐光。"这又显然同道家思想相通,使我们想起《庄子·在宥》中"……余将去女(汝),入无穷之门,以游无极之野。吾与日月争光,吾与天地为常"的说法。总起来看,道家思想对屈原思想的影响主要表现在两

---

① 《庄子·外物》。

个方面：首先是对志士仁人备受压抑打击，而无耻小人却到处得势深感愤慨，也就是《庄子·骈拇》中所说："今世之仁人，蒿目而忧世之患；不仁之人，决性命之情而饕贵富。"这在屈原心中引起了深刻的共鸣。其次是愤慨于人世的不平而思高举远游，即庄子所说的"乘云气，御日月，而游乎四海之外"①。这在《离骚》及其他作品中均屡有表现。

但是，需要注意的是，屈原虽然受着道家思想的影响，但他却又始终不接受道家那种和光同尘、不遣是非、与世俗处的思想，而坚持真、善、美与假、丑、恶是绝对不能调和的，不惜以生命去殉自己的理想。《离骚》中说："民生各有所乐兮，余独好修以为常。虽体解吾犹未变兮，岂余心之可惩！"女须女劝屈原抛弃他的这种想法，所持的理由其实就是道家曾经多次说过的直道而行绝不会有好结果，主张"以天下为沈浊，不可与庄语"的意思②，然而屈原却决不接受。此外，《惜诵》中的厉神对屈原的疑问的回答，《渔父》（非屈原所作，但可以见出屈原的思想）中的渔父对屈原的劝告，都更为明显地是用道家的思想来说服屈原放弃他的理想，但屈原同样拒不接受。由此可以看出，屈原一方面接受了道家思想的影响，另一方面却又坚决拒绝接受道家的"一龙一蛇，与时俱化"③的思想，始终坚持着儒家积极入世、以身殉道的精神。由于受到道家思想影响，使得屈原具有一种憎恶人世不平和黑暗的批判精神，并且重视个体的精神自由，不处处受儒家礼法的束缚；但另一方面，他又没有像道家那样流入消极避世，佯狂无为。我们完全可以说，屈

---

① 《庄子·齐物论》。
② 《庄子·天下》。
③ 《庄子·山木》。

原在一定程度上把道家追求个性自由的思想和儒家积极入世的精神结合起来了。这正是屈原思想的特点所在,也是优点所在。表现在美学上,屈原一方面具有道家那种不受拘束的极其大胆的想象,如鲁迅所说的那样,"其思甚幻,其文甚丽,其旨甚明,凭心而言,不遵矩度"[①],另一方面却又始终不脱离现实的社会人生,没有失去积极有为的精神。正因为这样,在屈原的作品中,一方面充满着与儒家相通、一致的那种以天下为己任的崇高的道德精神,另一方面这种道德精神又表现在极为奔放、自由、美丽的形象之中,丝毫没有儒家那种严肃的道德说教的气味。虽然屈原也赞同儒家文质统一的思想,但对于屈原来说,美不是善的附庸,而是和善不可分地合而为一的。儒家孔子虽然在论及"乐"时,说过既要"尽善",又要"尽美"的话[②],但一般而言,儒家是重善轻美的,而屈原则可以说克服了儒家的这种偏颇,真正使美善两者完满地统一起来了。和道家相比,道家自然也达到了美善的不可分的统一,但这种统一是建立在道家对个体生命的绝对自由境界的追求之上的,一方面有它的异常深刻的地方,另一方面却又不免流入虚幻,而楚骚美学却没有这种缺点。不过,由于屈原坚持着儒家的社会政治思想,因而它对现实的批判性、反抗性又不如对文明社会采取否定态度的道家那么大胆而猛烈。楚骚美学一方面可以说结合了儒道两家美学的优点而避免了双方的缺点,但与此同时又在某些方面失去了双方单独存在的情况下所具有的特出的优点。与儒家美学相比,它既坚持了儒家积极入世的精神,又突破了儒家经典礼法的束缚,这是好的,但在

---

① 鲁迅:《汉文学史纲要》第四篇,人民文学出版社1973年版。
②《论语·八佾》。

对现实社会的认识的深度和广度上不及儒家。与道家美学相比，它既吸取了道家追求个性自由的思想，又没有陷入虚无出世，这是好的，但在对现实的批判性、反抗性上不及道家。尽管如此，楚骚美学终究做出了儒道两家美学单独来看都不可能做出的特殊贡献，在很大程度上纠正了儒道两家美学各自具有的偏颇，在中国美学史上取得了不依附于儒家或道家的独立地位。后世从儒家立场对屈原所做的种种评价，除班固否认屈原思想同儒家相通、一致之处（这是最保守的儒家分子的评论），王逸天真地把屈原完全儒家化之外，其余刘勰以至朱熹等人都看到了屈原思想中包含着同儒家思想不同的异端，这正是屈原既有儒家思想但又不同于儒家的明证。楚骚美学所做的贡献，主要在保持儒家积极入世精神的基础上吸收了道家，在一定程度上冲破了儒家思想的束缚，大大提高了美的追求在艺术中的地位。即令是对屈原采取攻击否定态度的班固，也不得不承认"其文弘博丽雅，为辞赋宗，后世莫不斟酌其英华，则像其从容"[1]。仅就艺术的审美境界来说，《楚辞》是超越了《诗经》的，所以鲁迅说："其影响于后来之文章，乃甚或在三百篇之上。"[2]

楚骚美学的特征，特别是关于它的理论上的说明，首先是表现在屈原的作品中。但除此之外，它也表现在近年来我国出土的许多楚文物，特别是漆器和丝绸的装饰设计上。把楚的文学和艺术作为一个整体来看，它所表现的美学特征主要有如下一些：

第一，高度发挥了想象、情感在审美与艺术中的作用，不是像儒家那样处处以伦理道德精神来规范想象与情感，而是使伦理道德

---

[1] 班固：《离骚序》。
[2] 鲁迅：《汉文学史纲要》第四篇，人民文学出版社1973年版。

精神的表现与想象、情感的自由抒发合而为一，前者不是限制、束缚后者的东西。这使得楚国艺术具有一种浓烈的浪漫主义气息。

第二，把人摆在同整个无限的大自然的和谐自由的关系中，不像儒家那样主要着眼于个体与社会伦理的关系。从这方面看，楚国艺术明显地受着道家美学的影响，特别是受着庄子"逍遥游"的影响，对整个自然采取一种鲜明的审美态度，并且追求着一种与无限的自然合一的空间意识。《离骚》说：

"忽反顾以游目兮，将往观乎四荒。""饮余马于咸池兮，总余辔乎扶桑，折若木以拂日兮，聊逍遥以相羊。""览相观于四极兮，周流乎天余乃下。""和调度以自娱兮，聊浮游而求女。""及余饰之方壮兮，周流观乎上下。"

其余《湘君》《悲回风》中也有类似的说法。这些说法里包含着一种重要的审美观念，那就是对整个宇宙"游目""流观"的思想，极其重视超出有限事物的束缚达到无限的境界，但又没有走向宗教神秘主义，而始终保持着人与自然的和谐统一，并且高度赞赏生生不息的大自然的力量和运动的美。这表现在屈原的作品中，同时也表现在出土的楚国器物的美化装饰中。如屈原作品中所描绘的"纷总总其离合兮，斑陆离其上下""扬云霓之晻蔼""高翱翔之翼翼"，"驾八龙之婉婉"（《离骚》），"飞龙兮翩翩"（《湘君》）等景象，在楚文物的丝绸图案中就得到了极生动的表现。

第三，高度重视诉之于感官的繁富、艳丽、热烈的音乐和色彩的美。《离骚》说："佩缤纷其繁饰兮，芳菲菲其弥章"；《东皇太一》说："五音纷兮繁会，君欣欣兮乐康"；这在楚文物的装饰图案中也有鲜明的表现。它不同于孔子所提倡的"素以为绚""绘事后素"（《论语·八佾》），崇尚端庄的美；也不同于声称"五色令人目盲，五音令人耳聋"的道家，崇尚素朴的美。在中国古代美学中,楚骚美学最为大胆地尽情追求着感官声色给人的审美愉快,但又丝毫没有后世那种庸俗的富贵气或脂粉气。刘勰在谈到楚骚时曾有"惊采绝艳,难与并能"①的赞语。这很好地抓住了楚骚的美的特色,同时也完全适用于楚国的其他艺术。

从社会背景来看,楚骚美学是特定历史条件下的产物。要而言之,有以下几个方面是值得注意的:

第一,较之于北方,被目为"荆蛮"的楚国较多地保存了原始氏族社会的传统风习,但同时在生产技术上和思想上又吸取了北方文化,经过长期的艰苦奋斗发展成了一个足以同北方相抗衡的大国。这种情况,造成了两个有利于楚国艺术发展的重要条件。一是人民的个性还未受到北方的礼法教化的束缚,有较多自由发展的余地。《庄子·田子方》曾记载楚人温伯雪子到齐国,途经鲁国暂住,孔子的门人要求见温,温不愿见,理由是"吾闻中国之君子,明乎礼义而陋于知人心,吾不欲见也"。后来不得不见,见后又再三嗟叹不已,温的仆人问他是何原因,温说:"吾固告子矣:'中国之民,明乎礼义而陋乎知人心。'昔之见我者,进退一成规,一成矩,从容一若龙,一若虎,其谏我也似子,其道我也似父,是以叹之也。"这个故事很好地说明了楚人对中原文化的观感,不满于中原那种不近人情的礼法教化,反过来也说明了楚人是比较重视"知人心",即重视人的个性愿望的。二是楚地重巫,这是原始氏族社会的风习,但楚国究竟又已脱出了氏族社会,生产文化都已有了很大发展,从而又使巫风转化为一种民间的艺术娱乐(这在《九歌》中表现得很清楚),并为艺术的发展提供了极为丰富的古代神话幻想的土壤。我们知

---

① 刘勰:《文心雕龙·辨骚》。

道，希腊艺术的鼎盛期处在古代神话传统将要过去但又还没有完全过去的转折点上①，古代楚国艺术发展的情况也与此类似。

第二，楚国有着比北方更为优越的自然条件，谋生相对说来比北方要容易一些。《汉书·地理志》的记载说："楚有江汉川泽山林之饶，江南地广，或火耕水耨，民食鱼稻，以渔猎山伐为业。果蓏蠃蛤，故呰窳媮生而亡积聚。饮食还给，不忧冻饿，亦亡千金之家。"这种情况，一方面可以看出楚国的贫富分化没有北方剧烈，另一方面由于谋生不如北方那样困难，因而在古代的条件下，除从事满足基本生活需要的必要劳动之外，可以有更多的从事艺术创造活动的自由时间。楚国古代艺术，特别是至今仍使我们惊叹不止的工艺美术的创造，无疑是同这种情况有密切关系的。

第三，南方楚国湖泊纵横，山林连绵，动植物种类繁多，大自然生命的蓬勃，色彩的艳丽，空间的广阔等等，这无疑也对楚人审美意识的形成发生了重要作用。法国美学家泰纳在他的《艺术哲学》中曾多次指出自然环境同一个民族的艺术的发展的重要联系。在我们研究楚骚美学及其在艺术上的表现时，这也是一个值得注意的问题。

总起来看，在我国古代，楚国艺术的发展可以说有一种为北方所不及的得天独厚的条件。马克思在谈到古希腊艺术时曾指出："有粗野的儿童，有早熟的儿童。古代民族中有许多是属于这一类的。希腊人是正常的儿童。他们的艺术对我们所产生的魅力，同它在其中生长的那个不发达的社会阶段并不矛盾。"②在我看来，处在北方

---

① 参见黑格尔：《美学》第2卷，商务印书馆1979年版，第170页。
②《马克思恩格斯选集》第2卷，人民出版社1972年版，第114页。

相当艰苦的条件下,并且经历了漫长残酷的战争,在"有虔秉钺,如火烈烈"①的气氛下成长起来的北方民族,似乎接近于马克思所说的"早熟的儿童",对生活的艰辛困苦甚至残酷很早就有了深刻的印象,富于质朴求实的理性精神。而楚民族则处于一种较好的自然条件下,又较长期地保持了原始氏族社会的风习,得到较为顺利和谐的发展。虽然楚人也有尚武精神,但却是与氏族社会的观念联系在一起的,以为国而死为荣,对战争并无恐怖残酷的观念。《楚辞》中的《国殇》很清楚地表现了这一点,它和《诗经》中那种相当浓厚的厌战思想很不一样。在艺术上,楚艺术和古代神话幻想直接相联,而且人神之间有一种亲切和谐的关系,这又与《诗经》中几乎没有什么神话色彩不同。表现在楚器物上,也看不到北方商周青铜器上常有的那种狞厉威压之感。相反,处处显示出一种近于儿童似的天真优美。如"虎座飞鸟"中的虎,看去宛如为儿童而做的玩具,丝毫没有狰狞可怖的感觉。其余如龙、蛇等动物的表现,也同样如此。看来楚民族是接近于马克思所说的"正常的儿童"的,我们民族的儿童时代可能在楚国获得了较好的发展。而它的艺术,也同样具有如古希腊艺术那样一种显示了"儿童的天真"的"永久的魅力",但当然又不等同于古希腊艺术,而具有自身的特点。这种特点,我认为就在它比古希腊艺术更多地保存着原始氏族社会的意识,因而也可以说比古希腊艺术更能表现出人类儿童时代的天真、欢快、明朗、活泼。如德国美学家温克尔曼所指出,古希腊雕塑的最重要的特征是"静穆",而楚艺术却处处化静为动,也不重视古希腊美学家推崇的"比例匀称""均衡"诸法则,一切都在运动中,其"均衡"是

---

① 《诗经·商颂》。

动态的而非静态的。古希腊艺术还有浓厚的不可战胜的悲剧观念，屈原的作品固然也有明显的悲剧感，但却又充分地肯定着现实人生的欢乐和美好，具有一种超越于生死之上，视死如归的伟大气魄。《怀沙》说："舒忧娱乐兮，限之以大故。"知道有死而不放弃对人生的欢乐的追求，并且坚信美好的东西终究能战胜丑恶的东西。在上述这些方面，楚艺术优于古希腊艺术。但就面对社会生活中巨大的矛盾、灾难、痛苦，丝毫不回避地去表现它这点来说，楚艺术以及整个中国古代艺术又有不及古希腊艺术的地方。

楚骚美学对后来的中国美学产生了很大影响。汉代司马迁的美学是楚骚美学的继续和发展。其特点是极大地加强了楚骚美学不受儒家礼法束缚的批判性和反抗性，突破了对屈原仍然有严重影响的儒家"怨而不怒"的思想，表现了我国古代人民的英雄主义精神。唐代的韩愈提出"物不得其平则鸣"的思想也显然受到楚骚美学的影响。楚骚美学与儒家相左的批判性、反抗性，对于美的执着的追求，以及它的浓烈的浪漫精神，始终活在中国历代的美学和艺术中。在明中叶以后，随着资本主义萌芽而来的最初要求个性解放的思想出现以及明王朝的昏庸和走向没落，屈原及其美学思想又受到了很大的重视，出现了一股研究和歌颂屈原的潮流。如画家陈洪绶、肖尺木，思想家王夫之等人，都是屈原的推崇者。

六、禅宗美学的兴起

除儒家、道家、楚骚美学之外，禅宗美学是中国美学史上发生了重大影响的第四个派别。它的产生是同从中唐开始的禅宗这一中国式的佛教的创立和流行分不开的。我们要分析禅宗的美学，首先必须分析一下禅宗的哲学。

禅宗哲学是一个很为复杂的问题。有一种看法认为禅宗思想不外是老庄思想披上了一件佛教的外衣。①这种看法我认为是不全面的，因为它只强调了禅宗思想同道家思想相同的方面，否认了禅宗思想不只在外表上，而且在实质上都和道家不同，是道家之外一个有其独立地位的思想流派。在我看来，禅宗思想是道家思想同佛教唯心主义结合的产物，它既不能简单地等同于道家，也和从印度传入的佛教唯心主义有很大不同。

禅宗明显地继承了道家的齐万物、泯是非的思想，认为只有这样人才能从尘世的痛苦烦恼中获得自由解脱。和道家一样，如何使人生获得自由解脱是禅宗的中心思想，而且禅宗还比道家更为明确地提出了"如何得自由分？"②（《五灯会元》卷7）的问题。而所谓自由解脱，又并非像印度佛教思想所说的那样否定现世的人生，希求升入净土天堂。相反，禅宗认为自由解脱并不需要脱离现世人生，"不欣天堂畏地狱，缚脱无碍，即身心及一切处皆名解脱"③。禅宗的真正创始人惠能明确指出："法元在世间，于世出世间，勿离世间上，外求出世间。"④禅家又常有所谓"挑水砍柴无非妙道"种种说法，越州大珠慧海禅师还声称修道用功，就在"饥来吃饭，困来即眠"⑤。嘉兴府华亭性空妙普庵主自称"我是快活烈性汉"，"逍遥自在，逢人则喜，见佛不拜"⑥。种种事实说明禅宗并不否弃现世，毁损生命，而

---

① 参见范文澜：《唐代佛教》，人民出版社1979年版，第66页。
② 《五灯会元》卷7。
③ 《五灯会元》卷7。
④ 《坛经》，法海本。
⑤ 《五灯会元》卷8。
⑥ 《五灯会元》卷48。

只是要在现世求得一种自由解脱、无挂无碍的生活。这是和印度佛家思想很不相同,而与庄子思想相通的。但是,在如何获得自由解脱,即如何摆脱人世的是非得失的束缚上,禅宗又和道家思想不同。这也就是禅宗之所以成为一个独立思想流派的关键所在。

禅宗和道家都主张对人世的是非得失要采取一种超越的态度。"是非好丑,是理非理,诸知见情,尽不能系缚,处处自在,名为初发心,菩萨便登佛地。"①但怎样才能做到这一点呢?在道家是主张无为,一切顺任自然,像生出万物的"无为而无不为"的"道"那样去行事,还没有什么"佛"的观念。禅宗则从印度佛教中取来了"万法唯心"的观念,认为"心"是世间万物的本源,一切都是"心"所生的幻象。只要明白了这一点,就不会死死地执着于世间的有无、生灭、得失等等的区别,懂得有是有又是非有,无是无又是非无,这样就可以缚脱无碍,逍遥自在了。这就是所谓"境缘无好丑,好丑起于心;心若不妄名,妄情从何起"②。但这又不是根本否认外部世界的实在性,而是说它既是实在的,同时又是非实在的,应当超越实在与非实在的区别去看一切。禅宗非常重视的所谓"无念"的实质就在于此。由此可以看出,禅宗用佛教所说的"心"取代了道家所说的"道"。在道家,"道"是万物的创造主;在禅宗,"心"是万物的创造主。前者是泛神论的思想,后者则变成了彻底的主观唯心论。因之,在我国对禅宗的研究中,许多人对禅宗采取了比对道家更为否定的态度,斥责咒骂之声不绝于耳。实际上,禅宗虽然是主观唯心论,但较之于道家以及儒家,它又极大地强调了人的主体性的意义和价值,

---

① 《五灯会元》卷7。
② 《五灯会元》卷4。

提出了"自性"这个观念，并且认为"自性本自清净"，"自性本不生灭"，"自性本自具足"，"自性本无动摇，能生万法"；"心量广大，犹如虚空……能含日月星辰，大地山何（河）；一切草木、恶人、善人、恶法、善法、天堂、地狱，尽在空中"[①]。指斥这些说法是虚幻夸大的谬论是容易的，它确实也有这种错误；但在另一方面，它又高扬了人作为主体所具有的巨大精神力量。道家固然也重视人的力量，认为人可以达到与自然合一的绝对自由的境界，但道家处处强调的是人对自然的顺应，而禅宗则强调人的"自性"的作用的发挥。在道家，是以"道"为"大"，禅宗则宣称"性含万法是大"[②]。总起来看，充分发挥"自性"的力量，超越人世的有无、是非、得失，达到一种绝对自由的境界，亦即禅宗所说的"佛"的境界，这就是禅宗的根本思想。下面我们可以进一步看到，这种思想既源于道家又不同于道家，既有优于道家的地方也有不及道家的地方。

禅宗的这种本来是属于宗教哲学的思想，怎么会同美学联系到一起，并且从中唐开始形成为一种越来越具有重大影响的美学思潮呢？大致说来，有下述的一些原因：

第一，禅宗追求一种超越有无、是非、得失的自由境界，这实质上是一种超功利的审美境界。虽然禅宗不同于道家，但在以超功利的审美态度去对待生活这一点上是同道家相通的。这就使得禅宗思想在根本上和美学相联结，具有重要的美学意义。我们知道，自中唐以来，禅师中出了许多文学家和艺术家，所谓"诗僧"、"高艺僧"为数很多。仅就画家来说，据《佩文斋书画谱》所载，唐宋两

[①]《坛经》，法海本。
[②]《坛经》，法海本。

代的画僧就有近一百人之多。这并不是一种偶然现象。虽然这种现象的出现有多种社会历史的原因，但禅宗思想本身与美学、艺术相通不能不说是一个很为重要的原因。另外，我们试翻一下《五灯会元》，常常可以见到禅家以艺术为比喻来讲解禅理，而诗人、画家又常常以禅喻诗、喻画，这说明禅学与美学是血脉相通的。

第二，禅宗强调"自性""心"的作用，认为"心"可以包万物，生万境，这同艺术创造中心的想象作用的充分发挥有着明显类似之处。汉代的大辞赋家司马相如还不知道什么禅宗，但他就已指出："赋家之心，包括宇宙，总览人物"[1]。而禅家说"心量广大，犹如虚空。……能含日月星辰，山河大地"等，虽不是在讲艺术家的心，不也同艺术家的心极为类似么？唐代画家张璪所说的"外师造化，中得心源"的名言，显然已把禅学运用于艺术创造。因为"心源"正是禅家常讲的，它是万象之所出。"夫百千法门，同归方寸，河沙妙德，总在心源"[2]。宋代苏东坡说："欲令诗语妙，无厌空且静；静故了群动，空故纳万境。"[3]这更为明显地把禅学的思想同艺术创造结合起来了。

第三，禅宗强调世间万物万境均由"心"所生，但"心"本身却是无形的，看不见的。善慧大士的《心王铭》说："体性虽空，能施法则。观之无形，呼之有声。水中盐味，色里胶青，决定是有，不见其形，心王亦尔。"[4]澧州大同广澄禅师又说过："佛性（指心——

---

[1] 见《西京杂记》，严可均辑《全汉文》卷22。
[2] 《五灯会元》卷4。
[3] 《东坡集》前集卷10《送参寥师》。
[4] 《五灯会元》卷6。

引者）犹如水中月，可见不可取。"①类似的说法还可找出许多。这都不是在谈什么美学问题，但确又同审美、艺术的特征极为类似。一切美的事物和艺术作品都表现了人的某种精神性的东西，这种精神性的东西在有形可见的美的事物或艺术形象之中，但却无法把它确定地把捉住，也无法归结为一个赤裸裸的抽象概念。由此看来，禅家所谓"心"表现于有形可见的事物中，但它本身又无法捉摸的说法，以及所谓"道不在声色，而不离声色"②之类的说法，素朴地包含了在审美与艺术中，感性与理性交融统一而不可分的思想。宋代的严羽从艺术上充分地发挥了禅家的这种思想，指出高度成功的艺术作品，"其妙处透彻玲珑，不可凑泊，如空中之音，相中之色，水中之月，镜中之象，言有尽而意无穷"③。这并不是毫无根据的故弄玄虚，而是由禅家思想的启发，对审美与艺术特征的深刻说明。

第四，禅家追求一种超越有无、是非、生灭、得失的自由境界，认为这也就是成佛的境界，而这种境界的达到，既不是靠印度佛教提倡的禁欲主义的苦行或施舍，也不是靠理智的思考，而是靠所谓"顿悟"。这"顿悟"，仔细分析起来，是通过一种内省体验和直觉于"刹那间"领悟到人世的有无、是非、生灭、得失等等统统都是不应当执着的，即领悟到我们在前面说过的有是有又是非有、无是无又是非无，于是就可以解脱一切束缚，来去自由，达到"佛"的境界了。这种紧紧伴随着直觉的内省体验，禅家又称之为"观照"，它完全不同于理智的思考，也不需要借助于文字概念的推理。因为一有理智的思考出现，就会执着于有无、生灭、得失等等的区别，不能进入超越这

---

① 《五灯会元》卷8。
② 《五灯会元》卷46。
③ 严羽：《沧浪诗话·诗辨》。

种种区别的自由境界了。因此禅家主张"本性自有般若之智，自用知（智）惠（慧）观照，不假文字"①，又说"用智慧观照，于一切法，不取不舍，即见性成佛道"②。禅家语录中讲到内省体验直觉的地方很多，有时还联系到了艺术。如饶州荐福道英禅师说："回首不逢，触目无对。一念普观，廓然空寂。此之宗要，千圣不传。直下了知，当处超越。"③澧州夹山善会禅师说："闻中生解，意下丹青，目前即美，久蕴成病。"④禅家所说的这种和对自由境界的达到不可分地联系在一起的内省体验、直觉，很显然同审美感受的态度直接相通。所谓"智慧观照"，在去除了它的宗教的含义之后，实际和审美中伴随着对人生自由的体验的直观没有什么区别。正因为这样，宋代严羽等人认为"大抵禅道惟在妙悟，诗道亦在妙悟"⑤，并不是没有根据的纯粹的牵强附会，而是深刻地看到了禅宗所讲的妙悟同审美与艺术的相通之处的。此外，禅宗常用灵山会上请佛说法，佛只拈花，不说一句，众皆默然，不知佛意，惟摩诃迦叶破颜微笑，心知其意的故事来说明禅宗是以心传心，不立文字的，这也和艺术欣赏有明显的相通之处。因为艺术的欣赏不是靠说理，而是靠无言的心领神会。晋代的顾恺之已经说过："玄赏自不待喻"。这也正类似于佛与摩诃迦叶之间的不用言说，心心相印。

第五，禅家以"心""自性"为世间一切所从出的根源，大大提高了人的主体性的地位，甚至宣称"唯我独尊"，这也影响到艺

---

① 《坛经》，法海本。
② 《坛经》，法海本。
③ 《五灯会元》卷48。
④ 《五灯会元》卷14。
⑤ 严羽：《沧浪诗话·诗辨》。

术上对个人的独创性的推崇。《五灯会元》卷22记载："问：如何是佛？师曰：不指天地。曰：为什么不指天地？师曰：唯我独尊。"在道家，是以"天地"为尊的，儒家也如此，而禅家则把"我"推上了"独尊"的地位。我们固然也可以因此骂禅家是十足唯心主义的夸大狂、唯我主义等，但恐怕难以否认禅家的这种思想还有打破包括佛在内的一切外在权威的解放意义，在中国思想史上是前所未见的。明中叶到清代，袁宏道、石涛等人强调"我"在艺术创造中的重要地位，反对因袭模仿古人，是受着禅宗这种思想的影响的。此外，禅宗的"解道者行住坐卧，无非是道；悟法者纵横自在，无非是法"①的说法，对于怎样对待艺术创造的法则，也产生了影响。如石涛所谓"无法而法，乃为至法"②之类的说法，显然受到禅宗影响。

从上述各个方面看，禅宗既是一种宗教思想，同时又有丰富深刻的美学意义。在这点上，它同道家思想是极为类似的。道家看来很难说有专门的美学思想，但它的哲学却几乎处处都与美学相通。当然，道家有一些直接论到美与艺术的零碎的言论，这在禅宗思想中也不是没有。但不论道家或禅宗，它所包含的深刻的美学思想，主要不在这些零碎的言论上。

同道家以及儒家相比，禅宗不仅包含着自己的美学思想，在有关审美与艺术的特征的问题上使中国美学得到了深化发展，而且它还代表了一种不同于儒道两家的审美理想。儒家主要是从个体与社会伦理道德的统一中去找美的，它最为重视的是崇高的道德

---

① 《五灯会元》卷8。
② 石涛：《画语录·变化章》。

精神的美，充满积极入世的精神。道家主要是从人与自然的统一中去找美的，高度赞赏人与自然合一的无限自由的境界。禅宗也以达到"自由分"为自己思想的核心，但它是从个体内在精神的自我解脱中去找自由，找美的。因之，禅宗所追求的美的境界较之于儒道两家更加是内向的，并且狭窄得多。所谓禅境，有一种孤寂凄清的特色，缺乏儒家面向社会，道家企图与无限的大自然合为一体的精神。例如，杭州智觉禅师有偈曰："孤猿叫落中岩月，野客吟残半夜灯；此境此时谁得意，白云深处坐禅僧。"①此类禅境，充满人世的荒漠孤独之感。但在不少情况下，禅境也还有着对自然生命的爱，虽然常常免不了带有一定程度的凄凉的情味。如温州本先禅师有偈曰："幽林鸟叫，碧涧鱼跳，云片展张，瀑声呜咽。"②人们常说禅家追求的美的境界是消极低沉出世的，这不错；但在另一方面，它又突出了个体对自身存在的意义和价值的反思，显示了人世的冷漠的一面，较之儒道两家都有着更深沉更自觉的自我意识。它虽是出世的，但最后又并未否定个体生命的意义和价值，即令是在清冷的感伤之中仍然企求着达到精神上的自由。禅家中还有一派被称为"狂禅"者，除其中不足为训的末流之外，一般富于反抗精神，放达不拘，极与道家近似。如前面已提到的嘉兴府华亭性空妙普庵主，五代有名的画僧石恪，都有"狂禅"的气味。

禅宗之所以在美学上发生巨大影响，不仅因为它本身具有与美学相通的深刻内容，而且还和禅宗产生流行的社会历史条件有很大关

---

① 《五灯会元》卷26。
② 《五灯会元》卷27。

系。禅宗产生于中唐，这在中国封建社会发展的历史上是一个重要的转折点。中唐而后，封建社会向上发展的盛世基本上已成过去，转入了向下的日趋衰落的时代。封建阶级和广大劳动人民的矛盾，封建阶级内部大地主统治集团和中小地主的矛盾不断地尖锐化、深刻化，侵蚀和瓦解着儒家所提倡和追求的社会和谐，个人与社会之间的矛盾空前地加深了。不但一般的劳动人民深受社会的不平和黑暗的压迫，就是封建阶级中的许多知识分子也深感社会的动荡不安，人生的艰辛磨难。在这种情况下，如何求得精神上的解脱安慰，成了一种普遍的社会心理要求。儒家的理想已同现实的黑暗形成鲜明的对照，道家返璞归真、自然无为的理想在充满残酷无情的相互争夺的黑暗现实面前，也完全显得是一种根本无从谈起的空想。由印度传来的佛教，虽然在唐代一度大为兴盛，但它否定现世、毁弃生命的思想同中国自古以来强大的人本主义思想传统始终是难以相容的。而以施舍金钱为积福升天的办法，不但对穷苦人民来说无法做到，对中小地主来说财力不足，就是对大地主统治阶级来说最后也只能使僧侣成为一个占有越来越多社会财富和享有各种特权的集团，以致威胁到封建阶级的统治。在这种情况下，禅宗应运而生。它宣称不要苦行主义，不要拜佛念经，不要金钱施舍，只要反观自心，超脱人世的苦恼，就可立地成佛，获得无上的自由。佛即在每个人的心中，离心无佛。虽然佛的观念仍然被保存着，坐禅、讲道、说法也无疑还具有宗教的形式，但什么外于人而存在的偶像崇拜，什么天堂地狱、今生来世、因果报应等等观念都给打破了。这是佛教在中国的发展史上一个巨大的转变。印度传来的佛教实际上变成了一种研求和实行如何在现世求得自由解脱的人生哲学，并且渗透着中国传统的并不主张毁损生命的道家思想，已不是一种严格意义上的宗教。这样一种宗教刚好符合封建阶级以至广大劳动人民企图求得精神上的解脱和安慰的心理要求，因而很快地流行起来。在封建阶级的知识分子、文人艺术家中也产生了强烈的反响,引起了广泛的共鸣。如王维、白居易、柳宗元、刘禹锡等人都是禅宗思想的赞颂者。连以儒家正统自居,并且强烈排佛的韩愈对禅宗也有好感。这种情况是同封建阶级的许多知识分子在奉行实践儒家思想的道路上所遭到的各种挫折和打击分不开的。刘禹锡在《送僧元暠南游》一诗的小引里很好地说明了这一点:"予策名二十年,百虑而无一得。然后知世所谓道无非畏途,唯出世间法可尽心耳。繇是在席砚间者,多旁行四句之书;备将迎者,皆赤髭白足之侣。深入智地,静通道源,客尘观尽,妙气来宇。"①(《刘禹锡集》卷29)另外,值得注意的是,投身禅门的一些人物,不少原来是儒家信徒,对儒学以至文艺很有修养。如法眼宗创始人文益"旁探儒术,文艺可观";曹洞宗创始人本寂"少慕儒学",等等。由于禅宗在儒者文人士大夫中产生了很大影响,成为他们人生哲学的一个重要方面,而禅宗思想本身又具有和美学相通的丰富内容,这就使禅宗与文艺结下了不解之缘,进而在中国美学史上形成了禅宗美学这一重要思潮。

唐代禅宗对文艺与美学的影响,最早是表现在诗人兼画家的王维身上。但主要是表现在王维晚期的创作上,而不是理论上。较早明确把禅宗理论引入艺术理论之中的,是前面我们已提到的画家张璪,他曾著有《绘境》一书,但已轶。张璪之后,皎然把禅宗以及华严宗思想运用于诗,提出了一种相当系统的诗歌理论。皎然之后的司空图的《诗品》,也显然深受禅宗影响。五代的山水画家荆浩所写的《笔法记》,推崇张璪,提倡水墨画,同样渗入了浓厚的禅宗思想。但是,最为直接而明确地运用禅宗思想来从理论上探讨一

---

① 《刘禹锡集》卷29。

些根本性的美学问题,应当说是从宋代开始。其中,欧阳修、苏轼、黄庭坚是开风气之先的重要人物,但禅宗美学在理论上的最重要的代表,是写了《沧浪诗话》、社会地位不高的严羽。虽然所谓"以禅喻诗"的说法在严羽之前早已有人提出,但都是一些零碎的言论,而且相当肤浅。只有严羽才第一次集中而系统地运用禅理来研究诗歌艺术的本质问题,并且正面地、深刻地论述了在美学上有重要意义的一个根本问题,即审美与艺术同理智的认识的区别和联系问题,非常明确而大胆地指出审美与艺术虽然最终不能脱离理智的认识,但绝对不能等同于理智的认识。严羽有着极大的理论勇气,他可以说是建立发展禅宗美学的一名真正的战将。

宋代以后,元代的画家兼诗人的倪云林的美学,明清两代的袁宏道、钟惺、李日华、董其昌、王世祯、石涛等人的美学思想都明显地受到禅宗美学的影响。其中,董其昌倡导的绘画上的所谓"南北宗"说,同禅宗的联系很直接,影响也不小。这个所谓"南北宗"说,目的是在把禅宗(占主导地位的南宗)美学运用于对中国文人画的解释,以提高文人画的地位。它在根本上是一个美学理论问题,而不仅仅是一个绘画史上的派别划分问题。现在一些人看不到这点,不断在争论董其昌对南北宗的划分是否合乎绘画史的事实,打着没完没了的笔墨官司。

禅宗美学的发展,大致来说,中唐到晚唐是准备时期,宋代是完成时期,元、明、清三代是多方面扩大影响的时期。而这影响的扩大,是伴随着颇为激烈的斗争的。严羽的《沧浪诗话》在明清两代受到猛烈的攻击,这种攻击产生的原因,一是由于不少人有儒家的根深蒂固的偏见,认为儒者根本不应当谈禅;二是由于不少人不承认艺术区别于理智认识的重要特征,或对这种特征非常缺乏认识;三是对在宋代文人中地位不高的严羽公然无所顾忌地发议论很为不满。严羽的反对者虽然抓住了严羽著作中某些不够准确妥帖的地方，有的反对者还气势汹汹，形同谩骂，但他们都否定不了严羽所作出的历史贡献，也根本消除不了《沧浪诗话》所产生的重大影响。因为艺术的确存在严羽所指出的与禅理相通的重要特征，不论严羽的反对者如何暴跳如雷，这一特征是抹煞不了的，因而《沧浪诗话》的贡献和影响也是抹煞不了的。事实上，某些有识之士，如清代思想家王夫之，虽然是站在儒家立场上，并且对和禅学有密切联系的王阳明的思想批判不遗余力，但他在论到诗的艺术特征时并不完全排斥禅家。他在《姜斋诗话》《古诗评选》《唐诗评选》《明诗评选》中的不少地方用禅理说诗，并且显然赞同严羽反对以议论入诗，把诗混同于说理文章这一重要观点。他认为诗虽不能没有"理"，但"不得以名言之理相求"，"议论入诗，自成背戾……议论立而无诗"[①]，又说："有议论而无歌咏，则胡不废诗而著论辩也？雅士感人，初不恃此，犹禅家之贱评唱。"[②]

自宋代以来，禅宗美学的影响越来越大，但这又不是说儒道两家的美学就消歇而无影响了。实际上，在文人士大夫中，即令是大力阐扬了禅宗美学的严羽，在讲到艺术的社会作用时仍然是坚持着儒家观点的。相当多的文人士大夫之所以重视禅宗美学，一是因为它对艺术的特征有着比儒道两家美学更为深入的认识，可以补儒道两家之不足，二是因为它开辟了一种淡泊、凄清、冷峭的美的境界，刚好符合相当一部分士大夫文人处在失意不得志情况下的心境。但中国的士大夫文人极少有从根本上否定儒家思想的，也极少完全不受道家思想影

---

① 王夫之：《古诗评选》卷4。
② 王夫之：《古诗评选》卷5。

响的，而禅宗对于儒道两家也并不采取根本排斥的态度。所以，士大夫文人谈禅，丝毫不妨碍他们同时也信儒，讲道。自宋代以来，中国美学的发展，明显地呈现出一种儒、道、禅三家合流的趋势。元代的倪云林曾说过一句很有意思的话："据于儒，依于老，逃于禅。"[1]这恰好可以用来概括宋代以来中国美学发展的大致情况。大部分文人士大夫都是儒、道、禅三家的思想兼而有之，各有各的用处。但也有一些以儒家正统自居而绝对排斥道、禅两家的人物。这一类人多数是一些平庸的封建卫道者，在艺术上和美学上都没有什么大的成就。

七、结语：中国古典美学的精华及其在

当代美学发展中可能产生的作用中国古典美学是在离我们很遥远的漫长的历史时代中形成的，而且始终未能取得一种系统明确的理论形态，但其中的确又包含着丰富而深刻的思想。从现代的观点看来，中国古典美学中究竟有些什么还保存着它的生命力，应当由我们批判地继承和发展的东西呢？下面，我想先就我们已经分析过的四大流派分别作一些概略的说明，然后再从总体上来观察一下。

1. 儒家美学的最大优点，在于它始终不脱离人与社会的关系去观察美与艺术的问题，高度重视道德精神的美以及审美与艺术对陶冶人的道德情操，实现社会和谐的重大作用。尽管我们今天对人与社会的理解，对道德的认识都同儒家有根本的不同了，但审美与艺术是一种社会现象，不能脱离社会去加以观察，这仍然是一个基本的不容否认的事实。审美与艺术的重大作用在于陶冶人的道德情

---

[1]《倪云林先生诗集·附录·良常张先生画像赞》。

操、达到人与我的和谐发展,这也同样是不能否认的。将审美与艺术同人的社会性,同人的感情中与审美和艺术有着最密切关系的感情——道德感情不可分地联系起来,这就是儒家美学中有着长久的生命力的东西。它对于反对现代西方美学中存在的那种反社会、反道德、反理性的倾向,有着不可忽视的积极意义。

  2. 道家美学的最大优点,在于它把美与艺术同人类生活中超功利的自由境界联系起来,从必然与自由的统一上来观察美与艺术的问题。这在中国美学史上是一空前巨大的跃进。因为美与艺术虽然如儒家所指出,离不开人的社会性,但人的生活只有当它超越实用功利的束缚而上升到一种自由的境界时,才会有真正的美和艺术创造。儒家所高度重视的社会伦理道德,如果不是与人的个性合理自由的发展相统一,而是压抑扼杀人的个性,那就决不会有什么美。道家在古代的条件下,看到了随着阶级社会的产生,伦理道德、政治法律制度以至对美与艺术的追求本身都成了压抑扼杀人的个性发展,损害人的生命的东西。道家在批判这种现象时看到了只有消除所有这些东西对人的个性、生命的压抑扼杀,使人达到一种自由的生活境界,才有真正的美可言。道家抓住了美之为美的最本质的东西,即自由在人的生活中的实现,同时在一种看来是消极虚幻的形态下,深刻意识到了审美同超功利的生活态度的密切联系,因而对美与艺术的本质有了比儒家更为深刻的认识。在西方,自康德美学以来,超功利普遍被认为是美的一个重要的本质特征。但是,近代以来西方美学有关超功利的理论,主要还是对于美感所具有的特征的一种经验性的现象描述,很少从人类生存发展的高度去加以观察,并且经常把超功利的审美看作是暂时从现实生活的压迫中获得解脱的一种手段。道家则不同,它认为"无为而无不为"即合规律与合目的、自然与自由的高度统一是整个宇宙的根本规律,大自然是无限自由的，人类生活也应当如此，因此不受任何功利束缚的自由境界是人类所追求的最高境界。在这种境界中，人同无限自由的宇宙完全合为一体。这样，道家所说的超功利的自由境界即审美的境界，就不仅仅是从审美经验中感受到的一种现象，也不是暂时求得解脱的手段，而是人类生存发展的根本要求，并且是建立在人与整个宇宙的统一这一根本思想之上的。尽管道家有其种种不可避免的历史局限性，但它以个性的充分自由发展，亦即以在最广泛的意义上理解的美为人类所追求的最高目标，这却是一个深刻的、有着长久生命力的思想。而且道家所说的自由，是以顺应自然规律为不可缺少的根本条件的。它虽然忽视以至抹煞了人对自然的支配的能动性，但同时又肯定了人的自由的取得不能违背自然规律，排除了一切使人与自然相分裂，离开自然去追求自由，追求美的思想。在这一点上，道家美学在今天也仍然有其不可忽视的积极意义。因为蔑视、贬低、否定自然，企图脱离自然去追求自由、追求美的思想，在西方现代美学中是常常可以看到的。反过来说，把自然当作与人相对立的偶像来崇拜，在西方美学中也不乏其例。总之，在肯定人与自然的统一的基础上，以超功利的自由境界即美的境界为人类生活的最高境界，这就是道家美学中最可宝贵，在现代也仍然保持着其重大价值的东西。

3. 楚骚美学的重要优点，在于它把深沉、热烈、高尚的社会道德情操同个体的奔放自由的想象、情感，以及对给人以感官愉悦的声色之美的大胆追求三者完满地统一起来了。它既有纯洁、坚强、无畏的道德精神，又有不受拘束的丰富的想象、情感；同时对给人以感官愉悦的声色之美不是采取回避、贬斥的态度，而是毫无顾忌地加以追求，务期穷妍极态，动人心目。一般而言，直到今天来看，想象与情感的自由表现和对感官声色之美的尽情追求，常常会脱离道德、理性的控制而堕入荒诞、粗野、淫荡。楚骚美学却没有此种缺点。在把最能激动感官的繁富艳丽的美同最高尚的道德情操结合起来这一点上，楚骚美学是永远能给我们重要启示的。

4. 禅宗美学的重要优点，在于它把审美与艺术创造中主体的内省体验、直觉、灵感、独创精神等等的作用提到了极高的地位，不是像儒道两家那样，处处从主体与外部世界（自然和社会）的统一中去找美，而开始注意到了主体与外部世界之间的分裂和对立。但它又没有由此导致对主体存在的价值的否定，而竭力要克服主体与外部世界的分裂和对抗，以取得精神的自由。因此，禅宗所追求的美的境界虽然常常有一种主体在无限的宇宙中对自身的孤独无常的感觉，但终究又没有走到否定人生的悲观厌世主义。在看来是消极的形态之下，禅宗既深味着人生的艰辛，又仍然执着和肯定人生，决不放弃对无限和自由的追求。比起儒家、道家和楚骚美学所追求的美来，禅宗所追求的美的境界，鲜明地显示了主体内在的矛盾、痛苦和不安，积极入世、和谐明朗的感觉大为减弱，但从增强了主体对自我内在的价值的体验这一点来说，禅宗美学做出了重大贡献，使审美的境界变得更深邃了。从现代的观点看来，禅宗美学把主体自身的价值提高到了不依存于任何外在事物的地位，但又不同于西方那种用主观去并吞客观，或到彼岸世界去寻求解脱的神秘主义思想，仍然坚持着在现世的人生和自然中去找寻自由和解脱。这是禅宗美学的一个很为可贵之点。

从总体上看，中国古典美学的四大流派虽然各有不同的观点，但又有一个明显的共同点，即都是在肯定人与自然、人与社会、自然与精神、必然与自由、主观与客观的统一这个根本前提下来观察美与艺术问题的。像西方美学中那种或主张美只在物、在客观，或只在心、在主观，把两者互不相容地对立起来的看法，在中国美学史上是没有的。即令是最强调"心"的作用的禅宗，也仍然认为美是人生中的一种境界，不是仅仅存在于观念中的东西，也不是存在于彼岸世界中的东西。不单从物，也不单从心之中去找美，而从物与心、主观与客观的统一中去找美，这是中国美学的一大特点，也是一大优点。其所以如此，首先是由于我们前面已指出的，中国古代思想的发展大受原始氏族社会意识形态的影响。在原始氏族社会，由于尚未发生阶级的分裂和对抗，同时人的生活又是处处依赖于自然的，因而人与社会、人与自然被自发朴素地看作天然是统一的，从而主观与客观也被看作是统一的。其次，在中国进入奴隶社会之后，阶级的分裂和对抗发生了，但一方面由于氏族社会的传统风习还大量存在，另一方面由于中国从奴隶社会到封建社会，商品交换极不发达，重农轻商的思想长期占着主导地位，生产始终是个体自然经济占绝对优势，因而尽管社会出现了分裂和对抗，人与人的关系还没有变为纯粹由金钱利益来决定的关系，而是一种以氏族血缘关系为纽带的政治伦理道德关系。表现在道德理想上，个人与社会的统一始终被认为是不可动摇的原则，两者的分裂和对立则被看作是不合理的。这也就是儒家所提倡的"中和"的思想统治了中国几千年的原因。这种情况，一方面确实束缚了中国社会的发展，另一方面又使得中华民族在思想上不把个人与社会、主观与客观分裂和对立起来，而要求两者的和谐一致。相反，在西方，从古希腊开始，由于它相当彻底地清算了原始氏族社会的传统，商品交换较之于中国古代奴隶社会又有很大的发展，所以个人与社会之间的分裂，从而人与自然、主观与客观之间的分裂比中国古代要尖锐得多。西方中世纪把人与自然互不相容地对立起来，一方面固然是对古希腊社会那种人与自然之间较为和谐的关系的否定，另一方面也是古希腊奴隶社会已经存在的人与人之间和人与自然之间矛盾发展到顶点而无法解决的产物。恩格斯在论到西方的历史时曾经指出过，"实体和主体、自然和精神、必然性和自由"这些"巨大对立"，是"自古以来就有并和历史一同发展起来的"①，而18世纪哲学"反对基督教的抽象主观性的斗争"并没有克服这种对立，反而把它"发展到顶点并达到十分尖锐的程度"②。这种情况，当然是资本主义商品生产的巨大发展所引起的人的空前异化的必然结果。直至今天，西方资本主义社会仍然没有能克服恩格斯所指出的上述的"巨大对立"。西方从18世纪以来的近现代的美学，也正是建立在这个"巨大对立"未能克服的基础之上的，因而在解决美与艺术的根本问题时，物与心、自然与精神、主观与客观经常处在对立之中。虽然德国古典哲学和美学曾做出了巨大努力企图消除这个对立，但终于只是在纯粹理论的领域中，以抽象思辨的空想的形态来解决这个问题。当德国古典哲学和美学过去之后，资本主义社会的矛盾更加深化和尖锐地发展起来，资产阶级失去了它在上升时期的理想和气魄，德国古典哲学和美学企图消除这种对立的种种费尽心血的理论思辨的成果就被抛到了一边，资产阶级的哲学和美学又更深地陷入了无法使主观与客观获得统一的巨大矛盾中。因此，自古以来就立足于人与社会、人与自然、主观与客观的统一的基础之上来解决美与艺术问题的中国古典美学，在西方美学企图寻求这种统一的过程中，必将会受到重视，并产生它的重要作用。

由于立足于人与社会、人与自然、主观与客观的统一来观察美与艺术的问题，因而中国古典美学对美与艺术的特征的认识在许多方

---

① 《马克思恩格斯全集》第1卷，人民出版社1956年版，第658页。
② 《马克思恩格斯全集》第1卷，人民出版社1956年版，第657~658页。

面超过了西方,并且更富于辩证的观念,所追求的美的境界也常常比西方更高。中国美学既不简单地认为美就在自然,艺术即是自然的模仿,也不简单地认为美就在观念,艺术不过是主观的表现。相反,它总是要求两者应当尽可能地统一起来,使对自然、社会的再现同时成为人的高尚道德情操、人的自由精神境界的完美表现。所以,中华民族所追求的美的境界,既是一种不脱离现实的境界,同时又是一种超越现实的、高度净化的、自由的境界。与此同时,中国美学既不否认审美与艺术具有认识的作用,但又不简单地把艺术看作是一种理智的认识;既很重视情感的表现与艺术的密切关系,又要求情感必须是一种合乎理性的社会性的情感;既很重视感性形式的美,又要求这种美必须是高尚深刻的道德精神或人生的自由境界的完满体现。中国美学常讲的情理交融、"言有尽而意无穷"、尽善尽美等说法,深刻地把握住了艺术的根本特征,把艺术同理智的认识和道德的教训明确地区分开来了。西方美学关于艺术有许多大部头的著作,但在根本观点的深刻性上,常不及中国美学。

但是,我并不认为中国美学较之西方美学是完美无缺的了,它也有不可避免的弱点。其中,最为重要的是中国美学所追求的人与自然、人与社会、主观与客观的和谐,是在一种相当狭隘的社会状态下的和谐。从物质生产说,是一种建立在小生产的自然经济基础上的和谐。因而,这种和谐往往缺乏深刻的多方面的社会内容,常常回避社会生活中存在的巨大、复杂、尖锐的矛盾斗争,并且束缚着人的个性的充分发展。就美的境界来说,中国艺术常常比西方艺术高,但从社会内容的现实性、丰富性来说,中国艺术就显得较为单薄。西方美学和艺术虽然在不少情况下不能把人与社会、人与自然、主观与客观和谐地统一起来,但它充分地展示了人与社会、人与自然、主观与客观之间的巨大的对立和斗争,使人面对现实,即使这现实是极为丑恶和残酷的，也赤裸裸地把它呈现出来。我想，今天的中国艺术，从总体上说，既要努力追求中国美学所向往赞美的那种高度和谐统一的境界，同时又要毫不回避地充分揭示现实的尖锐的对立斗争，把两者内在地结合起来。一方面要使和谐的境界中包含尽可能深广的社会内容，不要回避现实的矛盾斗争；另一方面，在充分揭示现实的矛盾斗争时又不要失去对和谐统一的追求，陷入主观与客观的不可解决的分裂状态，以致滑向虚无主义、神秘主义。

此外，中国美学从主观与客观的统一上去观察美与艺术问题虽然是它的一个极大的优点，但它所说的统一归根结底还是以精神、意识为基础的，不可能认识到这种统一的真正的根基是人改造世界的社会实践。这是它的一个不可避免的历史局限性。今天，我们知道马克思主义的实践观点了，但也还常常存在着一些误解或不正确的看法。这集中表现在离开马克思主义的实践观点去讲唯物主义，错误地认为马克思主义的唯物主义就是认为客观决定一切，根本排斥主观的作用。实际上，马克思的唯物主义决不排斥主观，而是要在实践的基础上使主观与客观统一起来。人类历史的发展就是在实践的基础上主观与客观的统一不断向前发展和提高的过程。而这种统一，由于是人实际地改造世界的历史成果，因而它又是客观存在着的东西，并且是随着人类实践的发展而发展的。美只能存在于主客观的统一之中，但这统一是人类实践的历史成果，因此美又是客观的。那种排斥主观的作用，认为人世间的一切都是由客观的物质自然决定的观点，因而认为在人类之前就有美存在的观点，在我看来是一种拜物教的观点，同马克思的唯物主义没有什么共同之处。马克思的哲学无疑是唯物主义的哲学，但它是一种真正克服了历史上的哲学家所不能解决的物质与精神、主观与客观的对立，并把在实践基础上不断克服这种对立看作是人类历史前进目标的唯物主义哲学。(直至现在,仍然有人认为马克思主义哲学是一种主张"主客二元分离"的哲学,这是一种极大的误解或曲解——作者补注。)把马克思的唯物主义哲学仅仅归结为肯定物质的第一性,这是把它等同于旧唯物主义的一种错误想法,并且极大地把马克思的唯物主义简单化了。如果由此出发去看中国古代美学,那也将得出一系列简单化的结论,而看不到中国古代美学一个极其重要的优点恰好在于它是从主观与客观的统一出发去观察和解决美与艺术问题的,避免了西方美学中那种把主观与客观、心与物割裂开来的错误。

(本文是作者1983年8月在上海复旦大学举办的美学进修班讲课的讲稿。原载《美学与艺术评论》1984年第1辑)

儒家美学思想

在中国古代美学史上,儒家美学是居于主导地位的一大美学系统。其他各家美学虽然各有贡献,但始终未能取代儒家美学的主导地位。

基本特征

儒家美学以儒家仁学为根基,是儒家仁学的自然延伸。儒家认为"仁"的根本是"爱人"。这被看做人所具有的,基于血缘的亲子之爱,又进一步推及于对社会群体应有的情感心理要求。儒家中的孔子、孟子都认为这种情感心理要求是每一个人生而具有的。荀子虽然认为人的自然的生命欲望本身不符合仁义,但仍然完全能够通过社会的教化使之符合仁义。在儒家看来,为了使人成为"仁人",就要感发人所固有的行"仁"的情感心理要求,或用仁义去感化人性中与仁义相违的欲望冲动。为了做到这一点,需要对人进行种种教育。由于文艺的重要特征在于诉诸个体与群体的情感心理,这就刚好可以成为儒家教化的重要手段,而受到了儒家的重视。此外,儒家所说的"仁"是与"礼"分不开的,而"礼"自古以来又与"乐"分不开。儒家是古代礼乐传统的继承者。这也使它对文艺的作用予以特殊的重视。儒家赋予文艺以帮助建立符合于"仁"的理想社会的重大作用，把文艺看作塑造个体的情感心理，使之符合于"仁"的重要手段。由于文艺是使人成为"仁人"所不可缺少的，因此有关文艺和美的问题的理论也就成为儒家思想的一个重要方面，从而产生和形成了儒家美学思想。

儒家美学与儒家仁学分不开，还因为儒家所说的"仁"不只是一个道德概念，而且能内在地通向美学。这是因为"仁"具有下列特性：① 它是与个体的感性生命的合理发展相关的，是对这种发展的肯定；② 它是以个体内在的社会性的情感心理为根基的，不是纯理智性的概念，也不是外在的道德律令；③ 它以个体与他人、群体的和谐统一为最高理想；④ "仁"的实现不是为了得到报偿或邀功求誉，"仁"本身即是最高目的，而不是达到个人私利的手段。⑤ "仁"的实现被看作人生所能达到的最大的快乐。所有这些特性说明，"仁"的完满实现既是一种最高的道德境界，同时又是审美的境界，两者合一而不可分。对于这一点，宋代理学有相当深入的理解。

儒家认为"仁"与长育万物的天地、生命的和谐成长和生生不息完全相通一致。由此又使儒家美学从社会伦理的领域通向自然的领域，并使美与文艺的问题和自然界生命的问题连接起来。美的境界不只是个体与社会和谐统一的境界，同时也是人与大自然和谐统一的境界。

儒家认为文艺是主体内在具有的"仁"的情感心理要求的表现，目的是要以之感染他人和社会。这种情感心理要求的发生不能脱离主体与社会、自然的关系，是主体感于外物的结果，而且它的表现须与自然界生命的结构、功能、变化规律相一致。因此，在文艺与外部世界的关系上，儒家既不主张文艺是模仿外在自然的产物，也不主张以文艺为与外物（自然和社会）无关的主体心灵的表现。儒家美学把心物交感看作文艺创造发生的根据，提出了与古希腊的"模仿论"和西方近现代的"表现论"不同的"感应论"或"交感论"。

历代儒家美学

先秦至汉初 孔子是儒家美学的奠基人。他的"兴于诗，立于礼，成于乐"(《论语·泰伯》)的思想，对诗的作用"兴""观""群""怨"的说明(《论语·阳货》)，具体地指出和强调了文艺有协合人群、塑造人性的重大作用，使远古与巫术图腾、原始礼仪结合在一起的文艺开始获得了独立的地位。他的尽善尽美论、文质观、乐而不淫哀而不伤的"中庸"审美尺度，为儒家美学奠定了坚实的基础。孔子之后，孟子从主体道德精神的修养来观察美的问题，高扬了主体道德精神的伟大与崇高之美，对后世的文艺创造发生了重要影响。主张性恶论的荀子高度重视文艺的感化作用，并做了重要的发挥与论证。荀子虽然主张性恶论，但并不以欲望的满足为恶，而只是要求欲望的满足须符合于礼义。较之孔、孟，荀子在符合礼义的前提下强调了人的存在与感性生命欲望的关系，把美的追求也归之于人生而普遍具有的生命欲望之中，使美不限于主体内在道德精神的自我完善，而开始面向外部自然和实际的事功。荀子提出"无伪则性不能自美"(《荀子·礼论》)的思想，包含了美与人对外部世界和自身的改造相关的素朴认识。主要继承荀子学派思想的《易传》，从天地产生万物来观察美的产生，深刻触及到了美与生命的关系问题。它对天地之美的说明包含了后世所说阳刚之美与阴柔之美的区分(略似西方美学中"崇高"与"美"的区分而又不同)，并推崇阳刚之美，极大地影响了中华民族的审美意识(见刚柔观)。它关于"天文"与"人文"的理论，以及对"神"的观念的理解，都具有重要的美学意义，并对后世发生了很大的影响。《乐记》着重阐发《荀子·乐论》和《易传》的思想，建立了儒家第一个最系统和最有哲学深度的乐论。《乐记》依据来自《荀子》和《易传》的"感"的观念，集中论述了人心感于物而产生文艺创造的思想，奠定了中国美学的"感应论"或"交感论"的基础。《乐记》的"大乐与天地同和"的思想发展了《易传》关于美与生命的关系的思想，是对于儒家以"和"为美的重要论证。《乐记》对文艺与社会的联系，"乐"区别于"礼"的作用，"乐"的"音"与情感表现的同构对应关系，"文"亦即美的形式结构的讲求的必要性，都有重要的论述。但它又显著地发展了儒家对文艺与社会政治伦理关系的狭隘理解，不利于文艺的发展。

两汉 西汉董仲舒大力强调"天"有"仁"的属性，将"仁"与天地长育万物相连，进一步强化了儒家关于美与生命的关系的思想。他的"天人感应"说包含有对人的情感与自然的同构对应关系的猜测，在美学上也发生了一定的影响。董仲舒之后，扬雄的美学主要关注美与善的关系。扬雄既受到儒家对美的狭隘理解的影响，同时又不否认美的价值，仍然坚持美与善、文与质的统一，并做了有相当深度和启发性的阐明。东汉的王充集中讨论了美与真的关系问题，力斥"虚妄"而高扬"真美"(《论衡·对作篇》)。但他对"真"的理解忽视了文艺的特征。《毛诗序》将《乐记》的思想应用于诗，对儒家诗论的阐述做出了重要贡献。

魏晋至唐代 魏代曹丕的《典论·论文》、晋代陆机的《文赋》，基本上都是立足于儒家来观察文艺问题，但强调和具体论述了儒家向来较为忽视的文艺创造的审美特征问题，丰富了儒家美学。梁代刘勰的《文心雕龙》主要以《易传》的思想为基础，创造性地建立了中国古代最为系统的文学美学，把美的问题放到了十分重要的位置，在很大程度上纠正了儒家重善轻美的偏颇。它所提出的"风骨"这一美学范畴，将《易传》所推崇的刚健之美具体地落实到了文艺上，产生了很大的影响。隋代的隋文帝、李谔等人因批判齐梁浮艳的文风而走到了重善轻美的极端。唐初史家继续批判这种文风，但纠正了李谔等人的偏颇，重申孔子的文质统一的思想，并据《易传》"天文""人文"的思想以论证"文"的重要性。作为齐梁文风的对立面，陈子昂对"汉魏风骨"的大力提倡，进一步高扬了《易传》所推崇的刚健之美，并成为盛唐文艺的主导倾向。中唐时期，元稹、白居易的诗论、古文家的理论对儒家美学有所丰富，特别是"文"与"道"的关系的提出与讨论对儒家美学的发展有重要意义。但总而言之，重善轻美的倾向甚为明显，在理论上无特别重大的创造。

宋元明清　宋代理学的建立，一方面产生了轻视以至否定文艺的价值的思想，另一方面对"仁"与生命（"生意"）的关系的强调，对以"仁"为"乐"的思想的阐扬，对一种安详雍容、温润含蓄、沉潜深厚的"气象"的推崇，以及对"格物致知"以求"理"的提倡，都给了文艺与美学以重要影响。理学对儒家美学的贡献，主要不在理学家对文艺所发表的某些言论上，而在更深入地触及了道德境界、天地境界与审美境界的联系，把审美境界提到了道德形而上学的高度，视为一种与本体（"理"）合一而产生的心灵高度平静和悦的境界。这是儒家以"和"为美的思想的一个重大发展（见中和为美说）。但理学对"天理"与"人欲"的对立的强调，又严重束缚了美与文艺的发展。自元至明代前期，理学的影响仍然存在，但已逐渐减弱，儒者论文所关注的问题转向了文艺的特征与创造方面，并企图通过对前代（从秦汉至唐宋）作品的研究、分析、评论而确立创作与评论的标准、格调。这一时期的儒家美学对文艺的特征的认识有所发展。明中叶后,王阳明心学虽然很少直接论到文艺、美学问题,但它对个体的"心"与"情"的作用的强调深刻影响到了文艺与美学。明末清初的王夫之批判了宋明理学将"理"与"欲"对立的观点,立足于情理统一来观察文艺,重视文艺与现实人生的联系,并借取禅宗的某些思想以论文艺的特征,丰富发展了儒家美学。王夫之之后,叶燮的《原诗》在哲学基础上是立足于宋代理学的,但吸取了明初以来关于诗的讨论中提出的某些看法,对诗的创造的特征做了一些有美学意义的阐发。从康熙时期开始,程朱理学又被提到很高的地位,在文艺上则倡导"清真雅正"的文风,雍正十年上谕明确颁布以此作为衡文标准(见梁章钜《制艺丛话》卷1)。和这种情况相适应,方苞、姚鼐等人的古文论,沈德潜的诗论,王原祁、沈宗骞等人的画论,对儒家美学有所发展。这主要表现在对文章、绘画的阳刚之美与阴柔之美的明确提出和分析,对包含了某些重要美学问题的"理"与"辞""义"与"法""性情"与诗的关系的讨论。这可以说是儒家美学最后一次的兴盛发展。道光以后,儒家美学虽然在个别问题上有一些中肯的看法,但再也没有提出什么有重大影响的理论。

儒家美学的现代意义

儒家美学是以个体内在的伦理情感心理为根基的美学,而这种情感又是建立在个体与社会、人与自然和谐统一的基础之上的。儒家美学在文艺诉诸个体情感心理的特征、文艺协和群体与塑造人性的作用、美与生命的关系、心物交感与文艺创造、审美与文艺同形而上的本体("道")的沟通合一等问题上,都提出了许多至今对现代美学的发展仍有重要意义的理论。

尽善尽美论

孔子关于美善关系的观点。在儒家美学中有重要的理论意义。

孔子之前的看法 中国美学对于美善关系的看法，经历了一个历史发展的过程。最初，中国美学是从味、声、色给人的感官愉快而提出"美"的问题。许多人都明确肯定"美"与味、声、色分不开。同时，很早就有人指出，如果不加节制地去追求这种美的享受，就会产生危害生命的后果。如秦国著名的医生医和说："天有六气，降生五味，发为五色，征为五声，淫生六疾。"(《左传·昭公元年》)从社会政治伦理方面说，如果沉溺于味、声、色的美的追求，又会有害于君主的治国。如单穆公指出，制造大而又大的乐器，追求声音的强烈刺激，不仅劳民伤财，而且会使君主的精神、神志受到影响，失去清明的理智，"于是乎有狂悖之言，有眩惑之明，有转易之名，有过慝之度"，使国家的治理陷于危殆(《国语·周语下》)。为了避免以上所说的种种不良情况的产生，子产明确提出"气为五味，发为五色，章为五声。淫则昏乱，民失其性。是故为礼以奉之"(《左传·昭公二十五年》)。要求味、声、色的美的享受必须符合于"礼"，这实际也就是要求美必须符合于社会政治伦理道德的善。这种观点在孔子之前不断被加以强调，以致出现了将美等同于善的看法。如伍举与楚灵王讨论章华台是否美的问题，伍举提出："臣闻国君服宠以为美，安民以为乐，听德以为聪，致远以为明。不闻其以土木之崇高、彤镂为美，而以金石匏竹之昌大、嚣庶为乐；不闻其以观大、视侈、淫色以为明，而以察清浊为聪。"又说："夫美也者，上下、内外、小大、远近皆无害焉，故曰美。若于目观则美，缩于财用则匮，是聚民利以自封而瘠民也，胡美之为？"(《国语·楚语上》)伍举反对君主为求美的享受而聚敛民财有合理进步的意义，但他因此而否定美的价值，将美等同于政治伦理道德上的善则是片面、错误的。

孔子尽善尽美论的提出　《论语·八佾》说:"子谓《韶》,尽美矣,又尽善也;谓《武》,尽美矣,未尽善也。"孔子在这里提出了他对美善问题的看法,将"美"与"善"明确地加以区分,并以"尽美"又"尽善"为应当努力实现的理想。这较之于孔子之前将美等同于善的看法,是一个重大的进展,对奠定儒家美学的基础有十分重要的意义。孔子是从他对《韶》乐与《武》乐(包含舞)的欣赏感受提出这一看法的。朱熹注说:"《韶》,舜乐。《武》,武王乐。美者,声容之盛。善者,美之实也。"(《四书集注》)舜以揖让取天下,故《韶》乐"尽善"又"尽美";武王虽有德治,但以征伐取天下,故《武》乐"尽美"而未"尽善"。孔子是从政治伦理道德来看美的问题,因此他以"善"为"美之实",即美的实质、内容。但孔子以为"善"应当表现在美的形式中,即应有"声容之盛"。对于这种"声容之盛"即音乐给人的美感,孔子十分重视、欣赏。《论语·八佾》说:"子语鲁大师乐,曰:'乐其可知也;始作,翕如也;从之,纯如也,皦如也,绎如也,以成。'"这里未涉及音乐的"善"的问题,所讲的正是"声容之盛"。意为音乐的演奏,开始是众响忽发、和顺的前奏,接着是声音纯一和谐、节奏鲜明、音色清亮的展开部分,最后是声音相寻相续、不绝如缕的尾声部分。这样乐的演奏就完成了。孔子对乐的演奏的这种描述,表明他对乐的美有很高的欣赏力。《论语·泰伯》又说:"师挚之始,《关雎》之乱,洋洋乎盈耳哉。"这也是孔子对乐的"声容之盛"欣赏、赞美的表现。师挚为鲁国乐官,"始"指音乐的引子、前奏,"乱"指音乐的主体、高潮部分。《论语·述而》还直接讲到了孔子对《韶》乐的欣赏:"子在齐闻《韶》,三月不知肉味。曰:不图为乐之至于斯也!"孔子如此欣赏《韶》乐,不只因为它"尽善",而且还因为它"尽美",即极尽"声容之盛",所以孔子才将他所得的欣赏愉快与"肉味"这种纯感官的愉快相比拟。正因为孔子不只强调"善",而且也很重视、欣赏"声容之盛"的美,所以他认为《武》乐虽未"尽善",但却"尽美"。这就明确肯定了美虽不能脱离善,无善不能有美,但美又有与善不同、区别于善的价值。如果"美"即是"善",那么未"尽善"的《武》乐就绝对不可能"尽美"。孔子看到和确认美有区别于善的自身价值,是因为孔子所说的"善"决不否定个体生命欲望满足的合理性,而只是要求这种满足须合乎"善"的规范,获得一种区别于动物欲望满足的社会性的形式,一种符合于人所应有的尊严和教养的形式。这是孔子美学的深刻和伟大之处所在。但由于历史的局限,孔子所说的"善"又有束缚人的个性发展的一面;而且对于孔子来说,"善"是"美之实",是第一位的、根本性的东西,"美"则是从属于"善"的第二位的东西。所以孔子说:"人而不仁,如乐何?"(《论语·八佾》)孔子"放郑声"(《论语·卫灵公》),完全否定郑国流行的民间音乐的美的价值,就因为它根本违背了孔子所说的"善"。孔子以"善"为"美之实",有其不应否认的合理性,但他所说的"善"的狭隘性及为维护君君、臣臣、父父、子子的等级名分服务的功利性,又严重限制和束缚了美的发展,在历史上起了不良的作用。

历史影响 《乐记》是先秦儒家乐论的总结,因此孔子的尽善尽美论对后世的影响首先集中表现在《乐记》中。这种影响有积极与消极两个方面,但总的来看,消极的方面是大为发展了。《乐记》区分了"声""音""乐"(见声音乐),并提出"声成文,谓之音",即"声"只有具备了"文"亦即美的形式时方能成为"音"。所以《乐记》多次讲到"乐"必须有"文采节奏",即必须有美的形式,这较之过去的乐论是一个有重要意义的发展。因为在《乐记》之前的乐论未明确提出乐与"文采节奏"的关系,只强调"乐"与"德"的不可分的关系。《荀子·乐论》开始涉及这一问题,但仍未明确提出。《乐记》明确提出这一问题,即是对孔子所说乐既要"尽善"又要"尽美"的思想的发展。但《乐记》又认为具有了"文"的"音"还不是"乐",只有"音""与政通",表现了儒家所说的伦理道德才能成为"乐",并且要"使亲疏、贵贱、长幼、男女之理,皆形见于乐"。这就大为发展了孔子思想中对"乐"与伦理政治关系的狭隘理解的消极一面,并对后世产生了很大影响。孔子认为"乐"即使不能"尽善",但还能"尽美"。从《乐记》来看,则实际上认为不能"尽善"即不可能"尽美"。这很清楚地表现在《乐记》对《武》乐的评论上。它虽然为《武》乐仍有长久存在的价值做辩护,但又公然指出《武》乐"声淫及商",并说这是"有司失其传,若非有司失其传,则武王之志荒矣"。在辩护的方面,也只从政治伦理道德来谈,未及于音乐的美的问题。这与孔子说《武》乐"尽美矣,未尽善也"的评价相去很远。《乐记》之后,孔子所说"未尽善"但可以"尽美"的思想未能得到后世儒家的重视与发展,但尽善尽美的理想仍得到相当多的人的承认,并被应用于文艺的评论。如唐张怀瓘《书断》评王羲之与王献之的书法说:"子敬可谓《武》,尽美矣,未尽善也;逸少可谓《韶》,尽美矣,又尽善也。"

文质观

儒家关于"文"与"质"的关系的论述。在儒家美学中占有重要地位。

探源 孔子最先明确提出"文"与"质"的关系问题,并要求两者应当恰当地统一起来。《论语·雍也》说:"子曰:质胜文则野,文胜质则史。文质彬彬,然后君子。"孔子的话本是针对"君子"的修养而发的,但已和美的问题相关,后来又广泛地被应用于说明文艺作品的创造。孔子所说的"质"指的是"君子"内在具有的伦理道德品质。《论语·卫灵公》说:"君子义以为质,礼以行之,孙以出之,信以成之。"此外,"质"还有"君子"对伦理道德的履行应当诚实、正直、谦恭的意思。《论语·颜渊》说:"夫达也者,质直而好义,察言而观色,虑以下人。"孔子所说的"文",从这个字的历史起源来看,本与鸟兽皮毛的花纹色彩、古代的文身、编织刺绣有关,明显含有美的意思。在儒家思想中,"文"这个词经常用以指典章文物、礼乐制度、道德教化,虽不等于"美",但也明显包含了美。如孔子赞美西周"郁郁乎文哉"(《论语·八佾》),歌颂尧"焕乎!其有文章"(《论语·泰伯》)。这里所用的"文"一词均有美的意思。再从《论语》记载棘子成对孔子"文质彬彬"的说法提出否定的看法,子贡加以反驳来看,更可见孔子所说与"质"相对的"文",实指一种美的形式。《论语·颜渊》说:"棘子成曰:君子质而已矣,何以文为!子贡曰:惜乎!夫子之说君子也,驷不及舌。文犹质也,质犹文也,虎豹之鞟犹犬羊之鞟。"子贡认为,如果只要"质"不要"文",否认"文"与"质"的差异、区分,那就如去掉虎豹与犬羊的毛之后,声称两者的皮没有差别。实际上虎豹的毛色花纹远远美于犬羊的毛色花纹,两者不能视同一律。子贡以此喻"文"的重要性,可见"文"与美相关。《周易》革卦传文说:"大人虎变,其文炳也","君子豹变,其文蔚也",可证虎豹之毛色花纹很美,不同于犬羊。讲到"文"与"质"的关系,孔子说"质胜文则野,文胜质则史"。这里的"野"与"史"均为名词。"野"指"野人","史"指"策祝"。《仪礼·聘礼》说:"辞无常,孙而说。辞多则史,少则不达。辞苟足以达,义之至也。"注:"史谓策祝"(《仪礼注疏》卷24)。"策祝"掌各种祝词,"以事鬼神,祈福祥,求永贞"(《周礼·春官宗伯第三》),因此多各种形容描绘、铺张夸饰之辞,不只求"达"而已,所以说"辞多则史"。孔子说"质胜文则野",即是说"质"胜过"文"

就如"野人",鄙野无文,不能称为"君子";"文胜质则史",即是说"文"胜过"质"就如"策祝",多铺张夸饰之辞,也不能称为"君子"。"君子"既不同于"野人",也不同于"策祝",而以"文质彬彬"为其特征,即"文""质"相称,无过与不及。朱熹注:"彬彬犹班班,物相杂而适均之貌。"(《四书集注》)"相杂而适均"即无过与不及,实际是孔子"中庸"思想在"文""质"关系上的体现。

历代对文质观的论述 孔子提出文质观之后,道家、墨家、法家均持反对的看法,儒家一派或接受儒家思想的人,均表赞同。如屈原,受到儒道两家思想的影响,在文质问题上赞成孔子的说法。他在《怀沙》中说:"文质内疏兮,众不知余之异采。"在《橘颂》中又说:"青黄杂糅,文章烂兮。精色内白,类任道兮。"在儒家中,孟子、荀子、《易传》、《乐记》的思想均与孔子的文质观相一致,但很少正面论及这一问题。至汉初,《淮南子》、刘向都正面论及了这一问题,但前者很受道家影响,后者则站在儒家立场上,重申孔子的观点,反对子桑伯子否定孔子的说法,主张"去其文"的观点,提出"文质修者,谓之君子,有质而无文谓之易野。子桑伯子易野,欲同人道于牛马"(《说苑·修文》)。这一观点把要不要"文"提到人与牛马的区别的高度,是深刻的。但刘向又受到汉初道家思想影响,以致把原于道家而为韩非所说的"质有余者不受饰"说成是孔子的思想(《说苑·反质》)。西汉董仲舒提出"质文两备"的看法,但他是从礼的观点提出的,并且认为在"质文"不能"两备"时,"宁有质而无文",表现了对"文"的轻视(见《春秋繁露·玉杯》)。扬雄对汉代辞赋的华丽提出批评,但他并不否定符合儒家正道的美。扬雄是第一个站在儒家立场上,明确地从文艺的角度讨论文质问题。虽然他所说的"文"也有比一般所说的文艺更广泛的意义,但已明显涉及文艺与美的问题,并高度重视孔子关于"文"与"质"统一的思想。他说:"圣人,文质者也。车服以彰之,藻色以明之,声音以扬之,诗书以光之。笾豆不陈,玉帛不分,琴瑟不铿,钟鼓不钪,则吾无以见圣人矣。"(《法言·先知》)他又以"质"为阴,以"文"为阳,模仿《周易》所言阴阳变化的思想来论"文"与"质"的关系的发展,认为开始是"质"胜于"文",随后是"文"胜于"质",最后是"文"与"质"得到统一(《太玄经·文》)。他的这种说法有牵强神秘的地方,但从变化发展中观察文质统一问题,有合理深刻之处。他所说"阴敛其质,阳散其文,文质班班,万物粲然"(同上),也有与《周易》思想不合且牵强之处,但却很明确地肯定了万物都有内在的"质"与外在的"文"两个方面,两者统一而形成万物的光辉的美。这种说法已是从宇宙论来讲文质问题,不限于孔子所说"君子"的修养问题。梁代刘勰的《文心雕龙》直接讨论文质问题的地方不多,但《情采》中很明确地指出:"圣贤书辞,总称文章,非采而何!夫水性虚而沦漪结,木体实而花萼振,文附质也;虎豹无文,则鞟同犬羊,犀兕有皮,而色资丹漆,质待文也。"这较之扬雄更进一步把"文"与美和文艺创造的问题联系起来,并且明确指出"文附质"与"质待文"这样两个不能分离的方面。而且,从上引《情采》及《文心雕龙》全书看,刘勰虽然一点也不忽视"质"的问题,但他更重视,讨论得更多的却是"文"的问题。唐初,史家魏徵等论文,批判了齐梁浮艳的文风,但却没有如前代的隋文帝、李谔那样因此而走向重"质"轻"文",仍然坚持了孔子的文质统一的观点。这在历史上是难得的。中唐古文运动兴起后,有关古文的理论也涉及了文质问题。在原则上,唐代古文理论明确坚持孔子"文质彬彬"的观点,但较多的说法明显是重"质"轻"文"的,而且许多人所说的"文"指的是说理记事之文,不同于文学性的文。但这种理论据《周易》而提出"尚简"的思想,虽是从它所说的"文"的实用性及反对奢华之风而提出，但也有值得注意的美学意义。因为"简"是中国文艺、美学很为重视的一种美，并且不限于文学、音乐、绘画也如此。唐代古文运动之后，"文"与"道"的关系成为很重要的问题，"文"与"质"的关系只占从属地位。但历代也有论及这一问题的，如清代的王夫之说："文因质立，质资文宣。"（《古诗评选》卷5）不过，总体而论，缺乏比前代更为深入的新见解。

文质观的美学意义　孔子从"君子"的修养而提出的文质观，肯定了人既要有内在的、真实而高尚的道德品质，同时这种品质又应当表现在一种有教养的美的形式之中。这是一个合理、深刻的思想，因为它肯定了审美的教养是人类生活不可缺少的一个重要方面，并且要求人的生活的诸方面都应有一种美的形式。相反，墨子以"质"来否定"文"，法家和汉初道家认为只要"质"有美即根本不需文饰，这虽然有反对虚饰的合理意义，但同时也取消了自觉地努力进行审美修养和建立美的形式的必要性与重要性。当文质观从"君子"的修养问题推及于说明文艺的创造之后，它又为文艺理论、美学提供了两个基本的重要的范畴。"质"相当于文艺作品的内容，"文"相当于美的形式，两者应当协调统一。这使中国美学主张兼顾文艺作品的内容与形式两个方面，认为只注意其中任何一个方面而忽视另一方面是不对的。不过，从孔子开始，他虽然正确地提出了文质统一的思想，但"质"又被认为是第一位的、更重要的。这有其合理的地方，但孔子尚未能完全解决"文"亦即美的相对独立性问题。这个方面被后世某些儒者加以片面的发展，产生重"质"轻"文"的思想，起了不良的作用。

象意观

儒家美学关于文艺创造、欣赏中象与意的关系的理论。

探源　象意观始见于《周易·系辞上》："子曰：'书不尽言，言不尽意。'然则圣人之意，其不可见乎？子曰：'圣人立象以尽意'。"在此之前，"象"、"意"的观念早已产生，《孟子·万章上》还专门从"说诗"的角度论述了"意"的问题。但至《周易》的传，才将"象"与"意"相连，并提出"立象以尽意"的观点。《易传》认为这是孔子的说法，恐不确。因为十分重视"言"的"正名"作用的孔子没有也很少可能提出"言不尽意"的观点。从先秦思想的发展看，这是庄子学派的观点。《周易》的传之所以提到这个观点，看来是为了引出"立象以尽意"，突出"象"的重要性。

在《周易》中，"立象以尽意"的提出本是为了说明占筮的卦象的作用，"意"指由卦象所显示的阴阳变化和与之相关的对人事吉凶祸福的预测、启示、判断。但由于卦像是形象的，又被认为是据天地万物的形象而创造出来的，"意"因与人事吉凶祸福相关而明显与人的遭遇、命运相连，带有强烈的情感色彩，这就使"立象以尽意"含有可与美学相通的意义，能够用来说明文艺的创造。因为文艺的一个重要特征，正是要创造出艺术的形象，以之来表现、传达与社会人生相关的某种思想、感情、意绪。在此意义上，它与《周易》所说"象"与"意"的关系密切相连。

历代对象意观的论述　自"立象以尽意"提出之后，历代文艺理论对象意问题做了不少重要的论述，很明显地将它引入了文艺理论和美学。

魏王弼曾专门探讨了《周易》"立象以尽意"的思想，提出了得意在忘象的说法，对文艺很有影响。但这是玄学的看法，与儒家思想有甚大的差别。晋陆机的《文赋》则明显以儒家思想为根本来观察文学创作，其中讲到"每自属文，尤见其情。恒患意不称物，文不逮意"。这里提出了"意"与"物""文"与"意"的关系问题。"文"指文辞，而文学是借文辞而构成形象，"文"在《周易》中也与卦象分不开。但陆机的说法只暗含了"意"与"象"的关系，而未明确提出，仅在《文赋》末尾论及文学的重大作用时讲到了"仰观象乎古人"。梁刘勰在《文心雕龙·神思》中描述文学的创造过程时说："玄解之宰，寻声律而定墨；独照之匠，窥意象而运斤。"这里明确使用了"意象"一词，为过去所未见。但它指的是文学家构思所得的尚存于心中的形象，还没有进一步涉及文学创作中"象"与"意"的关系问题。不过，就《文心雕龙》全书看，虽未明确讨论"象"与"意"的关系，但从"象"与"意"两方面去观察、分析文学中的许多问题，显然是它所应用的一种重要方法。刘勰之后，唐代殷璠在《河岳英灵集》中提出了"兴象"这一概念。"兴"明显与诗人所表达的"意"相关，因此"兴象"也包含着"意象"的意思。殷璠之后，在《文镜秘府论》地卷及南卷所引王昌龄著《诗格》中，对"意"的问题做了前所未见的强调，把"意"提到了很高的地位，同时又一再指出"意"须与"物色"、"景""相兼"、"相惬"，实即要求"意"与"物色"的统一。"物色"属于"象"（天地四时之象），因此"意"与"物色"的统一在本质上也就是"意象"。王昌龄这种思想的提出并非偶然，因为从现存王昌龄的诗文看，他对《周易》做了不少研究，《周易》对他的思想有显著影响。到了中唐及晚唐，皎然在《诗式》中提出"取象曰比，取义曰兴，义即象下之意"，这也是相当明确的象意观的说法，而"取象"之说明显与《周易》相关。晚唐司空图的《二十四诗品》的"缜密"品中又明确讲到"意象欲生，造化已奇"。就是未言及"意象"的其他各品，实际上也都是从"意"与"象"两个方面来加以描述、说明的。不过，皎然及司空图的思想已大受禅宗、道家影响，不是单纯的儒家思想。源于《周易》的象意观，经魏晋至唐代，在文学理论中得到了应用、发挥，书论、画论也是如此。如孙过庭的《书谱》，张怀的为数众多的书论，朱景玄的《唐朝名画录》，张彦远的《历代名画记》，都明显应用象意观来说明书法、绘画的创造。张怀在《文字论》中，还明确使用"意象"一词，提出在书法创造中如何从天地万物"探彼意象"的重要问题。可以说到了唐代，象意观已广泛渗入各门文艺理论中，成为中国美学的一个根本性的观念。唐代之后，从象意观来看文艺创造的思想继续发展着，有时比前代讲得更为明确。如明代何景明在《与李空同论诗书》中说："夫意象应曰合，意象乖曰离，是故乾坤之卦，体天地之撰，意象尽矣。"（《何大复先生全集》卷32）但唐以后象意观的应用主要表现在从欣赏、评论的角度来讨论文艺作品的"风味"、"气象"这个方面。这是晚唐司空图《二十四诗品》思想的继续发展。它在宋代得到了集中的表现，以后又影响到明清。

象意观的美学意义　《周易》的"立象以尽意"的思想，经过历代文艺理论家的解释，"意"被理解为文艺家在作品中所表现的情思、意绪，"象"被理解为用以表现此种情思、意绪的艺术形象。文艺作品则是这种"意"与"象"两个方面的统一。这样，《周易》的本是讲卦象的作用的话，就为中国美学对文艺的分析、解释提供了一个重要的理论基础，并具有重要的方法论意义。比起自古相传的"诗言志"、"比兴"的说法来，这是一个重大的进展。因为"言志""比兴"，虽然在实际上也包含了"意"与"象"的关系问题，但还是隐而不显的，远未在理论上得到明确的说明。尽管孟子论"说诗"的方法已明确提出"意"的概念，但只讲到了"意"与"辞"的关系，未提出"象"的观念，当然也未论及"意"与"象"的关系问题。而没有"象"的观念，对文学的"辞"的解释就仍有欠缺。因为文学的与非文学的"辞"的重大区别，正在于前者能构成一个诉之读者内心想象的艺术形象。道家中的庄子既讲"象"，也讲"意"，但庄子只讲了"言"与"意"的关系，同样未涉及"意"与"象"的关系。

荀子论礼，提出了"取象"的观念（《荀子·礼论》），在《乐论》中也开始应用了"象"的观念，后来《乐记》又更进一步加以强调。但也未直接涉及"意"与"象"的关系，只隐含了这种关系。此后，《易传》提出的"立象以尽意"这句并非专门针对文艺而发的话，随着魏晋以来人们对文艺特征认识的显著发展，很自然地给了各门文艺的理论家以重大的启示，被用来说明文艺问题，终于使中国美学的象意观或意象论逐步地树立起来，大大推动了中国美学的发展。这个观点实际是中国美学对艺术的本质特征的一个具有普遍性的重要概括。因为任何文艺作品都可以分解为"意"与"象"这样两个方面，它是由这两个方面的统一所构成的。只不过在不同的文艺形式中，具体的情况有所不同。在不同的时代、不同的文艺流派中，对"意"与"象"的理解也有所不同。就中国美学来看，历代对"意"与"象"的论述都认为"意"是文艺家感于物而生的，表现"意"的"象"也离不开天地万物，由文艺家取之于天地四时的"物色"、景象而构成。而且，文艺家所表现的"意"不仅仅只与个人相关，它经常被看作《周易》所说与伦理道德合一的天地之"道"在文艺中的表现。这和西方现代美学将"意象"看作与外物无关的个体心灵的表现很不相同。中国美学的象意观或意象论包含有多方面的丰富内容，但历代的论述都相当零散，尚未形成较为系统的理论，有待于今天进一步加以整理、研究。

虚实观

中国美学关于文艺创造中虚实问题的理论。相对而言，道家、禅宗美学对虚实问题讲得更多一些。但儒家美学也有自己的虚实观，而且有它的独立贡献，不是道家、禅宗的观点所能代替的。

儒家美学所说的"实"，有三个层次的含义。首先是从文艺创造的主体来看，指文艺家表现于作品中的思想情感的真实；其次是从文艺作品所描写的外部事物来看，指文艺作品对外部事物的描写的真实；最后是从文艺作品本身来看，指作品具有充实的内容，不是徒具形式。历代儒家美学从这三个方面深入探讨了"实"的问题，这三个方面又是密切地联系在一起的。

儒家认为文艺是情动于中而形于外的产物，而且它所说的情和伦理道德分不开。由于儒家认为人的伦理道德情感必须是真诚无伪的，因此它特别强调文艺所表达的情感的真实性。《易传》说："圣人情见乎辞。"（《系辞下》）又说："修辞立其诚。"（《乾》卦传文）朱熹注说："忠信，主于心者，无一念之不诚也；修辞，见于事者，无一言之不实也。"（《周易本义》）这个根本的观点，为历代儒家美学所遵循。如《乐记》说："情深而文明，气盛而化神，和顺积中而英华外发，唯乐不可以为伪。"情感的真挚无伪，是中国历代一切成功的作品的显著特色。从哲学、伦理学上看，"诚"是儒家思想中一个十分重要的范畴，"修辞立其诚"的"诚"与此直接相关。《孟子·尽心上》讲到"诚"时说："反身而诚，乐莫大焉。"《孟子正义》注："诚者，实也。"《中庸》更是十分重视发挥"诚"的观念。朱熹注说："诚者，真实无妄之谓。"（《四书集注》，《中庸》第二十章）儒家美学虚实观中的"实"首先是与"诚"分不开的，"实"即"诚"。

儒家主张"当名辨物，正言断辞"（《周易·系辞下》），"无征不信"（《中庸》第二十九章），具有尊重事实的精神。在文艺上，儒家认为文艺所表现的情是人心感于外物而生的，因此它不仅要求情感表现的真实，同时还要求对外物的描写也应是真实的。这在左思、王充的美学思想中得到了发挥。左思在文艺上反对"于辞则易为藻饰，于义则虚而无征"，并提出"美物者贵依其本，赞事者宜本其实。匪本匪实，览者奚信"（《文选》卷四《三都赋序》）。王充猛烈地批判了"虚妄之言盛真美"的现象，反对"增益事实，为美盛之谈"，"造生空文，为虚妄之传"，提出要使人们"知虚实之分","灭华伪之文"(《论衡·对作篇》)。但左思和王充,特别是王充,对文艺的特征尚缺乏认识,以致把文艺上应有的夸张描绘也视为虚妄。刘勰的《文心雕龙·夸饰》较好地解决了这一问题,既主张文艺必须有"夸饰",又要求"夸而有节,饰而不诬"。在《文心雕龙·辨骚》中,刘勰还提出了"酌奇而不失其真,玩华而不坠其实"的观点。肯定和坚持文艺对外物的描写的真实性,是儒家美学的一个优秀传统。

儒家孔子提出了"文"与"质"统一的思想,孟子又提出"充实之谓美"的观点(《孟子·尽心下》),把美看作是诚于中而形于外的,在文艺创造上则要求作品应有内在的充实的内容。王充说:"实诚在胸臆,文墨著竹帛。外内表里,自相副称,意奋而笔纵,故文见而实露也。"(《论衡·超奇篇》)因此,王充强烈批判了"有文无实"的作品(同上)。这也是儒家虚实观的一个重要观点。

在虚实问题上,儒家美学的主要思想是崇实的,这也是它的重要贡献所在,而为道家、禅宗美学所不及。但儒家美学不是不讲"虚",不过它对"虚"的理解与道家、禅宗有根本的不同。在道家、禅宗思想中,"实"是"有"(实有),"虚"是"无"或"空"(虚幻不实)。在儒家思想中,"实"是真实,"虚"是虚假。在这个意义上,儒家美学认为"虚"是必须排斥,无美可言,有害于文艺创造的。这与道家、禅宗美学认为"虚"、"实"两者均与文艺创造有关,从虚实关系去讲文艺创造,并把"虚"放在很重要的地位,有明显的区别。但在一定意义上,儒家美学也讲"虚"。这种"虚"不是道家、禅宗意义上的"无"或"空",而是指儒家在道德实践、治理国家、事功活动中所达到的一种与天地合一、神妙无形、不可识知的最高境界。这也就是《孟子·尽心上》所说"夫君子所过者化,所存者神,上下与天地同流",《周易》所说"神无方而《易》

无体"(《系辞上》),"穷神知化,德之盛也"(《系辞下》),《中庸》二十四章所说"至诚如神"。这是一种含审美但又超审美的境界,也就是《孟子·尽心下》中被置于"美""大"之上的"圣""神"的境界。就它是神妙无形的而言,可以说是"虚",但并不是与儒家所说的"实""诚"相对立的,而正好是"实""诚"的最高发展的表现。儒家美学也要求文艺表现这种境界,如南朝的宋王朝颜延之说:"图画非止艺行,成当与《易》象同体。"(见王微:《叙画》)这种表现是通过对有限、个别的日常事物的描绘去达到的,因而可与道家、禅宗美学所讲虚实关系的处理相比拟,但不能将儒家美学的虚实观与道家、禅宗美学的虚实观相混同。

刚柔观

儒家美学关于美与天地的阳刚阴柔的关系的理论,包含了儒家美学对美的两大基本形态——阳刚之美与阴柔之美的区分。

《左传·昭公二十年》记述晏子论到音乐的"和"的美时,已提及"刚柔"的"相济"问题。晏子还未讲到刚与柔是两种不同的美的特性,但他把刚柔直接与文艺问题联系起来,并提出刚柔相济的思想,对后世产生了影响。

在《周易》的传成书之前,阴阳、刚柔的观念早已存在。《易传》吸取改造了道家、阴阳五行家的思想,提出一阴一阳之谓道,并将阳与刚、阴与柔联系起来,认为阳刚阴柔的变化决定着天地万物的变化和人事的吉凶祸福。《易传》又将阳与天、乾卦相连,阴与地、坤卦相连,在解释乾、坤两卦的传文中涉及了美的问题。乾卦传文说"乾始能以美利利天下",肯定了乾有美的特性,同时又说"大哉乾乎!刚健中正,纯粹精也"。这就意味着乾具有一种"刚健中正"的美。从乾卦传文看,它既是"天行健"即天的强劲的生命运动的表现,同时又是君子法天,"自强不息"的人格精神的表现。坤卦传文也肯定了坤"含章""有美",同时又指出坤"厚德载物,德合无疆,含弘光大,品物咸亨",并具有"至柔""至静"的特性。这就意味着坤的美是与乾的美不同的一种宽厚柔静的美。从坤卦传文看,它既是无私地长育万物的大地的美的表现,同时又是君子法地,"以厚德载物"的仁爱精神的表现。《易传》提出和描述了乾与坤各自具有的不同的美,这就是后世所说的阳刚之美与阴柔之美。

阳刚之美有别于阴柔之美,但《易传》又指出阳刚与阴柔不是绝对对立,而是辩证地相互联系的。坤卦传文说"坤至柔而动也刚",柔并不排斥刚。反过来说,刚也不排斥柔,如泰卦传文说"内阳而外阴,内健而外顺",兑卦传文说"刚中而柔外"。卦传文又说:"刚决柔也,健而说,决而和。"这就是说,刚能决定、战胜柔,但又应是和悦、柔和的。《易传》反对柔脱离刚和刚脱离柔而片面孤立地发展,这是中国美学"和"的思想的重要发展,对后世有很深的影响。

《易传》之后,《乐记》将阳刚阴柔的思想引入了乐论,并提出"刚气不怒,柔气不慑"的说法。这是对《易传》反对将刚柔绝对对立的思想的一个简明概括。《乐记》论"音"的各种不同的美,实际也涉及了阳刚之美与阴柔之美的不同。但整个而论,《乐记》所强调的是刚柔相济而生的"和"的美,不重阳刚之美与阴柔之美的区分。

梁代刘勰深入地发挥、应用《周易》的思想来说明文学的美,提出在文学上集中体现了阳刚之美的"风骨"这个概念。刘勰说:"结言端直,则文骨成焉;意气骏爽,则文风清焉。"他并对文章提出"骨髓峻"与"风力遒"的要求,两者均与刚健之美相关。刘勰依据《易传》的思想明确指出:"若能确乎正式,使文明以健,则风清骨峻,遍体光华。"(均见《文心雕龙·风骨》)刘勰之后,唐代陈子昂又大力倡导"汉魏风骨",丰富了对以刚健为特色的"风骨"的认识，并对盛唐文艺的发展产生了很大影响。

自刘勰以来，《易传》的阳刚阴柔的思想已很明显地影响到中国的文学理论。但直至清代，才明确地将它与文章的两种不同的美联系起来。先是明末清初的黄宗羲提出文章有表现天地之"阳气"与"阴气"两种（《南雷文定》卷1，《缩斋文集序》），其后桐城派古文家姚鼐进一步提出文章有"得于阳与刚之美"和"得于阴与柔之美"两种，并从文章欣赏的角度对这两种美的不同特征做了简练生动的描绘（《惜抱轩文集》卷6，《复鲁絜非书》）。姚鼐又指出阳刚之美与阴柔之美可以有所偏胜，但不能偏废，从文艺、美学上发挥了《易传》关于阳刚阴柔辩证联系的思想："苟有得于阴阳刚柔之情，皆可以为文章之美。阴阳刚柔并行而不容偏废，有其一端而绝亡其一，刚者至于偾强而拂戾，柔者至于颓废而暗幽，则必无与于文者矣。"（《惜抱轩文集》卷4，《海愚诗钞序》）。姚鼐之后，曾国藩论古文，又对姚鼐的思想继续加以发挥。

自汉末魏晋以来，阳刚阴柔的观念也明显地被引入书法、绘画理论中，用笔的刚柔之美的问题常被讨论到。大致与姚鼐同时代的沈宗骞在《芥舟学画编》中提出和详细讨论了"尽笔之刚德"与"尽笔之柔德"的问题，并对两者的不同的美做了描述，虽不如姚鼐对文章的阳刚之美与阴柔之美的描述那么简练，但要丰富一些，有些地方较深刻地涉及了两种美的不同特征。

晚清，王国维提出"优美"与"壮美"的区分，既受到西方E·伯克和I·康德美学的影响，也显然与中国传统美学的阳刚之美与阴柔之美的区分有密切联系。鲁迅早年所写的《摩罗诗力说》一文及其后鲁迅的美学思想，都鲜明地表现了对刚健之美的推崇，但已建立在新的思想基础之上。

中国美学所说的阳刚之美约略相当于西方美学所说的"崇高"，

但很少有西方的"崇高"所强调的恐怖感,也很少有与"上帝"相联的神秘的自然崇拜观念。中国美学所说的阴柔之美与18世纪英国美学家伯克所详细描述的与"崇高"相对立的"美"很为类似,即都以伯克所说"柔和"、"仁慈和蔼"为特征。但由于东西方的伦理道德有所不同,因此在理解上也不完全相同。此外,伯克认为"纤弱""娇小"是"美"的重要特征,而中国美学所说的阴柔之美并不排斥阳刚之美,而且主张柔中需要有刚。

雅俗观

中国美学在评论审美与文艺创造时使用的重要范畴。雅俗观念由儒家美学提出,其后从道家而来的魏晋玄学的美学特别重视雅俗问题,并赋予了它以和儒家美学不完全相同的含义,对后世中国文人的审美观念产生了广泛的影响。

雅俗观念的产生与儒家乐论直接相连。《论语·阳货》说:"子曰:恶紫之夺朱也,恶郑声之乱雅乐也,恶利口之覆邦家者。"《论语·卫灵公》又说:"颜渊问为邦,子曰:行夏之时,乘殷之辂,服周之冕,乐则《韶》舞,放郑声,远佞人。郑声淫,佞人殆。"孔子认为"郑声"是邪淫的,违背儒家正道,只有"雅乐",如《韶》才符合正道,因此是君子治国应当采取推行的。孔子以是否符合儒家正道区分"雅乐"与"郑声",因此"雅"即意味着符合儒家正道。在儒家乐论中,"雅"与"正"是分不开的。

孔子编集的古代诗歌绝大多数都可以配乐演唱,因此也是乐。孔子把它们划分为"风""雅""颂"三个部分,加以编排。《论语·子罕》说:"子曰:吾自卫反鲁,然后乐正,《雅》《颂》各得其所。"这里讲的就是孔子编诗乐的情况,但未提及《风》。可能是因为在把属于《雅》《颂》的诗找出和分别编集之后,余下的自然就是《风》。据《毛诗序》,诗言"一国之事,系一人之本,谓之风;

言天下之事,形四方之风,谓之雅。雅者,正也,言王政之所由废兴也。政有大小,故有小雅焉,有大雅焉。颂者,美盛德之形容,以其成功昭告于神明者也。"看现存《诗经》中诗,《风》是民间传唱的歌曲,所言确是"一国之事,系一人之本",即为个人的抒情诗,《雅》则是君子议论天下政治的诗。诗虽分为《风》《雅》《颂》三种,但从孔子到后世儒家,并不认为三者有高低之分。《风》虽为民间传唱的歌曲,但没有被看作"俗"的、没有价值的。相反,《关雎》一诗属于《风》,孔子称赞它"乐而不淫,哀而不伤"(《论语·八佾》)。又说:"师挚之始,《关雎》之乱,洋洋乎盈耳哉。"(《论语·泰伯》)这里的师挚是鲁国乐官,"乱"指乐曲的高潮部分。在孔子的思想里,他所说的"雅乐"只是与违背正道的"郑声"相对立,并不一般地与民间的歌曲相对立。"郑声"即郑、卫之音,指郑、卫民间男女互相求爱时所唱的歌曲。据有关记载推测起来,与原始社会的群婚、杂交的习俗的遗存有关,因此孔子认为它有违儒家正道,不利于国家的治理,主张"放郑声"。但孔子并不因此而否定民间的歌曲,也不否定咏唱男女之爱的歌曲。这从《诗经》的《风》,包含《郑风》所收的诗可以清楚看出。

"雅"与"俗"的区分对立,有一个历史发展过程。《荀子·儒效》说:"有俗人者,有俗儒者,有雅儒者,有大儒者。"这是最早将"雅"与"俗"区分对立的说法。荀子所说的"俗人",指"不学问,无正义,以富利为隆"的人;"俗儒"指虽身为儒者,但不明儒术,"缪学杂举",又平庸无能的人;"雅儒"指明礼义诗书,认真学习,不以不知为知,又努力实行儒家正道,不敢有所怠慢的人。荀子的说法虽不是针对乐、文艺而言的,但讲了儒家对人品的雅俗观,对论乐、文艺、文艺家人品的雅俗产生了影响。魏晋之际阮籍的《乐论》继续说明孔子的"放郑声"的思想,认为"郑声"表现了一种轻薄放荡的风俗,但未明确将"乐"的"雅"与"俗"相对立。第一次较为明确地论及这一问题的,是齐王僧虔。他在《乐表》中慨叹古乐、"雅器""十数年间,亡者将半。自倾家竞新哇,人尚谣俗,务在噍危,不顾纪律,流宕无涯,未知所极。排斥典正,崇长烦淫"(《宋书·乐志一》,又见《全齐文》卷8),指出了"乐"的"雅"与"俗"的对立。至隋代,文帝在开皇十四年(594)所下《施用雅乐诏》中指示要推行"正声雅乐",同时又指出"人间音乐,流僻日久,弃其旧体,竞造繁声,浮宕不归,遂以成俗。宜加禁约,务存其本"(《隋书·高祖纪》,又见《全隋文》卷2)。这种看法与王僧虔大致相同,但更为突出了乐的雅俗对立,采取了严厉的态度。

虽然在孔子之后,乐的"雅"与"俗"的对立日趋明显、尖锐,但就儒家整个思想而论,"俗"仍主要是指违背儒家正道,并非不加区别地全盘否定民间音乐。因为儒家认为乐是"移风易俗"的重要手段,儒者又负有"在本朝则美政,在下位则美俗"(《荀子·儒效》)的重任,所以民间的音乐、诗歌只要符合儒家正道,有益于"移风易俗",仍是儒家所肯定的。也因此,汉代还有"采诗"的做法,收集民间诗歌,使"乐府"诗大为发展。至唐,白居易等人又发起"新乐府"运动。从美学上看,儒家所说的"雅"是符合儒家正道的意思,而符合儒家正道又是美的前提,因此要"雅"才能美,"雅"可以包含美;儒家所说的"俗"就其指违背儒家正道而言,是不可能有美的。但如以"俗"指民间的文艺,只要不违背儒家正道,同样可以为儒家所肯定。儒家的雅俗观念并不绝对排斥民间文艺,这是它的一个重要优点,与儒家的"民本"思想和重视社会风俗相关,并给了中国文艺的发展以良好的影响。但它以儒家观念去评价民间文艺,又起着束缚、限制文艺发展的作用。总而论之,儒家的雅俗观是从儒家政治伦理思想出发来评价文艺,因此它的政治伦理的意义大于美学的意义。魏晋玄学的美学将"雅"理解为一种超功利的、艺术的生活态度，这才使由儒家提出的雅俗观具有了较为纯粹的美学意义。

中和为美说

关于主客观协调而无过无不及，人与自然、个体与社会和谐统一而形成美的儒家美学理论，是儒家关于美的本质的根本性看法。它对中国古代美学产生了深远、广泛、长期的影响。

探源　"中"有多种含义，但在儒家思想中的根本含义，本于《论语·雍也》提出的中庸观念和《论语·先进》提出的"过犹不及"的看法，即朱熹注所说："中者，无过无不及之名也。"在孔子明确提出"中庸"观念之前，"和"的观念已经提出，并且也已明显与"中"的观念相关。如《国语·周语下》记述伶州鸠论音乐的"和"，即提出了"道之以中德，咏之以中音"的思想。《荀子·劝学》讲到儒家的各种经典时说："《礼》之敬文也，《乐》之中和也，《诗》《书》之博也，《春秋》之微也，在天地之间者毕矣。"至《中庸》，"中和"成为十分重要的概念，提出"喜怒哀乐之未发，谓之中；发而皆中节，谓之和。中也者，天下之大本也；和也者，天下之达道也。致中和，天地位焉，万物育焉。"由于儒家所说的"和"不能离"中"，因此单言"和"时也包含了"中"。

"和"的观念的提出并开始与美相联，始于西周末春秋初。这时对"和"的讨论，涉及两大问题，一个是音乐的"和"，另一个是君主治国应如何对待处理"和"与"同"，两者都直接间接地涉及美的问题，明显包含了以"和"为美的观念。《左传·襄公十九年》记季札观乐，盛赞周乐之美，并提出"五声和，八风平，节有度，守有序"，认为是"盛德之所同"。在描述赞叹周乐之美时，又提出"乐而不淫"，以及"直而不倨，曲而不屈，迩而不偪"等说法，已明显包含后来孔子所说中庸的观念。《左传·昭公元年》记晋侯求医于秦国的医和，医和认为晋侯的疾病是过度沉溺于"乐"而引起的，提出"先王之乐，所以节百事也"，如"烦手淫声，慆堙心耳，乃忘平和，君子弗听也"。《国语·周语下》记单穆公、伶州鸠论铸乐钟，单穆公主张钟的大小和声的高低应与人的生理感官相适应，并产生"和"的效果。如果"听之弗及，比之不度，钟声不可以知和，制度不可以出节，无益于乐，而鲜民财，将焉用之!"又说："夫乐不过以听耳，而美不过以观目。若听乐而震，观美而眩，患莫甚焉。"其结果必刺激扰乱人的感官与精神，有害于王者治国。伶州鸠更进一步提出了"政象乐，乐从和"的重要观点，阐述了"乐"的"和"与治理国家的密切关系。在君主治国如何处理"和"与"同"的问题上，《国语·郑语》记述了史伯的看法，主张君主应善于听取采纳各种不同的见解，不可只听从一种见解。为了论证这一看法，史伯提出"夫和实生物，同则不继。以他平他谓之和，故能丰长而物归之。若以同裨同，尽乃弃矣。"他又举"和五味以调口"，"和六律以聪耳"为例来加以证实，并说"声一无听，物一无文，味一无果"，实际上指出了味、声和物的"文"之美是与"和"分不开的。《左传·昭公二十年》也记述了晏婴对"和"与"同"的问题的看法，在根本上与史伯相同，并且也同样举出味、声的美的形成为例来加以证实，提出"先王之济五味，和五声也，以平其心，成其政也"，并说"声亦如味"，"清浊、小大、短长、疾徐、哀乐、刚柔、迟速、高下、出入、周疏，以相济也，君子听之，以平其心"。最后说："若以水济水，谁能食之？若琴瑟之专一，谁能听之？同之不可也如是。"这与史伯一样，也是以"和"为构成美的根本。孔子关于"和"的看法直接继承了前人的思想，同时又有重要的发展。首先，他提出了"礼之用，和为贵，先王之道斯为美"(《论语·学而》)。这里的"美"

是与"先王之道"相联的，不是仅指文艺、审美的美。但由于"礼之用"不能脱离"乐"，"和"的实现不能与"乐"分离，因此"和为贵"的"和"也就包含了"乐"的"和"的作用，从而"先王之道"的"美"也包含了文艺、审美意义上的美。孔子的这句话，第一次最为明确地将"和"与"美"联系，肯定了"和"即是"美"。其次，孔子提出"中庸"的观念，以及"《关雎》乐而不淫，哀而不伤"（《论语·八佾》）的说法，用"中庸"的观念深化了对"和"的理解。孔子之后，孟子、荀子、《中庸》都论及了"和"或"中和"，但最有美学意义并在美学上产生了显著影响的，是《易传》从宇宙论、哲学的高度论证了儒家"和"的思想，提出"乾道变化，各正性命，保合大和，乃利贞"。《乐记》将《易传》的思想应用于"乐"，进一步提出"乐者，天地之和也""大乐与天地同和"的思想，并做了多方面的、深入的阐述。《乐记》是先秦以来儒家以"和"为美的思想的重大发展，从此使"和"完全与文艺、审美问题直接相联，并成为儒家美学的根本，为后世儒家所遵循。

　　内容分析　中和为美说包含了对美学中一系列问题的重要看法。① 它从主体的审美心理上指出了审美应与人的生理感官的规律相协调，并使人的生命与理智获得正常合理的、健全的发展。医和、单穆公都说明了这一点。这是从主体的审美心理来看"和"，肯定了审美不是违背人的生命与理智健全发展的非理性的欲望冲动。② 它论述了审美对象的构成。先是指出审美对象是杂多的要素的统一（史伯），然后又指出这种统一是诸对立要素，如清浊、疾徐、刚柔等的"相济"，即恰到好处的协调（晏子），最后又指出这种协调应符合"中庸"的要求，没有"过"或"不及"的毛病（孔子）。这些说法，深刻触及了人与自然的同构、生命与社会的平衡协调发展与美的关系问题。生命与社会都只有不失去平衡协调才能发展，也才能使人产生审美的愉快。而这种平衡协调正是表现在诸对立要素的适度发展，没有任何一个要素脱离与之对立的要素而片面地发展，以致打破整个系统的平衡协调。因此，一个引起人的审美愉快的对象是一个具有平衡协调的结构的对象，也就是晏子所说诸对立要素"相济"，孔子所说符合"中庸"原则的对象。如果一个打破了平衡协调的对象也能引起人的美感，那必然是因为这种打破是导向更高的平衡协调所必需的，而且在表现于艺术时，也须在形式上赋予它一个有内在的平衡协调的结构。③ 中和为美说既将"和"理解为天地万物生命的合规律的繁荣生长的表现，同时又将万物生命的繁荣生长与君主善于治国，使社会得到和谐发展联系起来。伶州鸠在论述"政象乐，乐从和"时已经指出："气无滞阴，亦无散阳，阴阳序次，风雨时至，嘉生繁祉，人民和利，物备而乐成，上下不罢，故曰乐正。"（《国语·周语下》）孔子所说"礼之用，和为贵，先王之道斯为美"，明显与此相关。《易传》提出的"大和"思想，《中庸》所说"致中和，天地位焉，万物育焉"，《乐记》所说"大乐与天地同和"，更进一步地肯定和阐发了这种思想。儒家中和为美的观念始终包含不可分离的双重意义，既指自然万物的和谐发展，又指人类社会的和谐发展。只有达到这种和谐，才能有美的存在。儒家的这种思想，一方面十分明确地将美与生命的问题联系起来，包含着比西方19世纪末以来H.柏格森等人的生命美学更为深刻的一些重要看法，尚待加以深入阐发；另一方面，它又不停留在生命问题上，把美与人类社会的和谐发展联系起来，同样具有重要的理论意义。和古希腊美学的和谐说相比，古希腊美学主要是讨论由事物形式的比例、尺度所产生的和谐美，不像中国美学这样从自然生命、人类社会的和谐发展出发去加以观察，因而缺乏深广丰富的内容。

历史地位 中和为美的思想在中国文艺中的体现与应用，产生了与西方文艺不同的极高古典美。在充分肯定人与自然、个体与社会的统一、和谐上，这种古典美有其不可磨灭的巨大成就。但它又常常淡化现实生活中存在的矛盾冲突，趋向一种内省的静观与超越，这是它的历史的局限性。

比德说

儒家将自然物的属性特征与人的道德精神品质做形象比拟的学说，含有重要的美学意义。

形成 《论语·雍也》说："知者乐水，仁者乐山。知者动，仁者静。知者乐，仁者寿。"孔子的这些话，以水比智者的"动"与"乐"，以山比仁者的"静"与"寿"，开儒家比德说之先河。孔子之后，《孟子》的《离娄下》和《尽心上》中论及以水比德，后者提出"流水之为物也，不盈科不行；君子之志于道也，不成章不达"。《荀子·宥坐》更为详细地描述了水的种种特征，认为"似德""似义""似道""似勇""似法""似正""似察""似善化""似志"。《荀子·法行》又提出以玉比德，并明确使用了"比德"一词："夫玉者，君子比德焉。温润而泽，仁也；栗而理，知也；坚刚而不屈，义也；廉而不刿，行也；折而不挠，勇也；瑕适并见，情也；扣之其声清扬而远闻，其止辍然，辞也。"从孔子到荀子逐渐将比德说日益具体化，把某些自然物的种种属性特征与君子的道德精神品质一一加以形象的比拟说明。《荀子》之后，《尚书大传》、《韩诗外传》、董仲舒的《春秋繁露》、刘向的《说苑》诸书又对比德说进一步解释、发挥。《尚书大传·略说》从山的自然特征解释了"仁者"何以"乐山"。《韩诗外传》卷三讲了以水比德，所比之德的名目与《荀子·宥坐》所言不完全相同。《春秋繁露·山川颂》相当详细地讲了山、水如何体现了儒家的伦理道德。《说苑·杂言》讲了以水比德和以玉比德，差不多是完全照抄《荀子》中的说法，只个别字句有所不同。它又解释了"智者何以乐水"和"仁者何以乐山"的问题，基本上是杂取《尚书大传》《韩诗外传》《春秋繁露》的说法而略加发挥。从孔子经荀子至汉代，比德说成为儒家普遍主张广为流行的一种重要说法。

美学意义 儒家最初提出比德说，是为了对"君子"所应具有的伦理道德思想做一种形象的比拟说明，使人能够更具体形象地去领会它，以宣扬儒家的伦理道德和促进它的传播。如《荀子·宥坐》在讲了水所表现出来的各种与人的伦理道德相似的特征之后，说："是故君子见大水必观焉"，显然是要人们从观水去领会儒家的伦理道德。汉代儒家反复解释"智者何以乐水"和"仁者何以乐山"，也是为了使人从水和山去领会"君子"所应有的"智"、"仁"的道德品质。因此，比德说最初的提出，不是出于艺术、审美的目的。但这种比拟的发生和它之所以得到普遍的接受，一方面同古代的文艺相关，另一方面又不自觉地揭示了人对自然美欣赏的重要特征，这就使比德说深刻地影响到了中国的文艺与美学。

在《诗经》中已明显可以看到不少将山、水与人的道德精神品质联系起来的诗，这正是比德说提出的来源，因此《春秋繁露》《说苑》在论述以山水比德时，均引了《诗经》中的诗以为证。讲到山的诗，如："天作高山，大王荒之。彼作矣，文王康之。彼徂矣，岐有夷之行，子孙保之。"（《天作》）"泰山岩岩，鲁邦所詹。奄有龟蒙，遂荒大东。至于海邦，淮夷来同。莫不率从，鲁侯之功。"（《閟宫》）这是将王者的功绩、仁政与山联系起来加以歌颂，山显然成了王者道德的象征。讲到水的诗，如："王旅啴啴，如飞如翰，如江如汉，如山之苞，如川之流。绵绵翼翼，不测不克，濯征徐国。"（《常武》）"思乐泮水，薄采其藻。鲁侯戾止，其马蹻蹻。其马蹻蹻，其音昭昭。载色载笑,匪怒伊教。"(《泮水》)两诗均具有"动"的特点,以水和王侯胜利进军的捷速气势或王侯因国家治理有方而欢乐的气氛相连。所有这一类诗的描写都是诗的"比兴"手法的运用,而儒家的比德实际是从诗的"比兴"发展而来,区别在于"比兴"是一种艺术手法,用以比拟的事物和所要比的事物之间的关系并不是很确定的。如山既可以比王者的仁德,也可以比高官吏的高高在上,专横可畏,不察民情。《节南山》一诗即是一例。其中说:"节彼南山,维石岩岩。赫赫师尹,民具尔瞻。忧心如惔,不敢戏谈。国既卒斩,何用不监?"《春秋繁露》曾引此诗以证山为仁德的表现,是不够贴切的。来源于诗的"比兴"的比德说去除了诗的"比兴"的不确定性,而认为某些自然物的属性特征就是儒家所说伦理道德的形象表现,两者之间有一种一一对应的关系。从艺术上看,这种说法是不妥当的,因为它会导致一种简单机械的比附。实际上,当儒家比德说应用于艺术时,有时也可看到这种情况。但是,在另一方面,比德说明确肯定人的道德精神品质与自然物的属性特征之间存在着一种对应关系,这又是深刻的,触及到了自然美欣赏中大量存在的现象。因为人与自然在广泛的样态上有某种内在的同形同构,从而可以互相感应交流,这正是人对自然美欣赏的一大特点。如孔子说"知者乐水",是因为水流泄跳跃,具有"动"与"乐"的特点,而"知者不惑"(《论语·子罕》),捷于应对,敏于事功,机智快乐,同样具有"动"与"乐"的特点;"仁者乐山"是因为山长育万物、宽厚博大、岿然不动、万古长存,具有"静"与"寿"的特点,而"仁者不忧"(同上),宽厚爱众、稳健沉着、身心和悦,同样具有"静"与"寿"的特点。虽然这种比拟并不具有一无例外的绝对的普遍性,但从孔子所追求的道德理想来说,用以比拟和被比拟的事物之间确有某种类似性。孔子的比拟之所以长期流传,为人广泛接受,不仅因为他的比拟符合儒家的道德理想且意味深长,还因为它是建立在人与自然的某种内在的同形同构的基础之上的。不论山、水或其他自然形象,只要它同人的某种精神品质、情操有同形同构之处,都可能引起人的联想与体验,为人所"乐"。这种"乐"显然不是功利上的满足,而是精神上的感应、共鸣、喜悦,也就是人对自然美的欣赏、感受。西方近代美学中T.利普斯等人的"感情移入说",现代以R.阿恩海姆为代表的格式塔(Gestalt)心理学美学,已从不同的侧面揭示了这种同形同构关系的存在。中国古代由《易传》加以强调阐发的"天地变化,圣人效之","夫大人者,与天地合其德,与日月合其明,与四时合其序"的思想,以及后来董仲舒的"天人感应"说,也包含了对这种同形同构关系的很为深刻的认知,并对中国美学产生了很大的影响。这种同形同构关系的产生,既因为人本是自然的一部分,又是在漫长的物质生产实践的历史发展中,外在自然和主体的自然(感官、意识等等)获得了人化的结果。山和水之所以成为儒家比德的主要对象,就因为它与先民开辟草莱、创造历史的活动密切相连。几千年来,中华民族经常把自然美与人的精神道德情操联系在一起,十分注意把握自然所具有的人的、精神的意义,极富于社会色彩和人情味,既不把自然贬低到仅供感官欲望享乐的地位,也很少有自然崇拜的神秘色彩。这是中国人对自然美欣赏的一个可贵特点。在文艺创造上,古代的"比兴"本已包含了比德,在儒家提出比德说之后,比德的思想更是得到了自觉而广泛的应用。在文学上,如汉代王逸在《楚辞章句》中指出《离骚》广泛用各种自然物以比君子和小人。在音乐上,《乐记》提出乐以象德,甚至要求"使亲疏、贵贱、长幼、男女之理,皆形见于乐"。在绘画上,以山水比德常被论及,又以梅、兰、菊、竹为"四君子"等。清代著名画家石涛《画语录·资任章》说:"山之拱揖也以礼，山之徐行也以和，山之环聚也以谨，山之虚灵也以智。"这一类比德的说法，只要不做机械刻板的理解，能够激发文艺家的想象，加强文艺家对自然美的深刻感受与表现。

感兴说

感物生情并引导或影响他人的情感意向的学说。儒家美学关于文艺创造的理论。它从根本上概括了儒家对文艺创造的基本看法。

探源 "感"与"兴"是两个既有联系又有区别的概念。从儒家美学的历史看，"兴"的概念的提出在"感"之前。《论语·阳货》记述孔子对诗的看法，其中讲到诗"可以兴"，提出了"兴"的概念。"感"的概念的提出源于《荀子》《易传》，之后被广泛地应用于解释文艺的创造。在"感"的概念提出之后，《文镜秘府论·地卷》所引唐王昌龄在《诗格》中提出"感兴势"的说法，第一次明确地将"感"与"兴"联系起来，形成感兴说。王昌龄说："感兴势者，人心至感，必有应说，物色万象，爽然如有感会。"王昌龄是就诗的作法提出"感兴"的，但实际上它的意义不限于诗，更不限于某一类诗。因为"感""兴"是儒家美学关于文艺创造的两个最基本的概念，广泛适用于各种文艺的创造。

"兴"的含义 孔子所说的诗"可以兴"，主要是从诗的社会作用来说的。"兴"原有"起"的意思，就诗对人的作用而言，指诗能兴起、感发人们的伦理道德情感意念及从善的志向。朱熹注释为"感发志意"（《论语集注·阳货》），这是符合孔子及整个儒家对诗及其他文艺的社会作用的看法的。孔安国注又释为"引譬连类"（《论语正义·阳货》）。这是就诗所应用的"兴"的方式而言，意即通过某一个别的、形象的譬喻，使人通过联想、想象、体验领会到某种带有普遍性的关于政治伦理、社会人生的道理。这也符合孔子的思想，因为在《论语》中孔子也常常通过"引譬连类"的方法来表达他的某种思想。由于孔子十分重视、强调诗对个体心理的感染作用，因此又使得孔子的"引譬连类"不是导向诉诸理智的说理，而是导向诉诸情感体验的形象，具有艺术的性质。如孔子说："为政以德，譬如北辰，居其所而众星共之。"（《论语·为政》）又如孔子见到川流不息的河水时说："逝者如斯夫！不舍昼夜。"（《论语·子罕》）见到冬天的松柏时说："岁寒然后知松柏之后凋也。"（同上）这都是以"引譬连类"的方法说出某种思想，虽然不是诗，但含有深刻的哲理与诗意，是很有艺术性的散文。感兴说中的"兴"是从文艺的创造来讲的，和"引譬连类"以表达某种思想感情直接相连。但"引譬连类"又与文艺家对外物的感受分不开，因此在"感"的观念提出后，"感"就同"兴"联系起来。由"感"论"兴"，是孔子提出的"兴"的观念在后世的一个重要发展。

"感"的含义　"感"的观念的提出和强调始于荀子。荀子认为人对外物有一种"感而自然，不待事而后生"的本性（《荀子·性恶》）。但这本性是违背礼义的一种自然的欲望冲动，因而是恶的，必须有"礼法之化"，即用礼法去感化人的自然本性，使之由恶变善。荀子所说的"感"有两重意义，一指人的自然本性之"感"，一指礼法的感化之"感"。而在礼法的感化中，荀子认为"乐"起着十分重要的作用。因此他在《乐论》中很明确地将"感"的观念引入美学，认为"乐""可以善民心。其感人，深；其移风俗，易"。荀子之后，《易传》高度重视"感"的观念，并从宇宙论和哲学的高度做了很为深入和充分的阐述。《周易》咸卦的传文说："咸，感也。柔上而刚下，二气感应以相与。"又说："天地感而万物化生，圣人感人心而天下和平。观其所感而天地万物之情可见矣。"《易传·系辞上》还指出了《易》具有重大神妙的"感"的作用："《易》无思也，无为也。寂然不动，感而遂通天下之故，非天下之至神，孰能与于此。"在《易传》看来,"感"普遍地存在宇宙之中。相同或相反的事物之间、人与人和人与物之间均能相互交感。这种交感一方面指事物之间的相互作用,另一方面在涉及人与人和人与物的交感时也指精神性的交感,即人的精神意识与外在的对象的交感。如上引"圣人感人心而天下和平",以及"上下交而其志同"(《泰卦》)。"感而遂通天下之故",从应用《易》以占筮的人来说,也是一种精神性的交感。《易传》的"感"的观念不是针对文艺、美学而提出的,但也包含有重要的美学意义。《乐记》继承发展《荀子》《易传》的思想,不但用"感"来说明文艺的感染作用,而且用来说明文艺的产生与创造,从此使"感"的观念在儒家美学中占有了十分重要的地位。《乐记》指出:"凡音之起,由人心生也。人心之动,物使之然也。感于物而动,故形于声。声相应,故生变。变成方,谓之音。比音而乐之,及干戚羽旄,谓之乐。"又说:"乐者,音之所由生也,其本在人心之感于物也。"《乐记》之后,晋陆机在《文赋》中讲到"若夫应感之会,通塞之纪,来不可遏,去不可止",明确用"应感"的观念来说明文艺创造。梁刘勰的《文心雕龙》发挥《易传》《乐记》的思想,提出"人禀七情,应物斯感,感物吟志,莫非自然"(《明诗》),又指出文艺的创造包含"情以物兴"和"物以情观"两个方面(《诠赋》),指出了文艺创造中心与物的相互交感。自《乐记》到《文心雕龙》,中国儒家美学明显地确立了关于文艺创造的根本观念,并深刻地影响到后世的美学。这种观念认为,文艺家的心与外物交感而产生感情,感情通过文艺的一定的物质媒介(语言、声音、人的形体动作,以及书画的笔墨等等)获得符合于美的形式规律的感性形象的呈现,这就是文艺作品。因此,和文艺创造相连的"感",不仅指对外物的感受,还包含文艺创造中的直觉、联想、想象、体验、灵感、思索等心理活动。如刘勰在

《文心雕龙·物色》中说："诗人感物，联类不穷。流连万象之际，沉吟视听之区。写气图貌，既随物以宛转；属采附声，亦与心而徘徊。""感"实际是儒家美学用以标示文艺创造中审美心理活动的一个总括性的概念。

感兴说的意义　　"感"与"兴"是相互联系的。没有"感"不可能有"兴"，没有"兴"的"感"不可能产生文艺的创造。因此，在王昌龄提出"感兴"的概念之前，历代关于"感"或"兴"的论述也常常是互相联系的，只不过没有明确地指出。如刘勰说"感物吟志"，"感物"是"感"，"吟志"即是"兴"。王昌龄的贡献在于他第一次明确地提出了"感兴"这一概念，总括了儒家美学关于文艺创造的"感""兴"这两个根本性的概念，并显示了它们的不可分离的联系。王昌龄说："人心至感，必有应说。""人心至感"是对《荀子》《易传》《乐记》至《文心雕龙》一再强调的人心的"感"的作用的概括说明；"必有应说"则指的是由"感"而必然产生的"兴"，也就是《乐记》所说人心感物而"情动于中"，《文心雕龙·物色》所说"情往似赠，兴来如答"。王昌龄又说"物色万象，爽然如有感会"，本于《文心雕龙·物色》，指天地四时万物的变化能在人心中自然而敏感地引发各种关于人生的情思意绪，所谓"春秋代序，阴阳惨舒，物色之动，心亦摇焉"，"一叶或且迎意，虫声有足引心"。因感物而生情思意绪并表现于文艺，这就是"兴"。王昌龄所用"感会"一词，"感"即感物，"会"即兴会，也就是感物而生的情思意绪，"感会"实即"感兴"。但"感会"一词，从文艺创造的构思看，又与陆机的《文赋》所说"若夫应感之会，通塞之纪，来不可遏，去不可止"相关，指文艺家在感物时出现的、不可强求的灵感现象。有时因感物而顿然生出巧妙的艺术意象，有时则木然无感，文思不生。但感兴说虽与灵感问题相关，其意义绝不只限于灵感。感兴说在儒家美学中的产生与发展有漫长的历史，它包含了儒家美学关于文艺创造的基本理论。在王昌龄之后的长时期内也仍是儒家美学观察、解释文艺创造问题的出发点。它以中国古代美学的感应论或交感论为理论基础，含有多方面的丰富的审美心理学内容。

（原载《中国儒学百科全书》，中国大百科全书出版社1997年版）

"艺"与"道"的关系
——中国艺术哲学的一个根本问题

"艺"与"道"的关系问题,是理解中国艺术哲学、艺术精神的核心、关键和根本。本文拟对这个问题作一点概略的说明。

一

从历史上看,儒道两家的思想虽然各不相同,但都主张"艺"与"道"是统一的。

孔子说:"志于道,据于德,依于仁,游于艺。"(《论语·述而》)。这里,"志于道"是根本,"据于德,依于仁"是在行为上具体地实践"道","游于艺"则是指在实践"道"之外,还要有广泛的兴趣爱好,尽可能涉历、通晓、掌握各种技艺。"游于艺"的"艺",指的是"六艺",即所谓礼、乐、射、御、书、数。它不等于后世所说的艺术,但包含了艺术(如"乐")和与艺术有相通之处的其他活动。由"志于道"到"据于德,依于仁,游于艺",四者是互相联系的,"游于艺"应有助于"志于道",而不应脱离违背"志于道"。如孔子说:"人而不仁,如乐何?"(《八佾》)"乐"是"六艺"之一,它不能违背"仁",从而也不能违背"道",因为"仁"正是孔子所说实践"道"的根本。"不仁"而讲"乐","乐"就是毫无意义的。"游于艺"与"志于道"两者必须统一。

《庄子》说:"通于天地者德也,行于万物者道也,上治人者事也,能有所艺者技也。技兼于事,事兼于义,义兼于德,德兼于道,道兼于天。"(《天地》)"技"和"艺"相关,"技"是末而"道"是本,但最高的"技"能够通于"道"。《庄子》在赞颂"道"的伟大时就曾说过这样的话:"刻雕众形而不为巧。"(《大宗师》)可见,最高的技艺、技巧是"道"的一种表现。正因为这样,《庄子》讲述庖丁解牛这个著名的寓言,在生动地描写了庖丁解牛出神入化的技巧之后,借庖丁回答文惠君"善哉!技盖至此乎?"的问题说:"臣之所好者道也,进乎技矣。"(《养生主》)这就是说,庖丁所好的不只是"技",他的"技"已经超越了一般的"技"而进入"道"的领域了。在庄子看来,达到了神化之境的技艺本身即是"道"的表现,"艺"与"道"也是相通、一致的。这个思想,在《庄子》一书以"技"喻"道"的许多寓言中都有鲜明的表现。但是,着重论述"艺"与"道"的统一的,主要还是儒家。

汉末魏初的文学家和思想家徐幹在他的《中论》中曾经很为明确精辟地论述了"艺"与"德"的统一,同时也就是"艺"与"道"的统一。他说:"艺者,所以成德者也。德者,以道率身者也。艺者,德之枝叶也。德者,人之根干也。斯二者,不偏行,不独立。木无枝叶则不能丰其根干,故谓之瘦。人无艺则不能成其德,故谓之野。……艺者,心之使也,仁之声也,义之象也。"(《艺纪》)梁代的刘勰在《文心雕龙》中专门写了《原道》,提出"原道心以敷章","道沿圣以垂文,圣因文而明道",认为"道"是"文"的根本,"文"是"道之文",两者不能分离。到了唐代,韩愈再次强调论述了"道"与"文"的关系,提出"思古人而不得见,学古道则欲兼通其辞。通其辞者,本志乎古道者也"(《韩昌黎文集校注》卷五《题哀辞后》)。又说:"盖学所以为道,文所以为理耳。"(同上书卷四《送陈秀才彤序》)宋代的理学家对"文"与"道"的关系更是给予了极大的关注。周敦颐提出了"文所以载道也"(《通书文辞》)的说法,朱熹则力主以"道"贯"文",反对"道"与"文"分离的二元论。他说:"道者文之根本,文者道之枝叶。惟其根本乎道,所以发之于文皆道也。三代圣贤文章,皆从此心写出,文便是道。"(《朱子语类》卷一百三十九)所有上述这些说法,在对于"文"与"道"的含义及两者关系的理解上是有差别的,但在主张"文"与"道"应当统一起来这一点上是共同的。而"文"与"艺"是联系在一起的,因此"文"与"道"的统一同时也就包含着"艺"与"道"的统一。

在"五四"新文化运动中,"文以载道"说遭到了猛烈的批判。当时许多人认为,这种说法取消了"文"的独立地位,把"文"看作是用以宣传封建伦理道德、劝善惩恶的工具,否定了艺术自身的特征和价值,使文艺成为维护腐朽的纲常名教的手段。历史地看,这种批判有其正确、进步的意义。但是,在另一方面,"艺""道"统一论又包含着具有重要理论意义的思想,是理解中国艺术的一大关键。对于这一点,宗白华曾作了深刻的说明。他说:"'道'具象于生活、礼乐制度。'道'尤表象于'艺'。灿烂的'艺'赋予'道'以形象和生命。'道'给予'艺'以深度和灵魂。"(《美学散步》)。

从现在看来,我认为"艺"与"道"的关系实际上包含着中国艺术哲学的本体论。"艺"与"道"的统一,表现在"道"是"艺"的本体、内容,"艺"是"道"的现象、形式。它类似于黑格尔美学中所谓"理念"与"理念的感性显现"的关系。在中国,"道"的感性显现即是"艺"。因此,我们要理解中国的艺术哲学和艺术精神,就要分析作为中国艺术的本体的"道",以及这"道"如何具体地表现于"艺"。

二

中国哲学讲"道",常把"道"分为"天道""地道""人道"。所谓天地之"道",虽然有时或多或少含有神的人格意志,但总的来看,指的是和人事、社会不同的自然界的"道"。

中国哲学所讲的天地之"道"包含着中国的自然哲学。但这个自然哲学有一个和西方自然哲学不同的重大特征,那就是鲜明地以包含人在内的自然生命为它的探讨的中心。《易传》说:"天地之大德曰生。"(《系辞下》)这个观念始终贯穿在中国哲学中,整个自然界被当作生命的不息的运动变化去观察。所以,我们可以说中国的自然哲学基本上就是关于自然生命的哲学,它同中国医学有着直接密切的联系,但这种生命哲学又不同于近现代西方叔本华、尼采、柏格森等人的生命哲学,不带有悲观的、反理性的、盲目冲动的性质,而始终肯定着生命积极向上的发展。这最为明显地表现在儒家"天行健,君子以自强不息"(《易传·乾卦·象传》)的思想里。就是一般被认为是消极出世的道家和禅宗,也仍然是珍视生命的,并未走向完全否弃生命的悲观主义(参见拙著《中国古典美学概观》,《美学与艺术评论》第一辑)。

中国哲学把自然作为生命的不息的运行和表现来加以观察,而生命的存在、发展、运动的根基就是"气"。用"气"来说明万物的产生是中国哲学中一个占据主导地位的基本观念。在先秦,《管子·枢言》说:"有气则生,无气则死。生者以其气。"《庄子》又推而广之,声称"通天下者一气耳"(《知北游》)。到了汉代,元气说大为流行,万物都被认为是元气所生。王充说:"万物之生,皆禀元气。"(《论衡·言毒》)宋代,用"气"来解释万物的生成又在张载等人的思想中得到了进一步的发展。张载说:"凡可状皆有也,凡有皆象也,凡象皆气也。"(《正蒙·乾称》)朱熹虽然认为"理"比"气"更为根本,但他也认为事物的生成不能没有"气"。他说:"气也者,形而下之器,生物之具也。"(《答黄道夫》)到了明清,王夫之、黄宗羲等人也都用"气"来说明万物的生成。如黄宗羲说:"天地间只有一气充周,生人生物。"(《孟子师说》)

然而,"气"如何能产生出万物并使之处于生生不息的变化之中呢?中国哲学是用相反相成的阴阳二气的互相作用来加以解释的。统一的气包含着阴阳两种互相对立的力量,它们的相摩相盪使万物化生,永无止息。《易传》指出:"一阴一阳之谓道。"(《系辞上》)后世许多思想家反复发挥了这个思想。如张载说:"一物两体,气也。一故神,两故化。"(《正蒙·参两》)朱熹也指出:"凡天下之事,一不能化,惟两而后能化。且如一阴一阳,始能化生万物。"(《朱子语类》第九八)因此,中国哲学又对阴阳二气的变化运动的状态作了种种分析。其中最为重要的有两点。第一是指出阴阳二气的变化运动有虚实、动静、刚柔、聚散、清浊等不同状态。张载说:"气块然太虚,升降飞扬,未尝止息。《易》所谓纲缊,庄生所谓以息相吹野马者欤?此虚实动静之机,阴阳刚柔之始。浮而上者阳之清,降而下者阴之浊。其感遇聚散,为风雨,为霜雪,万品之流行,山川之融结。"(《正蒙·太和》)王夫之也指出:"两端者,虚实也,动静也,聚散也,清浊也,其究一也。"(《思问录内篇》)第二,中国哲学还指出阴阳二气的运动变化虽然无比复杂,不可方物,但又是完全有规律条理的。《易传》已经指出,"天下之至赜而不可恶也","天下之至动而不可乱也"(《系辞上》)。这一思想,也为后世的思想家不断加以发挥。如宋代的张载说:"天地之气,虽聚散攻取百途，然其为理也，顺而不妄。"（《正蒙·太和》）朱熹也十分强调"气"中包含有"理"，"天下未有无理之气"（《朱子语类》一）。清代的戴震说："由其生生，有自然之条理……惟条理是以生生。苟条理失，则生生之道绝。"（《孟子字义疏证》）

　　总起来看，中国哲学所讲的天地之"道"，在根本上就是以阴阳二气的互相作用为基础的生命的运动、变化、成长和发展。这运动变化是神妙难测的，但同时又是完全合规律的、和谐的。这种对于生命的存在、发展及其永不止息的，和谐的生长、运动的肯定，在本质上也就是对包含人在内的整个宇宙、自然生命的美的肯定。因此，中国哲学所讲的天地之"道"也就内在地和"艺"相通一致了。我们完全可以说，中国哲学所讲的有关天地之"道"的种种理论，也就是中国艺术美的创造所遵循的哲学基础，其中包含着艺术美创造的根本法则。例如，中国艺术极为重视气势、生命、力量、运动的表现，重视虚实、动静、刚柔、聚散等对立因素的巧妙统一，重视在多样的变化中取得井然有序的结构，这都同中国哲学所讲的天地之"道"直接相关。"气"的运动变化的规律形式，既是宇宙的运动、生命的发展的形式，同时又正是艺术的形式。美国美学家苏珊·朗格曾指出艺术是"生命的形式"。她说："你愈是深入地研究艺术品的结构，你就会愈加清楚地发现艺术结构与生命结构的相似之处。"（《艺术问题》中译本第55页）主张"艺"与"道"的统一的中国艺术，从它对天地之"道"的体现来看，也正是对"生命的形式"的体现。它的结构也正是中国哲学所讲的天地万物的生命结构的体现，而且这种体现与西方的模仿自然说不同。因为在中国哲学家和艺术家的眼里，自然的外在现象是"道"的表现形式，并且只有作为"道"的表现形式才能成为艺术的表现对象，具有艺术的价值。所以，中国艺术中的自然，不是对自然现象的模仿，而是依据对"道"的了解重新加以组织、加工、提炼了的自然，是充分显示了生命的和谐结构，宇宙生生不息的运动变化的自然。总之，是艺术家依据自然再造出来的，显示了中国哲学所讲的天地之"道"的自然。它较之于对自然的模仿，更具有深邃的哲理性。

三

中国哲学一方面讲"天道""地道"，即自然界的"道"，另一方面又讲"人道"，即属于社会、人事的"道"。同时，天地之"道"和"人道"，在根本上是相通一致的。它们的区别只在"道"的表现的范围和形态。对于这个问题，宋代的理学家曾作了最为系统而明确的论证。程颐说："道未始有天人之别，但在天则为天道，在地则为地道，在人则为人道。"(《语录》二上)他又说："天地人只一道也。"(《语录》十八)

从儒家来看，中国哲学的这个极为重要的观念，是建立在"人道"，即儒家所说的社会政治伦理道德同自然规律的相通一致之上的。这种相通一致又表现在两个方面。第一，以孟子为代表的儒家思想认为人的伦理道德观念是人生而固有的，来自天的本性。因此，"尽心"即可以"知性"，"知性"即可以"知天"，"知天"即可以"万物皆备于我"，"上下与天地同流"(《孟子·尽心上》)。这种思想在《中庸》《大学》和宋明理学中得到了详细的发挥。第二种看法认为天地万物的规律及其表现形式和人类社会的伦理道德是符合一致的，前者是后者的不可动摇的自然哲学的根据。春秋时期的子产在谈到"礼"的时候就已指出，"夫礼，天之经也，地之义也，民之行也"(《左传》昭公二十五年)，把"礼"建立在天地的自然本性上。《易传》进一步具体地阐明了这种思想，处处用自然现象的规律来论证人类社会伦理道德的天然合理性。汉代的董仲舒又把阴阳五行学说和儒家思想糅合起来，赋予天以仁义道德的属性意志，提出了人与天"与类合之，天人一也"（《春秋繁露·阴阳义》）的思想。道家对儒家的仁义道德虽然采取了批判的态度，但也提出了"天地与我并生，而万物与我为一"（《庄子·逍遥游》），"静而与阴同德，动而与阳同波"（《庄子·刻意》）的思想，主张天人合一。只不过这种合一不是建立在儒家所说的伦理道德与自然的相通一致上，而是建立在人类只有顺应效法自然才能达到绝对自由这一根本观念上。

中国哲学的上述思想，明显地混淆了自然现象和人类社会生活的区别，并且常常杂有许多唯心神秘的观念。但在另一方面，它又极为明确地肯定了人与自然的不可分离的统一性，认为两者处在一种亲密和谐的关系中，不是互相分裂和对抗的。同时，和自然相统一的人，在宇宙中又占有崇高的地位。历代的思想家都不断地指出了这一点。如《礼运》说："人者，其天地之德，阴阳之交，鬼神之合，五行之秀气也。"又说："人者，天地之心也。"董仲舒说："人之超然万物之上，最为天下贵也。"（《春秋繁露·天地阴阳》）邵雍说："唯人兼乎万物，而为万物之灵。……无所不能者人也。……唯人得天地日月相交之用，他类则不能也。人之生，真可谓之贵矣。"（《观物外篇》）道家中的老子说："道大，天大，地大，人亦大。域中有四大，而人居其一焉。"（《老子》上篇）《庄子》一书虽然认为人同无限的天地万物相比是渺小的，但它又认为人只要掌握了"道"，就能遨游于无限的宇宙之中，同宇宙合为一体。我们完全可以说，热爱自然，努力追求和达到人与自然的和谐统一，是中国哲学的一个根本观念。像西方那样，把自然看作驾凌于人之上的神秘崇拜对象，甚或把自然看作是"可恶的敌人"（克罗齐《美学原理·美学纲要》第346页），这在中国哲学中是没有的。

基于上述观念，宋代的张载曾指出："合内外，平物我，此见道之大端。"(《语录》)这是对中国哲学关于人与自然、我与物、内与外的关系的看法的一个极为简要精辟的概括。它是中国哲学家"见道"的"大端",也是主张"艺"与"道"的统一的中国艺术家"见道",从而在艺术中表现"道"的"大端"。这一点非常明显地表现在中国历代的艺术作品和艺术理论中。从中国艺术对天地之"道"的体现来看,我们可以说它是苏珊·朗格所谓的"生命的形式";从中国哲学所讲的天地之"道"是和"人道",即人类社会的伦理道德的根本原则完全相通一致这一点来看,我们又可以说中国艺术是苏珊·朗格所谓的"情感的形式"。在中国艺术中,自然的"生命的形式"和社会伦理的"情感的形式"两者是完全统一在一起的。中国艺术中所表现的自然,经常是和社会的伦理道德情感不可分地渗透在一起的自然。此外,很值得注意的是,中国哲学的"合内外,平物我"的"见道"的方式,使得中国艺术不局限在所描绘的有限的一事一物上,而始终把它放到体现着与"人道"相通的整个天地之"道"的宇宙中去观察,因而使得中国艺术即使在描绘一花一草、一木一石的时候,也经常能给人以一种广大深邃、悠远无尽的宇宙感、时空感。因为在中国的艺术家看来,一切值得艺术去加以表现的现象,都是贯通着全宇宙的"道"的具体显现。立足于这贯通全宇宙的"道"去观察和表现天地万物,这是中国艺术的一个极为重要的特点。

四

中国艺术以"艺"为"道"的表现,因而艺术家如何去把握和体现"道"就成为一个经常讨论的重要问题。

中国哲学所讲的"道"虽然分为"天道""地道""人道",但最重要的是"人道",即社会政治伦理之"道"。天地之"道"和"人道"在根本上是相通一致的,最后要落实到"人道"的上面。因此,对于"道"的追求把握,最重要的不是西方自然科学的那种经验性的观察、归纳、实验,也不是纯抽象的理论思辨,而是一种不脱离日常伦理道德行为的深思和内省体验。同时,由于伦理道德处处被看作是诉之于个体内在的心理情感的,所以这种对"道"的追求和达到又密切地联系于主体的"心"、"性情"。关于主体的"性情"是中国哲学长期在讨论着的一个重要问题,有各种不同的见解。占主导地位的见解是:"性"被看作是天生的,并且包含着它所固有的仁义道德等善的属性,"情"则是"性"感于物而动的结果,它可以是善的,也可以是不善的。因此,"道"的达到,最重要的是发挥"性"所固有的善,克服与善相背离的"情",使"情"与"性"所固有的善完全内在地统一起来。中国绝大多数思想家都不主张灭"情",都充分承认"情"的存在及其表现的合理性。问题只在"情"的表现应符合于"性"所固有的善,从而符合于"道"。由于"道"的达到不能脱离个体的"性情"的修养,所以从表现"道"的艺术来说,"性情"便成为从"艺"到"道",使"艺"与"道"相联结的一个极为重要的中介。"道"只有通过"性情"的修养才能达到,而且"道"的达到是直接地表现在"性情"的修养完成上的,因此"艺"对于"道"的表现同时也是对于符合于"道"的"性情"的表现。我们可以说"艺"是"道"在主体的"性情"中的表现,或者说是主体对"道"的追求把握在主体的"性情"中的表现。正因为这样,情感的表现在中国的艺术和艺术理论中占有极为重要的位置。但这又和西方近现代的情感表现说有着重大的不同,因为对于中国艺术来说,情感的表现是同对"道"的追求不能分离的,是以"道"为其不可动摇的前提和基础的。它不是近现代西方资本主义社会中那种打破了封建关系的个人情感的表现,两者不能混同。

中国哲学对如何通过主体"性情"的修养而达到"道",作了许多详细的讨论。其中最重要的，而且和艺术直接相关的有两点。第一是"诚"。孟子说："诚身有道，不明乎善，不诚其身也。是诚者天之道也，思诚者人之道也。至诚而不能动之者未之有也，不诚未有能动者也。"(《孟子·离娄上》)以后《中庸》《大学》又对"诚"做了进一步的阐明和强调，把它提到了极为重要的地位，宣称唯有"诚"才能"与天地参"，"不诚无物"(《中庸》)。这里所谓的"诚"，是从主体的伦理道德修养来说的，它既指情感上的真实不欺，又指意志上的坚定不渝(即《中庸》所言："诚之者，择善而固执之也")。君子对于"道"必须采取"诚"的态度，"艺"既为"道"的表现，所以艺术家在创作中也必须采取"诚"的态度。只有"诚"才能使"艺"成为"道"的真实表现，也才能感动人，感化人。因此，《易传》说："修辞立其诚。"(《乾卦·文言》)《乐记》说："诗，言其志也；歌，咏其声也；舞，动其容也。三者本于心，然后乐器从之。是故情深而文明，气盛而化神，和顺积中而英华发外，唯乐不可以为伪。"情感表现的真实无伪，始终是中国艺术的一个基本要求。这看来是很容易理解的，但永远是一个不可移易的真理。第二，和"诚"的问题相关，最初由孟子提出的"养气"说，既是讲的道德修养，也和艺术的创造有密切联系。孟子《公孙丑上》说："'敢问夫子恶乎长？'曰：'我知言，我善养吾浩然之气。''敢问何谓浩然之气？'曰：'难言也！其为气也，至大至刚，以直养而无害，则塞于天地之间。其为气也，配义与道。无是，馁也。是集义所生，非义袭而取之也。行有不慊于心，则馁也。'"这个所谓"浩然之气"，实质上就是一种发自内心，无所畏惧的、强大的道德情感。艺术家要通过"艺"去表现"道"，就必须把"道"转化为这样的一种情感，而不能停留在对"道"的单纯理智的认识上。这也就是"养气"说何以对中国历代艺术理论产生了广泛影响的根本原因。当然，除此之外，"气"之所以成为中国艺术理论中的一个重要范畴，还同我们以上所说中国哲学把整个宇宙自然生命的和谐发展看作是"气"的运动变化的表现有关。"气"在中国艺术哲学中基本上具有两重含义，一是指作为艺术创造主体的艺术家内在的伦理道德情感以及与之相关的个性、气质，等等，一是指艺术所表现的天地万物生长运动的气势、力量、节奏，等等。这两者又被看作是互相联系、不可分离的。

"诚"与"养气"是中国哲学认为通过主体的道德修养而达到"道"的两个基本的方面。同时，对于"道"的达到，在中国哲学看来是一个不断前进上升的过程，它要经历各种依次递进的不同境界。尽管"境界"这个词无疑同佛学的思想有直接的联系，但在佛学传入中国之前，中国哲学在讲人生的修养时已经提出了各种不同的境界。如孔子说："知之者不如好之者，好之者不如乐之者"（《论语·雍也》），这就是道德修养上的三种依次递进的不同境界。孔子在讲到他个人修养的过程时说："吾十有五而志于学，三十而立，四十而不惑，五十而知天命，六十而耳顺，七十而从心所欲，不逾矩"（《为政》），这也是讲的个人修养中所经历的各种不同的境界。《庄子》对"至人""真人""神人"的种种描述，也是讲的道家所追求达到的人生境界。因此，"艺"作为"道"的表现，同样有一个如何达到最高境界的问题。中国艺术历来重视艺术境界的高下，而这种境界是同对"道"的追求分不开的。它是一种人生境界，同时又是和人生境界密切相关的一种天地境界，两者经常是合而为一的。

五

上述"艺"与"道"的统一，以"道"为"艺"的本体的思想，一方面使中国艺术理论和中国哲学理论不可分，成为了解中国艺术理论的一大关键；另一方面，表现于艺术作品中，又使得中国艺术具有既不脱离现实，但又超越有限现实的深广的哲理性。中国艺术经常是深刻地通向某种宇宙人生哲理的。哪怕是一首抒情小诗，一幅简到不可再简的逸笔草草的山水花鸟画，都无不蕴含着某种难于言传的宇宙人生哲理。的确如宗白华所指出的那样，"道"给了"艺"以"深度和灵魂"。离开了"道"，"艺"就将成为没有生命的躯壳。其所以如此，又在于中国哲学所讲的"道"，不论是天地之"道"或"人道"，它的最高的境界既是道德的，同时又是审美的。因为这达到了最高境界的"道"，在中国哲学看来就是个人与社会、人与自然的完全的和谐统一。（参见拙著《中国哲学与中国美学》，《武汉大学学报》社会科学版，1983年第5期）

"艺"与"道"的统一，从现在看来也就是艺术与哲学的统一。黑格尔曾认为艺术只是认识他所说的"绝对理念"的低级形式，因此它在发展的过程中最后要归于消亡而为哲学所取代。从黑格尔的哲学体系来看，他的这种说法也自有其可以言之成理的地方（这里不来详论），但他预言艺术将为哲学所取代却是没有根据的。相反，艺术的必要性是深刻地植根于人类社会生活的需要之中的，只要人类存在，艺术就决不会消亡。但艺术虽然不会为哲学所取代，它在自身的发展中却会日益地趋向和接近于哲学。因为人类科学文化的发展将会日益地要求艺术突进到宇宙人生的最深层的本质中去，而不是停留在对感性现象的描绘和再现上。在现代世界艺术的发展中，我们也已经看到哲理性的增强是一种带有普遍性的重要趋势。艺术不会成为哲学概念的形象图解，但它将日益地包含着对宇宙人生哲理的更深刻的探求和揭示。在这一点上，中国的"艺"与"道"相统一的思想有十分值得重视的意义。在中国历史上，除了个别思想家声称"作文害道"（宋程颐语）之外，绝大多数思想家虽然认为"道"是本而"艺"是末，但他们都主张"道"可以而且应当表现于"艺"，并且认为最高的"艺"是与"道"合一的，是达到"道"所必不可少的。孔子就已经说过："兴于《诗》，立于礼，成于乐"（《论语·泰伯》），把"乐"视为人格道德的最后完成不可缺少的东西。人类生活所追求的最高境界，不是黑格尔所说通过哲学而达到对"绝对理念"的纯逻辑的抽象认识，而是包含在他所说的"绝对理念"中的，被他唯心神秘地加以理解的自由，在社会的个体的感性生活中的实现。从中国哲学来说，也就是"道"的最高境界在人的日常现实生活中的实现。而这种实现，在人类意识形态中最为集中的感性表现就是艺术，并且是渗透着人类不断在追求着的宇宙人生最高哲理的艺术。从中国的哲学——美学来看，也就是与最高的"道"合一的"艺"。

"道"是"艺"的本体，最高的"艺"是通向最高的"道"的。中国古代哲人的这一根本思想，在今天仍然值得我们认真加以思索。本文不过对这个问题做了一点大致的说明，在更为具体地深入进去后，我们还会得到许多对于理解艺术的本质有重要意义的启示，并且从根本上抓住中国古代艺术哲学内在的理论结构，进而予以现代科学的系统表述。

（原载《江汉论坛》1986年第1期）

坚持和发展马克思主义实践观美学

步入新时代,中国美学研究后继有人,欣欣向荣,前途无量。新时代中华美学的传承和创新,需要坚持和发展马克思主义实践观美学。这里以马克思的《1844年经济学—哲学手稿》(以下简称《手稿》)为基础,谈谈与其相关的若干问题。

一、马克思的《手稿》第一次把美学变成了一门真正的科学

在马克思之前、之后以至现在,有很多美学家写了很多美学著作,但却不能对"美是什么"这个问题做出清晰、全面和符合事实的说明。究其原因,是由于这些美学家忽视了美的本质与人的本质不可分离的联系,没有真正弄清人的本质。有些美学家虽然注意到了这个问题,提出了不可完全否定的合理性的思想,但他们的思想是通过唯心主义的思辨推演出来的,因而披上了一层神秘的面纱。如18世纪德国古典美学家康德、黑格尔的美学就是这样。马克思则不同,他认为"德国唯一实际可能的解放是以宣布人是人的最高本质这个理论为立足点的解放",并且从他创立的辩证唯物主义出发,对人的本质的历史发展作了具体的考察。

1841年，费尔巴哈在他的《基督教的本质》一书中，指出了宗教是人的本质异化的表现。这引起了马克思对资本主义条件下人的本质的异化的持续不断的思考。他在《手稿》中依据资产阶级经济学对工人劳动的看法，指出资本主义条件下工人的劳动，是工人作为人的本质的高度异化。他的生产不过是维持他的肉体生存的手段，生产得越多，失去得也越多。但在揭示工人的劳动是高度异化的劳动的同时，马克思又提出了一个在美学史上前所未见的说法——"劳动生产了美"。但这和劳动的异化如何能统一起来？显然，问题的解决就在消除劳动的异化。而异化劳动的彻底消除，在马克思看来，只有在其所说的社会主义、共产主义社会里才是可能的。因此，只有在社会主义、共产主义的条件下彻底消除了劳动的异化，劳动才能成为产生和创造美的永不衰竭的源泉。这同时也说明了，马克思主义美学的产生和发展是和马克思的社会主义、共产主义的发展分不开的。这对于理解马克思主义美学具有十分重要的意义。

基于马克思对异化劳动的彻底消除的理解，马克思在《手稿》中把他对美的看法概括为两个方面："人的本质的对象化"和"自然的人化"，两者都与人的劳动分不开。从前者来看，人之所以成为人正因为他满足自己的需要的劳动是自觉的、有意识的活动，而不是动物的那种无意识地适应自然的活动。人的本质的对象化也只有通过劳动才能完成，因为对于人来说，劳动就是人自身的目的的对象化。例如，用以满足人穿衣需要的布，是人纺纱织布的产物，也就是纺纱织布的劳动的对象化。从"自然的人化"来看，它是人在劳动中利用或改变了自然的结果，同时也是人不同于动物的表现。例如，男性与女性之间的亲密关系，是以双方的互相尊重与爱慕为条件而发生的关系，不同于雄性与雌性动物之间发生的关系。因此，马克思在《手稿》中说过："男人对妇女的关系是人对人最自然的关系。因此，这种关系表明人的自然的行为在何种程度上成为人的，或者，人的本质在何种程度上对人来说成为自然的本质，他的人的本性在何种程度上对他来说成为自然。"从美感来看，单纯动物性的快感决不是美感，只有渗透着人之所以为人的本质的快感才是美感。此外，"自然的人化"既包含外部自然的人化，也包含人自身作为自然存在物的感官的人化，它使人的感官成为能欣赏各种事物的美的感官。最后，随着"人的本质的对象化"和"自然的人化"，人的本质也相应发生了变化。因此，如马克思在《手稿》中所说："只是由于人的本质的客观地展开的丰富性，主体的、人的感觉的丰富性，如有音乐感的耳朵、能感受形式美的眼睛，总之，那能成为人的享受的感觉，即确证自己是人的本质力量的感觉，才一部分发展起来，一部分产生出来。"

此外，马克思在《手稿》中的《货币》一章中引用莎士比亚的话，说明人的本质力量被异化为金钱："凡是我作为人所不能做到，也就是我个人的一切本质力量所不能做到的，我凭借货币都能做到。"这种现象在今天的社会仍然值得引起我们的注意。由于我们今天的社会主义还是市场经济条件下的社会主义，因此，即使在政府官员中，也会有一些人成为金钱的崇拜者，进而成为贪污分子。习近平总书记提出从严治党，全面反腐，是十分及时而重要的。马克思在《手稿》中还讲道："人不仅通过思维，而且以全部感觉在对象世界中肯定自己。"这与鲍姆加登说的"Aesthetica"好像差不多。"Aesthetica"是一个拉丁文词，直译就是"感性学"，指"感性认识的完善"，也就是鲍姆加登所理解的美学。后来康德在他讲美学（也涉及康德的"目的"论）的《判断力批判》一书中批评了鲍姆加登，指出他把认识论混同于美学是不对的。这个批评是有道理的，但康德又仍然沿用了鲍姆加登使用的"Aesthetica"一词，把译为德语的

"Aesthetik"用以指美学。以后这个词就在欧洲各国流传开了。在东方，把"Aesthetica"或"Aesthetik"译为"美学"，始于日本学者中江兆民，时当清道光五年（1825年）。后来这个译名传入中国，但日本对这个词的读音不同于中国（读为毕噶库）。由于马克思在《手稿》中讲到了人也能"以全部感觉在对象世界中肯定自己"，这好像与鲍姆加登的"Aesthetica"相类似，实际上却有很大的差别。因为"Aesthetica"指的是人对世界的"感性认识的完善"，而马克思说的却是由主体"以全部感觉在对象世界中肯定自己"。前者基本上是被动的，后者却表现了主体的巨大的能动性。

二、费尔巴哈对马克思哲学、美学的影响问题

马克思在其《手稿》的序言中对费尔巴哈的哲学作了极其热情的高度肯定。同时在全书的不少地方马克思又常常用费尔巴哈使用的概念术语来表达自己的思想。但我们只要稍微仔细读一下马克思的话，就会看到他讲的仍然是马克思自己的思想。马克思所说的"类"实际是指由人们组成的社会，并明确不同意费尔巴哈认为只有"类"才是自由的，组成"类"的个体是不自由的。马克思认为不能把个体的自由与社会对立起来，两者是完全能够统一的。

我们不能完全否定费尔巴哈对马克思的影响，但不能夸大它。正如我们已指出过的，费尔巴哈认为宗教是人的本质异化的表现，这曾引起马克思对资本主义条件下人的异化的思索。但马克思虽然揭露了资本主义所引起的人的异化，却又仍然不否定，而且还充分肯定资本主义是推动历史前行的一个不可少的、必要的环节。再如在《对黑格尔的辩证法和整个哲学的批判》中，马克思虽然一开始就对费尔巴哈哲学大加颂扬，但并未否定黑格尔思想的深刻性及其

重大成就。再如马克思讲了美是"人的本质的对象化",似乎与费尔巴哈曾讲过的"人的对象是人的本质的表现"是相同的,其实两者是不同的。因为马克思完全可以用他在讲到经济学时所讲的"劳动的产品是人的劳动的对象化"来说明这个问题。又如费尔巴哈讲到对自然的"理论直观就是美学的直观,美学是第一哲学"的说法有可能使马克思在他的《手稿》中用了相当多的篇幅来讲美,但要说直观也只能说是主体对他所创造出来的对象世界的直观,"理论直观"不可能产生美。又如他说"实践的直观是非美学的直观",因为在这种直观中,对象只不过是人的自私自利的对象。在《私有财产和共产主义》一书中,当马克思讲到人如何处处都只想到对象对我是否有用,我如何才能占有、拥有对象,那就不可能看到对象的美,这时他借用了费尔巴哈的说法,指出在审美中,"感觉在自己的实践中直接成为理论家"。但这也只是借用一下而已,联系上下文来看,马克思绝没有认为审美仅仅是一种"理论直观"的意思。

最后,我想要说一下为什么马克思的《手稿》中,很多地方都可以看到费尔巴哈的强烈影响。关于这个问题,恩格斯在《费尔巴哈与德国古典哲学的终结》一书中曾作了清楚的说明。恩格斯说:"对现存宗教进行斗争的实践需要,把大批最坚决的青年黑格尔分子推回到英国和法国的唯物主义。他们在这里跟自己的学派的体系发生了冲突。唯物主义把自然界看作唯一现实的东西,而在黑格尔的体系中,自然界只是绝对观念的'外化',可以说是这个观念的下降;无论如何,思维及其思想产物即观念在这里是本原的,而自然界是派生的,只是由于观念的下降才存在。他们就在这个矛盾中彷徨,尽管程度各不相同。这时,费尔巴哈的《基督教的本质》出版了。它直截了当地使唯物主义重新登上王座。这就一下子就消除了这个矛盾。自然是不依赖任何哲学而存在的;它是我们人类(本身就是自然界的产物）赖以生长的基础，在自然界和人以外不存在任何东西，我们的宗教幻想所创造出来的那些最高存在物只是我们自己的本质的虚幻反映。魔法被破除了；'体系'被炸开并被抛在一旁了，矛盾既然仅仅是存在于想象之中，也就解决了。——这部书的解放作用，只有亲身体验过的人才能想象得到。那时大家都很兴奋：我们一时都成为费尔巴哈派了。马克思曾经怎样热烈地欢迎这种新观点，而这种新观点又是如何强烈地影响了他（尽管还有种种批判性的保留意见），这可以从《神圣家族》中看出来。"

不过费尔巴哈对马克思的强烈影响，并不是表现在他与恩格斯合著的《神圣家族》一书里，而是表现在马克思于1844年写的《手稿》中。但恩格斯在很长时期内，始终不知道马克思所写的这本书。此外，马克思、恩格斯都是黑格尔左派中最坚强的人物，他们并没有放弃在德国实行彻底的民主革命。因此他们并不是费尔巴哈的追随者，而只是以他为中介或跳板，最后走向科学的社会主义、共产主义。这在马克思的《手稿》中已经十分清楚地表现出来。在这个方面，马克思比恩格斯先踏出了一大步。在上述恩格斯著作的末尾，恩格斯指出，马克思主义是在"劳动发展史中找到了理解全部社会史的锁钥的新派别"。这话用来说明马克思《手稿》一书，是再也恰当不过的了。正因为马克思找到了这把"锁钥"，把劳动放在根本性、决定性的地位，并开始创立了科学的社会主义、共产主义，他才找到了消灭异化劳动的道路，第一次把美学变成了一门真正的科学。

三、周扬最早把马克思主义实践观美学介绍到中国

从1956年下半年开始，我国展开了一次极为热烈的关于美的本质问题的大讨论，中间虽然被"文革"打断了，但到了80年代初，不

少人又通过对马克思的《1844年经济学—哲学手稿》的研讨,最后在较多的人当中确认了马克思主义的美学是以马克思的实践观点为根本的美学。我认为这是这次美学大讨论取得的最重要的成果,超越了苏联和西方马克思主义的美学。

但是,从历史上追溯起来,第一个倡导马克思主义实践观美学的人还是周扬。他在1937年发表了《我们需要新美学》一文(见《周扬文集》第一卷),文中先对当时国内影响大小不等的一些美学思想作了评述,接着就指出:"我们承认美的感情,美的欲望的事实(没有它们,艺术活动便不存在),却不承认它们是先于社会的发展,生物学地内在的。无论是客观的艺术品,或主观的审美力,都不是本来有的,而是从人类的实践的过程中所产生。这就是我们和一切观念论美学者分别的基础。"

为了证明这一看法是正确的,周扬从当时苏联认为是《神圣家族》的手稿,实际是马克思的《1844年经济学—哲学手稿》中翻译引用了一段话:"只有音乐才唤起人的音乐的感情,在非音乐的耳朵的人,最优美的音乐也没有意义,因为在他,这不成其为对象。社会人的感情和非社会人的感情不同。只有借着人的本质的被对象地展开了的丰富,主观的人的感性丰富才会发生。音乐的耳朵,辨察形式之美的眼睛才会发生,一句话,人的要求享乐的感情才会一部分新生,一部分发达起来。"与现在马克思的《手稿》中译单行本对比起来,周扬的译文在"人的要求享乐的感情"后面漏掉了一个短语,"即确证自己是人的本质力量的感觉"。但也许是周扬翻译的原文本来就没这个短语。但他肯定马克思认为人的主观的审美力,是从人类的实践过程中所产生,并且认为这是"马克思的美学和一切观念论美学者分别的基础",这是很对的。

周扬对马克思主义实践观的美学的研究还是不够详细的,是初步的，但他第一次把马克思主义实践观的美学引入中国，这是永远值得我们肯定和记取的。

四、在建设中国特色社会主义的新时代坚持发展马克思主义实践观美学

早在党的十八大召开时，习近平总书记就提出"人民对美好生活的向往就是我们的奋斗目标"。在谈到自然保护时，他又提出了"建设美丽中国"。这是党的领导人在党的重要报告中对中国特色社会主义建设所作的一种全新的表述。

在党的十九大报告中，这一点更是表现得十分鲜明。习近平总书记开头就说："中国特色社会主义的新时代是全国各族人民团结奋斗，不断创造美好生活"的时代。"人民是历史的创造者，是决定党和国家命运的力量"，"必须坚持人民主体地位"，"把人民对美好生活的向往作为奋斗目标，依靠人民创造伟业"。"在实践创造中进行文化创造，在历史进步中实现文化进步。""中国特色社会主义道路，是实现社会主义现代化、创造人民美好生活的必由之路。"在讲到"中国特色社会主义进入新时代"时，指出"我国社会主要矛盾已经转化为人民日益增长的美好生活需要和不平衡不充分的发展之间的矛盾"。这里仍然是把"人民日益增长的美好生活需要"放在前面。

在上面引录的话语中，中国特色社会主义的发展经常是与"人民对美好生活的向往""人民日益增长的美好生活需要"联系在一起的。这是不是讲话、演说的一种修辞手法呢？不是的。按照马克思主义实践观美学的观点，美从一开始就是与人民生活中的美联系在一起的。特别是在科学社会主义、共产主义的条件下，马克思指出人的劳动的

异化已经消除，劳动将成为创造美的不竭源泉。马克思认为美是"人的本质的对象化"和"自然的人化"。不能设想在社会主义条件下，人民生活中竟然没有美，和美没有什么联系。而且习近平总书记讲到美时，总是和人民创造历史的伟大实践联系在一起的。他讲到"在实践中创造文化"，这"文化当然是与美相连的"。他提出的"人民对美好生活的需要"，仔细分析起来，不外是物质生活与精神生活的需要，两者都不能离开美。中华民族历来就有伟大辉煌的美学传统，美渗透在人民、社会的各方面，不是单纯个人的享乐，和国家的兴盛强大分不开。我主张要把我国的社会主义建设和马克思主义的实践观美学密切结合，不断推动马克思主义美学的中国化、时代化、大众化，为实现中华民族伟大复兴的中国梦而奋斗。这个梦是同美不能分离的，它是一个集美之大成，众美会聚的梦。

（原载《中南民族大学学报（人文社会科学版）》2017年第6期）

附录一

刘纲纪学术年谱

1956年
《一本用庸俗社会学观点写成的中国美术史》(《美术》1956年第4期)

1957年
《关于"六法"的初步分析》(《美术研究》1957年第4期)
《动物园里的"巨匠"》(《人民日报》1957年4月5日)

1960年
《"六法"初步研究》,上海人民美术出版社1960年3月第1版

1962年
《书法是一种艺术》(《湖北日报》1962年2月20日)
"美是自由的感性显现"命题的提出(口头提出)
《龚贤》,上海人民美术出版社1962年3月第1版

1962—1965年
参与王朝闻主持的《美学概论》的编写

1963年
《略论中国画的笔墨与推陈出新》(《美术》1963年第2、3期连载,与周韶华合作)

1964年
《马克思恩格斯对"真正的社会主义"文学的批判》(《文艺报》1964年第4期)
《马克思主义美学与资产阶级形式主义美学的根本对立——评工农对马克思主义美学的看法美术》(《美术》1964年第5期)
《时代精神只能是革命阶级的精神》(《人民日报》1964年8月2日)

1965年
《革命的文艺必须歌颂人民群众的斗争——驳邵荃麟同志的"现实主义深化"论》(《武汉大学学报(人文科学版)》1965年第1期)

1977年
《努力塑造无产阶级的英雄形象——批判"四人帮"的"三突出"》(《美术》1977年第4期)

1978年
《论鲁迅美学思想的发展》(《文艺论丛》1978年第4辑)
《蒙昧主义的反动谬论——批判"知识越多越反动"》(《人民日报》1978年5月24日)
《政治觉悟与物质利益》(《人民日报》1978年5月27日)

1979年

《姚文元"美学"的反科学性和反动性》(《美学》1979年第1辑)

《试论当前我国革命的主要对象》(《武汉大学学报(哲学社会科学版)》1979年第2期)

《当前我国社会的主要矛盾是什么》(《教学与研究》1979年第2期)

《书法美学简论》,湖北人民出版社1979年6月第1版

《全面地历史地理解文艺的社会作用》(《长江文艺》1979年第7期)

《黄慎》,上海人民美术出版社1979年12月第1版

1980年

《略谈"抽象"》(《美术》1980年第1期)

《论毛泽东哲学思想体系》(《武汉大学学报(社会科学版)》1980年第2期)

《关于美术理论研究的一些看法》(《美术》1980年第9期)

《关于马克思论美——与蔡仪同志商榷》(《哲学研究》1980年第10期)

《谈形式美》(1980年10月在湖北工艺美术学会所作的报告)

1981年

《美术概论(一)》(《美术史论》1980年第1辑)

《漫谈西方现代绘画》(《文艺研究》1980年第1期)

《〈黄瘿瓢人物册〉初探》(《朵云》1981年第2期)

《中国现代美学研究的历史和现状》(在湖北省美学学会成立大会上的讲话)

《毛泽东哲学思想与中国革命——纪念中国共产党成立60周年》(《武汉大学学报(社会科学版)》1981年第4期)

《美学十讲》(1981年4月6日开始在《湖北日报》上连载)

《关于美的本质问题》(1981年8月在全国第二期高校美学教师进修

班上的报告）

1982年

《美术概论（二）》（《美术史论》1982年第2辑）

《孔子的美学思想》（《美学》1982年第4辑）

《孟子的美学思想》（《美学》1982年第4辑）

《〈"自我表现"不是我们的旗帜〉一文读后》（《美术》1982年第3期）

《中国现代美学家和美术史家邓以蛰的生平及其贡献》（《美术史论》1982年第6期）

《美学研究的一个新收获——读李泽厚著〈美的历程〉》（《人民日报》1982年7月22日）

《关于"劳动创造了美"——答潇牧同志》（《学术月刊》1982年第8期）

1983年

《正确评价〈经济学—哲学手稿〉》（《江汉论坛》1983年第1期）

《略论"自然的人化"的美学意义》（《学术月刊》1983年第1期）

《马克思主义与中国现代美学》（《江汉论坛》1983年第1期）

《读曾卓的〈悬崖边的树〉》（《长江》1983年第3期）

《中国哲学与中国美学》（《武汉大学学报（社会科学版）》1983年第5期）

与吴樾主编《美学述林》第一辑，武汉大学出版社1983年6月第1版

《美学对话》，湖北人民出版社1983年8月第1版

《中国古典美学概观》（1983年8月在复旦大学美学进修班上的讲稿）

《美术概论（三）》（《美术史论》1983年第1辑）

1984年

《庄子的美学》(《美学》1984年第5辑)

《美术概论(四)》(《美术史论》1984年第1辑)

《什么是艺术》(《美·艺术·时代》1984年第1辑)

《中国美学史》第一卷,中国社会科学出版社1984年7月第1版

1985年

《略论中国民族精神》(《武汉大学学报(社会科学版)》1985年第1期)

《"故有斯人慰寂寥"——〈"含川斋"见闻〉读后》(《湖北大学学报(哲学社会科学版)》1985年第8期)

《释"骨法"——答吴焯同志》(《朵云》1985年第8期)

《渐江与云林》(《朵云》1985年第9期)

1986年

《中西美学比较方法论的几个问题》(《文艺研究》1986年第1期)

《艺与道的关系——中国艺术哲学的一个根本问题》(《江汉论坛》1986年第1期)

《美学与哲学》,湖北人民出版社1986年5月第1版

《中国哲学与中国艺术文化中的境界》(《国内哲学动态》1986年第7期)

《艺术哲学》,湖北人民出版社1986年9月第1版

1987年

《走向现代——湖北省首届青年美术节部分作品观后》(《美术思潮》1987年第1期)

《自然英旨 罕值其人——〈吴丈蜀自书诗词集〉序》(《中国书法》1987年第2期)

《谢赫〈古画品录〉校勘中的一个问题》(《学术月刊》1987年第7期)

《中国美学史》第二卷,中国社会科学出版社1987年7月第1版

《感性、理性与非理性》(《江汉论坛》1987年第7期,根据1986年12月14日在湖北省美学学会座谈会发言稿补充改写)

《楚地的瑰宝》(《人民日报》海外版1987年9月29日)

《中国文化的现代化》(《学习与实践》1987年第10期)

《"美"与"力"》(《人民日报》1987年11月26日)

《试论社会主义文艺的本质特征》(《文艺研究》1987年第6期)

《中国古代美学思想》(为《中国大百科全书·哲学卷》写的条目)

1988年

《美学纲要》(原为《美学概论自学考试大纲》,收入《哲学专业本科段各课程自学考试大纲》一书,1988年由红旗出版社出版)

《实践本体论》(《武汉大学学报(社会科学版)》1988年第1期)

《楚地的瑰宝——湖北省民间美术展览观后》(《装饰》1988年第1期)

《评H.G.布洛克的〈美学新解〉——兼论艺术的自律问题》(《江汉论坛》1988年第3期)

《波琳著〈西方马克思主义美学〉中译本序》(《南方文坛》1988年第3期)

《现代的美》(《美术》1988年第4期)

《文艺片想(一)》(《艺术与时代》1988年第6期)

《读〈从动物快感到人的美感〉》(《美术》1988年第8期)

《论美术理论更新》(《哲学动态》1988年第5期)

1989年

《东方美学的历史背景与哲学根基》(《文艺研究》1989年第1期)

《赋予马克思主义以新的理论形态》(《求是》1989年第2期)

《论新马克思主义的探讨》(《武汉大学学报(社会科学版)》1989年第2期)

《实践本体与人的主体性》(《社会科学家》1989年第3期)

《对马克思主义哲学中唯物主义问题的重新考察》(《天津社会科学》1989年第3期)

《老子思想论纲》(《江西社会科学》1989年第4期)

《令人欣喜的交流——〈台湾美术发展趋势专辑〉读后》(《美术》1989年第6期)

《刘勰》,台北东大图书公司1989年9月第1版

1990年

《董其昌在中国绘画史上的地位》(《朵云》1990年第1期)

《试论巴文化的渊源特征及白虎的含义》(《湖北民族学院学报》1990年第2期)

《批判地研究与辩证地综合》(《社会科学家》1990年第5期)

《龚贤生平事迹再考》(《东南文化》1990年第5期)

《楚艺术美学五题》(《文艺研究》1990年第4期)

1991年

《马克思主义哲学的本体论》(《求是学刊》1991年第2、4期)

《刘纲纪向读者推荐十部与研究中国美学有关的书》(《中国图书评论》1991年第4期)

《党与文艺》(《艺术与时代》1991年第4期)

《社会主义与中国之命运》(台湾《海峡评论》1991年第5期)

《新时期文艺发展的回顾》(《美术》1991年第7期)

《两岸统一与意识形态问题》(台湾《海峡评论》1991年第9期)

《美国价值观念的霸道主义》(台湾《海峡评论》1991年第10期)

1992年

《略谈文艺与人民的美学》(《湖北社会科学》1992年第3期)

《梁岩的现代人物画》(《美术》1992年第3期)

《〈周易〉美学》,湖南教育出版社1992年5月第1版

《唐代华严宗与美学》(《东方丛刊》1992年第2辑)

《孔子思想的世界意义》(收入《孔子诞辰2540周年纪念与学术讨论会论文集》上海三联书店,1992年5月第1版)

《法家思想研究的重要成果——王晓波著〈先秦法家思想史论〉评介》(台湾《书目季刊》1992年第1期)

《马克思论中国》(傅伟勋、周阳山主编:《西方思想家论中国》,台北正中书局,1992)

《列宁论中国》(傅伟勋、周阳山主编:《西方思想家论中国》,台北正中书局,1992)

1993年

《新八国联军也吓不倒中国人——再谈新冷战》(台湾《海峡评论》1993年第4期)

《毛泽东与中国近现代反帝反封建斗争》(台湾《海峡评论》1993年第12期。此文为纪念毛泽东诞辰100周年作)

《"四王"论》(《清初四王画派研究论文集》,上海书画出版社1993年7月第1版)

主编《现代西方美学》,湖北人民出版社1993年2月第1版

《倪赞的美学思想》(《文艺研究》第6期)

主编《邓以蛰美术文集》,人民美术出版社1993年12月第1版

《略论炎黄文化与当代文明》(被编入武汉出版社《炎黄文化与当代文明》)

《关于儒学研究的若干问题》(被编入齐鲁书社《海峡两岸学者首次儒学对话》)

1994年

《孔、孟、荀思想比较》（被编入社会科学文献出版社《孔孟荀之比较》，原为1993年8月中日韩越"93孔孟荀学术思想国际研究会"提交的论文）

《道教与唐代文艺》（《美学与艺术评论》1994年第4辑）

《中华人文精神的基本特征》（《中国人文》1994年第4期）

《仓颉略考——为纪念仓颉而作》（《大地月刊》1994年第4期）

1995年

《易学思维的三大特征》（1995年1月的"国际易学思维与当代文明研讨会"论文提纲）

《书法美》，湖北教育出版社1995年3月第1版

《德国文化之旅》（《艺坛》1995年第2期）

《答中华美学协会通讯记者问》（《中华美学协会通讯》1995年第2期）

《传统文化、哲学与美学——访刘纲纪教授》（《哲学动态》1995年第8期）

《回应李登辉挑战，为祖国统一斗争到底》（台湾《海峡评论》1995年第10期）

1996年

《伊格尔顿著〈美学意识形态〉中译本序》（《东方丛刊》1996年第1辑）

《文征明》，吉林美术出版社1996年5月第1版

《略论唐代佛学与王维诗歌》（在台湾大学召开的"中国文学的多层面探讨国际学术会议"所提交的论文）

《儒学同西方文化的交流与融合》（《儒学与21世纪——纪念孔子诞生2545周年国际儒学研讨会论文集》，华夏出版社，1996）

1997年

《批评与答复——再谈我对马克思主义哲学的理解》(日本《唯物论研究季刊》1997年59、61号连载)

《〈楚秦汉漆器艺术〉导言》(《楚秦汉漆器艺术》,湖北美术出版社,1997)

《传统文化、哲学与美学》,广西师范大学出版社1997年8月第1版

《马克思主义美学在当代的发展问题》(《珞珈哲学论坛》第1集)

《境界说》(《美学与艺术学研究》第2辑,1997)

1998年

《马克思主义实践观与当代美学问题》(《光明日报》1998年10月23日)

《唐代佛学与王维诗歌》(《人文论丛》1998卷)

《邓以蛰先生生平著述简表》(《邓以蛰全集》,安徽教育出版社,1998)

《易学与当代美学的重建》(《国际易学研究》第4辑,1998)

1999年

《20年来的中国当代美学》(《深圳特区报》1999年1月25日)

《略论19世纪末至20世纪马克思主义美学》(《文艺研究》1999年第3期)

2000年

《关于文艺美学的思考》(《文艺研究》2000年第1期)

《故乡的文艺》(《贵州文史丛刊》2000年第6期)

《鲍姆加登之后关于美学的争论与看法》(《马克思主义美学研究》第3辑,2000)

2001年

《马克思主义美学研究与阐释的三种基本形态》(《文艺研究》2001年第1期)

《〈赵宋光文集〉序》(《赵宋光文集》,花城出版社,2001)

《"三个代表"重要思想与艺术的发展》(《艺术》2001年第3期)

《我对"人文精神"的看法》(《我的人文观》,江苏人民出版社,2001)

《周韶华与当代中国画的创新》(《美术观察》2001年第7期)

2002年

《试论中国赏石文化》(《奇石探究——第五届中国赏石暨国际赏石展文集》,《花木盆景》杂志社,2002)

《关于摄影文学的通信》(《文艺报·摄影文学导刊》2002年5月10日)

《"毛泽东〈在延安文艺座谈会上的讲话〉"解读(上、下)》(《马克思主义美学研究》第6辑,2002)

2003年

《关于中国哲学的创造性转化的思考》(《广西师范大学学报》2003年第1期)

《略论篆刻艺术》(《湖北高校书画报》2003年第1期)

《略谈美术学与美学的关系》(《美苑》2003年第2期)

《周韶华与当代中国画的创新》(《东方艺术》2003年第4期)

2004年

《〈在延安文艺座谈会上的讲话〉解读(续)》(《马克思主义美学研究》第7辑,2004)

《龚贤和他的绘画艺术》(《中国古代名家作品丛书·龚贤》,

人民美术出版社，2004）

《说不尽的感谢》（王宗昱编：《苦乐年华》，北京大学出版社，2004）

2005年

《中国马克思主义美学的建设者与开拓者——王朝闻美学研究的当代意义》（《文艺研究》2005年第3期）

《略论艺术学》（《艺术学》第1卷第4辑，学林出版社，2005）

《魏晋风度论·序》（《益阳职业技术学院学报》2005年第1期）

2006年

《中国书画、美术与美学》，武汉大学出版社2006年第1版

2007年

刘纲纪、石长平《刘纲纪教授访谈录》（《美与时代》2007年第7期）

《马克思主义美学在当代》（《马克思主义美学研究》第10辑，2007）

《努力构建和谐文化》（《理论月刊》2007年第2期）

2008年

《我的马克思主义美学观》（《湖北大学学报（哲学社会科学版）》2008年第1期）

2009年

《刘纲纪文集》，武汉大学出版社2009年3月第1版

刘纲纪、李世涛《我参与的当代美学讨论——刘纲纪先生访谈录》（《文艺理论研究》2009年第4期）

《纪念王朝闻同志诞辰100周年》(《美术》2009年第6期）
《坚持马克思主义，推动学术发展》(《文艺研究》2009年第5期）

2010年
《贺〈武汉大学学报〉创刊80周年》(《武汉大学学报（哲学社会科学版）》2010年第4期）

2012年
《刘纲纪书画集》，湖北美术出版社2012年8月第1版

2013年
《本刊名誉主编刘纲纪先生给编辑部的信》(《马克思主义美学研究》，2013）
刘纲纪、王建英《美学、艺术学研究要打通中西、融会古今——刘纲纪访谈录》(《安徽师范大学学报》2013年第6期）
《关于艺术设计学科发展的思考》(《服饰导刊》2013年第2期）

2014年
《我看孙恩道的水墨人物画》(《湖北画报（上旬）》2014年第7期）

2015年
《成于"尽善尽美"》(《人民日报》2015年7月10日）
《如何看经典学经典》(《人民日报》2015年10月9日）
《书法心理学》(《西北美术》2015年第3期）
《略谈生态美学与环境美学》(《湖北社会科学》2015年第4期）

2016年
《中西抽象造型艺术比较》(《西北美术》2016年第1期）

2017年
《坚持和发展马克思主义实践观美学》(《中南民族大学学报》2017年第6期)

2018年
《刘纲纪艺术学美学文集》，辽宁美术出版社2018年6月第1版
《美学与文化——刘纲纪文选》，贵州人民出版社2018年6月第1版

中国现代美学大家文库

《美在境界——王国维美学文选》
《美育与人生——蔡元培美学文选》
《美是情趣与意象的契合——朱光潜美学文选》
《美从何处寻——宗白华美学文选》
《美即典型——蔡仪美学文选》
《从美感两重性到情本体——李泽厚美学文录》
《从美的理念到美的实践——汝信美学文选》
《美在创造中——蒋孔阳美学文选》
《实践本体论美学思想——刘纲纪美学文选》
《体验人生价值美——胡经之美学文选》
《美是和谐——周来祥美学文选》
《美的哲学——叶秀山美学文选》
《审美是自由的生存方式——杨春时美学文选》
《实践存在论美学——朱立元美学文选》
《生态美学——曾繁仁美学文选》